水利生产经营单位安全生产标准化建设丛书

水利后勤保障单位
安全生产标准化建设指导手册

水利部监督司　中国水利企业协会　编著

·北京·

内 容 提 要

本书是按照《水利后勤保障单位安全生产标准化评审规程》编写的，全书共十一章，内容包括概述、策划与实施、目标职责、制度化管理、教育培训、现场管理、安全风险分级管控及隐患排查治理、应急管理、事故管理、持续改进及管理与提升等，为了便于读者的理解，书中给出了参考示例，可结合单位实际情况使用。本书用以指导水利后勤保障单位安全生产标准化建设、评审和管理等工作，也可作为水利后勤保障单位安全生产管理工作的重要参考。

图书在版编目（CIP）数据

水利后勤保障单位安全生产标准化建设指导手册 / 水利部监督司，中国水利企业协会编著. -- 北京 : 中国水利水电出版社，2024. 5. -- (水利生产经营单位安全生产标准化建设丛书). -- ISBN 978-7-5226-2546-1

Ⅰ. F426.9-62

中国国家版本馆CIP数据核字第2024VA5610号

书　　名	水利生产经营单位安全生产标准化建设丛书 **水利后勤保障单位安全生产标准化建设指导手册** SHUILI HOUQIN BAOZHANG DANWEI ANQUAN SHENGCHAN BIAOZHUNHUA JIANSHE ZHIDAO SHOUCE
作　　者	水利部监督司　中国水利企业协会　编著
出版发行	中国水利水电出版社 （北京市海淀区玉渊潭南路1号D座　100038） 网址：www. waterpub. com. cn E-mail：sales@mwr. gov. cn 电话：（010）68545888（营销中心）
经　　售	北京科水图书销售有限公司 电话：（010）68545874、63202643 全国各地新华书店和相关出版物销售网点
排　　版	中国水利水电出版社微机排版中心
印　　刷	清淞永业（天津）印刷有限公司
规　　格	184mm×260mm　16开本　20.5印张　499千字
版　　次	2024年5月第1版　2024年5月第1次印刷
印　　数	0001—3000册
定　　价	**118.00**元

编　委　会

主　　任：王松春

副主任：钱宜伟　曾令文

委　　员：王　甲　郃　娜　闫修家

编　写　人　员

主　　编：王　甲　俞　成

编写人员：石青泉　郃　娜　吕柔怡　牛海霞　张　剑
张　钊　陈小田　包　科　许汉平　刘庆彬
陈　俊　杨国平　郭　杰　游度生　余红松
刘　斌　戴飞翔　张晓亮　叶健男　曹　璇
张永恒　张维杰　王子豪　陈震远　张海龙
杨儒佳　张　婷　李云峰

前言

安全生产是民生大事，一丝一毫不能放松，要以对人民极端负责的精神抓好安全生产工作，站在人民群众的角度想问题，把重大风险隐患当成事故来对待，守土有责，敢于担当，完善体制，严格监管，让人民群众安心放心。

2013年以来，水利部启动安全生产标准化建设并在项目法人、施工企业、水管单位和农村水电站等四类水利生产经营单位中取得了明显的成效。对贯彻《中华人民共和国安全生产法》、落实水利生产经营单位安全生产主体责任、提高水利行业安全生产监督管理水平，起到了积极的推动作用。

2020年，中国水利企业协会发布了《水利工程建设监理单位安全生产标准化评审规程》《水利水电勘测设计单位安全生产标准化评审规程》《水文监测单位安全生产标准化评审规程》和《水利后勤保障单位安全生产标准化评审规程》四项团体标准。2021年水利部印发《关于水利水电勘测设计等四类单位安全生产标准化有关工作的通知》，明确相关单位可参考上述团体标准开展安全生产标准化建设。为了使相关单位更准确理解和掌握安全生产标准化工作的要求，将安全生产标准化工作作为贯彻构建水利安全生产风险管控"六项机制"的重要手段，水利部监督司和中国水利企业协会依据四项团体标准组织编写了系列指导手册。手册的主要内容包括概述、策划与实施、目标职责、制度化管理、教育培训、现场管理、安全风险分级管控及隐患排查治理、应急管理、事故管理、持续改进及管理与提升等共十一章。以法律法规规章和相关要求为依据对四项评审规程进行了详细的解读，并给出了大量翔实的案例，用以指导相关单位安全生产标准化建设、评审和管理等工作，也可作为水利安全生产管理工作的参考。

系列手册编写过程中，引用了相关法律、法规、规章、规范性文件及技术标准的部分条文，读者在阅读本指导手册时，请注意上述引用文件的版本更新情况，避免工作出现偏差。

限于编者的经验和水平，书中难免出现疏漏及不足之处，敬请广大读者斧正。

水利安全标准化系列指导手册编写组

2023年9月

目录

第一章 概 述

企业安全生产标准化（以下简称标准化）是一套既与国际职业安全健康体系接轨，又具有中国特色的安全生产管理体系。加强标准化建设，是落实习近平总书记关于企业落实安全生产主体责任必须做到“安全投入到位，安全培训到位，基础管理到位，应急救援到位”的具体举措，是《中华人民共和国安全生产法》和《中共中央 国务院关于推进安全生产领域改革发展的意见》的明确要求。

第一节 标准化建设的意义及由来

一、安全生产标准化建设意义

安全生产标准化就是生产经营单位通过落实安全生产主体责任，全员全过程参与，建立并保持安全生产管理体系，全面管控生产经营活动各环节的安全生产与职业卫生工作，实现安全健康管理系统化、岗位操作行为规范化、设备设施本质安全化、作业环境器具定置化，并持续改进。

从建设主体的角度，水利安全生产标准化建设是落实水利生产经营单位安全生产主体责任，规范其作业和管理行为，强化其安全生产基础工作的有效途径。通过推行标准化建设和管理，实现岗位达标、专业达标和单位达标，能够有效提升水利生产经营单位的安全生产管理水平和事故防范能力，使安全状态和管理模式与生产经营的发展水平相匹配，进而趋向本质安全管理。

从行业监管部门的角度，水利安全生产标准化建设是提升水利行业安全生产总体水平的重要抓手，是政府实施安全分类指导、分级监管的重要依据。标准化建设的推行可以为水利行业树立权威的、定制性的安全生产管理标准。通过实施标准化建设考评，水利生产经营单位能够对号入座的区分不同等级，客观真实地反映出各地区安全生产状况和不同安全生产水平的单位数量，从而为加强水利行业安全监管提供有效的基础数据。

二、工作由来

20世纪80年代初期，煤炭行业事故持续上升，为此，原煤炭部于1986年在全国煤矿行业开展“质量标准化、安全创水平”活动，目的是通过质量标准化促进安全生产，认为安全与质量之间存在着相辅相成、密不可分的内在联系，讲安全必须讲质量。有色、建材、电力、黄金等多个行业也相继开展了质量标准化创建活动，提高了企业安全生产水平。

2011年5月，国务院安全生产委员会印发《关于深入开展企业安全生产标准化建设的指导意见》（安委〔2011〕4号）（以下简称《指导意见》），要求“要建立健全各行业

（领域）企业安全生产标准化评定标准和考评体系；不断完善工作机制，将安全生产标准化建设纳入企业生产经营全过程，促进安全生产标准化建设的动态化、规范化和制度化，有效提高企业本质安全水平”。

为了贯彻落实国家关于安全生产标准化的一系列文件精神，2011 年 7 月，水利部印发了《水利行业深入开展安全生产标准化建设实施方案》（水安监〔2011〕346 号，以下简称《实施方案》）。《实施方案》明确，将通过标准化建设工作，大力推进水利安全生产法规规章和技术标准的贯彻实施，进一步规范水利生产经营单位安全生产行为，落实安全生产主体责任，强化安全基础管理，促进水利施工单位市场行为的标准化、施工现场安全防护的标准化、工程建设和运行管理单位安全生产工作的规范化，推动全员、全方位、全过程安全管理。通过统筹规划、分类指导、分步实施、稳步推进，逐步实现水利工程建设和运行管理安全生产工作的标准化，促进水利安全生产形势持续稳定向好，为实现水利跨越式发展提供坚实的安全生产保障。《实施方案》从标准化建设的总体要求、目标任务、实施方法及工作要求等四方面，完成了水利安全生产标准化建设工作的顶层设计，确定了水利工程项目法人、水利水电施工企业、水利工程管理单位和农村水电站为水利安全生产标准化建设主体。2013 年，水利部印发了《水利安全生产标准化评审管理暂行办法》《农村水电站安全生产标准化达标评级实施办法（暂行）》及相关评审标准，明确了水利安全生产标准化实行水利生产经营单位自主开展等级评定，自愿申请等级评审的原则。水利部安全生产标准化评审委员会负责部属水利生产经营单位一级、二级、三级和非部属水利生产经营单位一级安全生产标准化评审的指导、管理和监督。2014 年水利安全生产标准化建设工作全面启动。

三、新形势下的工作要求

2014 年修订发布的《中华人民共和国安全生产法》（以下简称《安全生产法》）首次将推进安全生产标准化建设作为生产经营单位的法定安全生产义务之一。2021 年修订发布的《安全生产法》进一步提高了生产经营单位安全生产标准化建设的要求，由“推进标准化建设”修改为“加强标准化建设”；同时将加强标准化建设列为生产经营单位主要负责人的法定职责之一。2020 年，中国水利企业协会发布包括了勘测设计单位、监理单位、水文监测、后勤保障等四类单位安全生产标准化评审规程的系列团体标准，为相关水利生产经营单位的安全生产标准化建设工作提供了工作依据。水利部于 2022 年印发通知，开展包括后勤保障单位在内的“四类单位”安全生产标准化建设，进一步扩大了水利行业安全生产标准化的创建范围。

为深入推进安全风险分级管控和隐患排查治理双重预防机制建设，进一步提升水利安全生产风险管控能力，防范化解各类安全风险，2022 年 7 月，水利部印发了《构建水利安全生产风险管控“六项机制”的实施意见》（水监督〔2022〕309 号），构建水利安全生产风险查找、研判、预警、防范、处置和责任等风险管控“六项机制”。在开展水利安全生产标准化建设过程中，应严格落实“六项机制”的各项工作要求，准确把握水利安全生产的特点和规律，坚持风险预控、关口前移，分级管控、分类处置，源头防范、系统治理，提升风险管控能力，有效防范遏制生产安全事故，为新阶段水利高质量发展提供坚实的安全保障。

第二节　安全生产标准化建设工作依据

目前我国安全生产管理领域已基本形成了完善的法律法规和技术标准体系，可以有效规范和指导安全生产管理工作。后勤保障单位在开展安全生产标准化建设过程中，应严格、准确地遵守安全生产相关的法律法规和技术标准。

一、安全生产法律法规及标准体系

（一）安全生产法律法规体系

我国的法包括法律、行政法规、地方性法规、自治条例和单行条例，国务院部门规章和地方政府规章等。宪法具有最高的法律效力，一切法律、行政法规、地方性法规、自治条例和单行条例、规章都不得与宪法相抵触。法律的效力高于行政法规、地方性法规、规章。行政法规的效力高于地方性法规、规章。部门规章之间、部门规章与地方政府规章之间具有同等效力，在各自的权限范围内施行。

在水利工程建设过程中，安全生产工作的主要依据包括与安全生产管理相关的法律、法规、规章、技术标准等。部门规章、技术标准，除水利行业发布的之外，还应包括与水利后勤保障安全生产管理有关的其他部委、行业发布的相关内容。

1. 安全生产法律

《安全生产法》属于安全生产领域的普通法和综合性法。《中华人民共和国特种设备安全法》《中华人民共和国消防法》《中华人民共和国道路交通安全法》《中华人民共和国突发事件应对法》《中华人民共和国建筑法》《中华人民共和国传染病防治法》等，属于安全生产领域的特殊法和单行法。《安全生产法》作为安全生产领域的普通法和综合性法，是安全生产管理工作的根本依据。在 2021 年 9 月 1 日修订后的《安全生产法》中，规定了“三管三必须”，即安全生产工作实行管行业必须管安全、管业务必须管安全、管生产经营必须管安全，强化和落实生产经营单位主体责任与政府监管责任，建立生产经营单位负责、职工参与、政府监管、行业自律和社会监督的机制。这赋予了政府相关部门的监管职责，要求生产经营单位落实企业主体责任。

水利行业各类生产经营单位如勘察设计、施工、项目法人、工程监理、水利工程运行管理、后勤保障等，应按照《安全生产法》的规定，落实企业自身的主体责任。各级水行政主管部门应按照《安全生产法》的规定，对行业安全生产工作进行监督管理。

除上述法律外，与安全生产相关的法律还包括《中华人民共和国刑法》《中华人民共和国行政处罚法》《中华人民共和国行政许可法》《中华人民共和国劳动法》《中华人民共和国劳动合同法》等。职业健康管理，还应遵守《中华人民共和国职业病防治法》。

2. 行政法规

行政法规是指最高国家行政机关即国务院制定的规范性文件，名称通常为条例、规定、办法、决定等。行政法规的法律地位和法律效力次于宪法和法律，但高于地方性法规、行政规章。

后勤保障单位安全生产领域涉及的行政法规包括《企业事业单位内部治安保卫条例》《危险化学品安全管理条例》《城镇燃气管理条例》《城市市容和环境卫生管理条例》《民用

爆炸物品安全管理条例》《特种设备安全监察条例》《使用有毒物品作业场所劳动保护条例》《生产安全事故报告和调查处理条例》《工伤保险条例》《生产安全事故应急条例》等。

3. 地方性法规

地方性法规是指地方国家权力机关依照法定职权和程序制定和颁布的，施行于本行政区域的规范性文件，如各省、自治区、直辖市发布的《安全生产条例》。

4. 规章

规章是指国家行政机关依照行政职权和程序制定和颁布的、施行于本行政区域的规范性文件。规章分为部门规章和地方政府规章两种。部门规章是指国务院的部门、委员会和直属机构制定的在全国范围内实施行政管理的规范性文件。地方政府规章是指有地方性法规制定权的地方人民政府制定的在本行政区域实施行政管理的规范性文件。

后勤保障单位安全生产领域涉及的部门规章包括《机关、团体、企业、事业单位消防安全管理规定》《高层民用建筑消防安全管理规定》《注册安全工程师管理规定》《生产经营单位安全培训规定》《安全生产事故隐患排查治理暂行规定》《安全生产事故应急预案管理办法》等。

后勤保障单位安全生产管理过程中，除遵守水利行业的安全生产规章外，对国务院其他部门制定的涉及安全生产的规章也应遵守。如《机关、团体、企业、事业单位消防安全管理规定》，是公安部根据《中华人民共和国消防法》所制定，适用于中华人民共和国境内的机关、团体、企业、事业单位（以下统称单位）自身的消防安全管理。规定了各单位消防安全责任、消防安全管理、防火检查、火灾隐患整改、消防安全宣传教育和培训、灭火、应急疏散预案和演练、消防档案及奖惩等内容。

《安全生产事故隐患排查治理暂行规定》，是原国家安全生产监督管理总局根据《安全生产法》等法律、行政法规所制定，适用于生产经营单位安全生产事故隐患排查治理和安全生产监督管理部门实施监管监察。规定了安全生产事故隐患的定义、隐患级别划分，对生产经营单位隐患排查治理的职责、工作要求及监督管理部门的监管职责等内容做出了规定。

《生产安全事故应急预案管理办法》是应急管理部根据《中华人民共和国突发事件应对法》《安全生产法》《生产安全事故应急条例》等法律、行政法规和《突发事件应急预案管理办法》（国办发〔2024〕5号）所制定，适用于生产安全事故应急预案（以下简称应急预案）的编制、评审、公布、备案、实施及监督管理工作。

（二）安全生产标准体系

安全生产技术标准，是安全生产管理工作的基础，也是开展安全生产标准化建设工作的重要依据。相关单位应对安全生产标准体系充分的理解和掌握，并准确应用，把握好强制性标准与推荐性标准之间的关系及其效力，更好地应用到实际工作中。

1. 标准的分类

根据《安全生产法》第十二条的规定，生产经营单位必须执行依法制定的保障安全生产的国家标准或者行业标准。规定中的“依法”是指依据《中华人民共和国标准化法》（以下简称《标准化法》）。根据《标准化法》的规定，标准包括国家标准、行业标准、团体标准、地方标准和企业标准。国家标准分为强制性标准、推荐性标准，行业标准、地方标准是推荐性标准。强制性标准必须执行，国家鼓励采用推荐性标准（即自愿采用）。在第十条中规定了强制性国家标准、强制性行业标准或强制性地方标准按现有模式管理。后勤保障领域技术标准的现有管理模式，继续执行《深化标准化工作改革方案》（国发〔2015〕13号）的要求，允许行业及地方制定强制性标准。

水利行业目前现行的安全生产相关技术标准中，均为推荐性标准，只是在部分标准中存在强制性条文。水利后勤保障单位（以下简称“后勤保障单位”）应根据自身管理范围，确定适用于本单位安全生产管理的技术标准。在技术标准选用过程中，除强制性标准及强制性条文外，推荐性标准宜按国家标准、行业标准、其他行业标准的顺序进行选择。同时需要注意技术标准的适用范围，如部分国家标准及其他行业标准中注明“适用于房屋建筑和市政工程”，在选用时要慎重考虑。

根据《标准化法》的规定，虽然推荐性标准属于自愿采用，但在以下三种情况时，将转化为强制性标准（《中华人民共和国标准化法释义》）：

一是被行政规章及以上法规所引用的。

二是企业自我声明采用的。如后勤保障单位在编制本单位制度或操作规程时声明采用的技术标准，这些标准即成为“强制性标准”，即在本文件范围内的工作，必须严格执行。

三是在工程承包合同（或服务外包合同）中所引用的技术标准。根据《中华人民共和国民法典》的规定，合同是当事人经过双方平等协商，依法订立的有关权利义务的协议，对双方当事人都具有约束力。在工程承包合同（或服务外包合同）中，通常列明了合同范围内工程建设（或外包服务）包括安全生产在内应执行的技术标准，承包人（或服务单位）据此进行组织实施。对于工程建设（或服务）项目而言，所引用的技术标准即为本项目的“强制性标准”，双方必须严格执行。

2. 强制性条文与强制性标准的关系

水利工程建设强制性条文是指水利工程建设标准中直接涉及人民生命财产安全、人身健康、水利工程安全、环境保护、能源和资源节约及其他公共利益等方面，在水利工程建设中必须强制执行的技术要求。

《水利工程建设标准强制性条文》的内容，是从水利工程建设技术标准中摘录的。执行《工程建设标准强制性条文》既是贯彻落实《建设工程质量管理条例》《建设工程安全生产管理条例》的重要内容，又是从技术上确保建设工程质量、安全的关键，同时也是推进工程建设标准体系改革所迈出的关键一步。事实上，从大量强制性标准中挑选少量条款而形成的“强制性条文”，只是分散的片段内容，其本身很难构成完整、连贯的概念。制定《工程建设标准强制性条文》作为标准规范体制改革的重要步骤，只是暂时的过渡形态。作为雏形，其最终目标是形成我国的“技术法规”。2015年国务院发布的《深化标准化工作改革方案》和2016年住房和城乡建设部发布的《关于深化工程建设标准化工作改革的意见》中明确，将加快制定全文强制性标准，逐步用全文强制性标准取代现行标准中分散的强制性条文，新制定标准原则上不再设置强制性条文。

2019年水利部发布的《水利标准化工作管理办法》中规定，水利行业标准分为强制性标准和推荐性标准（根据《标准化法》第十条的规定）。2019年以后发布的水利行业标准中，强制性行业标准编号为SL AAA—BBBB，推荐性行业标准编号为SL/T AAA—

BBBB，其中 SL 为水利行业标准代号，AAA 为标准顺序号，BBBB 为标准发布年号。

二、后勤保障单位安全生产标准化建设相关政策

根据《安全生产法》《中共中央　国务院关于推进安全生产领域改革发展的意见》等政策法规的要求，水利部于 2017 年印发了《水利部关于贯彻落实〈中共中央　国务院关于推进安全生产领域改革发展的意见〉实施办法》（水安监〔2017〕261 号），明确将水利安全生产标准化建设作为水利生产经营单位的主体责任之一，要求水利生产经营单位大力推进水利安全生产标准化建设。

为指导水利安全生产标准化建设工作，水利部近年相继印发了《水利行业深入开展安全生产标准化建设实施方案》（水安监〔2011〕346 号）、《水利安全生产标准化评审管理暂行办法》（水安监〔2013〕189 号）、《农村水电站安全生产标准化达标评级实施办法（暂行）》（水电〔2013〕379 号）、《水利安全生产标准化评审管理暂行办法实施细则》（办安监〔2013〕168 号）。其中《水利安全生产标准化评审管理暂行办法》规定，水利安全生产标准化等级分为一级、二级和三级，一级为最高级。陆续出台了《水利工程管理单位安全生产标准化评审标准（试行）》《水利水电施工企业安全生产标准化评审标准（试行）》《水利工程项目法人安全生产标准化评审标准（试行）》《农村水电站安全生产标准化评审标准》四项评审标准。

除上述有关依据外，水利部 2019 年还制定发布了行业标准 SL/T 789—2019《水利安全生产标准化通用规范》。标准适用于水利工程项目法人、勘测设计、施工、监理、运行管理、农村水电站、水文测验、后勤保障等水利生产经营单位开展安全生产标准化建设工作，以及对安全生产标准化工作的咨询、服务、评审、管理等。标准包括水利安全生产标准化管理体系的目标职责、制度化管理、教育培训、现场管理、安全风险管控及隐患排查治理、应急管理、事故管理和持续改进 8 个要素。2022 年，水利部印发的《水利部办公厅关于水利水电勘测设计等四类单位安全生产标准化有关工作的通知》（办监督函〔2022〕37 号），规定允许相关生产经营单位参照中国水利企业协会编制的团体标准开展标准化建设。

三、《水利后勤保障单位安全生产标准化评审规程》简介

T/CWEC 20—2020《水利后勤保障单位安全生产标准化评审规程》（以下简称《评审规程》）主要内容包括范围、规范性引用文件、术语和定义、申请条件、评审内容、评审方法、评审等级等 7 章，以及 1 个规范性附录。适用于后勤保障单位安全生产标准化的自评和外部评审。

《评审规程》规定了后勤保障单位申请安全生产标准化的基本条件：

（1）具有独立法人资格，且处于正常运营或生产状态；

（2）不存在重大事故隐患或重大事故隐患已治理达到安全生产要求；

（3）不存在迟报、瞒报、谎报和漏报生产安全事故的行为；

（4）评审期内（申请达标评审之日前一年内）未发生死亡 1 人（含）以上，或者一次 3 人（含）以上重伤，或者 100 万元以上直接经济损失的生产安全事故；

（5）不存在非法违法生产经营行为，未被列入全国水利建设市场监管平台“黑名单”且处于公开期内。

《评审规程》规定了现场评审的赋分原则。现场评审满分1000分，实行扣分制。在三级项目内有多个扣分点的，累计扣分，直到该三级项目标准分值扣完为止，不出现负分。最终得分按百分制进行换算，评审得分=[各项实际得分之和/(1000－各合理缺项分值之和)]×100，评审得分采用四舍五入，保留一位小数。

注：合理缺项是指由于生产经营实际情况限定等因素，未开展《评审规程》附录A中需要评审的相关生产经营活动，或不存在应当评审的设备设施、生产工艺，而形成的空缺。

《评审规程》规定后勤保障单位的评审达标等级分三级，一级为最高，各等级标准应符合下列要求：

一级：评审得分90分以上（含），且各一级评审项目得分不低于应得分的70%。

二级：评审得分80分以上（含），且各一级评审项目得分不低于应得分的70%。

三级：评审得分70分以上（含），且各一级评审项目得分不低于应得分的60%。

《评审规程》中的附录A为规范性附录，与正文具有同等的效力，规定了目标职责、制度化管理、教育培训、现场管理、安全风险管控及隐患排查治理、应急管理、事故管理和持续改进等8个一级评审项目、27个二级评审项目和135个三级评审项目。

在三级评审项目中，对后勤保障单位标准化创建过程中需要开展的工作，分别做出了规定。较之前发布的施工企业、项目法人等评审标准，各层级的工作范围和工作内容更清晰、可操作性更强。

第三节　后勤保障单位的安全生产工作

后勤保障单位主要工作职责是为水利单位提供相关后勤服务工作，后勤服务工作包含物业、安保、交通、消防、食堂、酒店、仓库、电梯、车辆、船舶、安防、供水、供电、供热、制冷、水处理、卫生保洁、强电弱电等管理服务工作。其主要服务对象包含为上级单位提供办公、生活方面的后勤保障，以及为在建或运管中的水利工程或设施提供后勤保障；从后勤保障单位的工作职责可以看出，安全生产管理工作应包含以下三方面的内容。

一、后勤服务中的安全生产

根据《安全生产法》的规定，“安全生产”一词中所讲的“生产”，是广义的概念，不仅包括各种产品的生产活动，也包括各类工程建设和商业、娱乐业以及其他服务业的经营活动。后勤保障单位作为水利生产经营单位，也要遵守《安全生产法》的规定，严格落实安全生产的主体责任。如设置安全管理组织机构、配备安全管理人员、建立全员安全生产责任制、开展教育培训、保障安全生产投入、提供安全生产条件、建设双重预防机制等。后勤保障单位在管理服务过程中，违反安全生产的法律法规及相关规定时，也将受到相应的处罚。

二、作业活动中的安全生产

后勤保障单位在各项服务管理工作过程中，也会不可避免地存在各项作业活动，如设施、设备使用、检修、养护，高处作业（如高空外墙清洗）、起重吊装（如库区垃圾清运）、有限空间作业（如进入污水井进行疏通、进入发酵池进行清理等）等。若作为项目法人承担某项建设任务，还应遵守工程建设的有关规定。

三、合同约定的安全生产

后勤保障单位在服务管理过程中，多数工作是以服务外包形式开展，与相关方签订委托合同时，应签订安全协议，对相关方安全生产实施监管，并严格遵守国家有关安全生产的法律法规，认真执行服务外包合同中的有关安全要求。按照“安全第一、预防为主、综合治理”和坚持“管生产必须管安全”的原则，做到安全与生产工作同计划、同部署、同监督、同考核；定期召开安全生产工作协调会，及时传达中央、地方及行业有关安全生产的精神；建立健全安全生产责任制网络、监督相关方及时处理发现的各种事故隐患；对相关方的安全经费和安全资质进行审查。

四、后勤保障单位安全生产标准化建设注意事项

结合有关规定以及后勤保障单位安全生产管理工作的特点，后勤保障单位的安全生产标准化建设应注意以下事项：

(1) 标准化建设涵盖范围。后勤保障单位安全生产标准化建设包含两方面的内容：一是单位自身的安全管理工作；二是对相关方的安全管理工作。

(2) 合同约定的安全事项。后勤保障单位在开展安全管理工作过程中，除必须履行法定的职责外，还有一部分需要在委托的服务外包合同和安全协议中进行约定，如安全目标、责任划分和措施等。因此，在创建和评审过程中，要充分考虑相关合同约定的内容，避免产生不必要的合同纠纷，并确保相关工作能顺利开展。

(3) 监督检查的方法。后勤保障单位安全生产监督检查的工作方式、方法，应与常规工作和水利行业特点充分结合。一是定期、节假日、季节性和特殊检查；二是相关方应履行的合同义务、职责检查；三是极端天气、汛期、突发性事件检查，形成监督检查记录，各类检查可以相互结合，不必机械、重复监督检查。

(4) 标准化创建制约因素。一是后勤保障单位服务内容广，涉及行业领域较多，全国各地区后勤保障单位实际情况差距较大，安全管理的重点和难点不统一；二是后勤保障单位多数规模较小，往往依赖上级单位，达标主动性不足；三是后勤管理工作多数以服务外包形式开展，对相关方的管理往往介入不深。

(5) 规章制度、指标体系的注意事项。本指导手册中所列举的规章制度，除法律法规明确要求规章制度外，建议各后勤保障单位将安全生产管理要求，作为章节或条款纳入单位相关制度，不宜单独形成安全制度体系，避免制度体系、管理组织、操作内容重复。本指导手册中所列举的考核指标体系仅作为参考，各单位创建过程中宜结合单位实际情况予以选用、新增，以解决实际问题，切忌照搬照抄。

(6) 技术标准执行的注意事项。本指导手册中所列举的技术标准，除强制性标准、强制性条文外，其他推荐性技术标准在开展相关工作时应按照《标准化法》的规定确定是否适用于本单位，不可机械地去理解和应用（相关内容可参照本指导手册第一章第二节）。

(7) 后勤保障单位依据《评审规程》开展监督检查工作时，应注意以下事项：

1) 未监督检查，即后勤保障单位未按《评审规程》的要求开展相应的监督检查工作。

2) 检查内容不全，是指所开展的监督检查工作未覆盖《评审规程》相应三级评审项目的全部内容。

3）对监督检查中发现的问题未采取措施或未督促落实。《评审规程》编写过程中，着重强调了要对监督检查过程中发现的问题要采取相应整改措施，并督促落实。避免后勤保障单位只重视监督检查，却未按要求进行或督促整改的现象发生，使安全管理工作流于形式。

4）监督检查的工作标准及要求。对于各类生产经营单位安全生产管理均涉及（或通用）的要求，如目标管理、机构职责、安全生产投入管理等，《评审规程》的“三级评审项目”中给出了后勤保障单位的工作要求，同时要求后勤保障单位应监督检查相关方开展安全生产工作。后勤保障单位应按照相关要求，全面、认真、及时进行监督检查。本指导手册编写过程中考虑到篇幅限制，也遵循这一原则，重点介绍了后勤保障单位相关工作开展的要求。

第二章　策划与实施

安全生产标准化建设过程中，后勤保障单位应对建设工作进行整体策划，明确组织机构，制定建设方案，制定工作程序、步骤和工作要求，使安全生产标准化有计划、有步骤地推进。

第一节　建设程序

水利安全生产标准化建设程序通常包括成立组织机构、制定实施方案、教育培训、初始状态评估、完善制度体系、运行及改进、单位自评等，如图 2-1 所示。在建设程序的各个环节中，教育培训工作应贯穿始终。

一、成立组织机构

为保证安全生产标准化的顺利推进，后勤保障单位在创建初期应成立安全生产标准化建设组织机构，包括领导小组、执行机构、工作职责等内容，并以正式文件发布，作为启动标准化建设的标志，同时据此计算标准化建设周期。

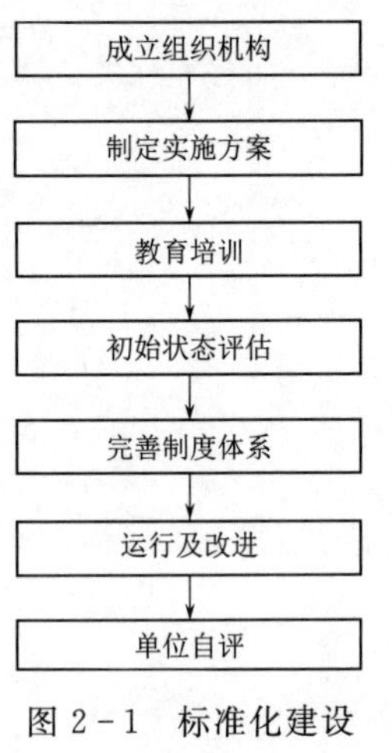

图 2-1　标准化建设流程图

领导小组统筹负责单位安全生产标准化的组织领导和策划，其主要职责包括明确目标和要求、布置工作任务、审批安全生产标准化建设方案、协调解决重大问题、保障资源投入。领导小组一般由单位主要负责人担任组长，所有相关的职能部门和下属单位的主要负责人作为成员。

领导小组应下设执行机构，具体负责指导、监督、检查安全生产标准化建设工作，主要职责是制定和实施安全生产标准化方案，负责安全生产标准化建设过程中的具体工作。执行机构由单位负责人、相关职能部门和下属单位工作人员组成，同时可根据工作需要成立工作小组分工协作。管理层级较多的后勤保障单位，可逐级建立安全生产标准化建设组织机构，负责本级安全生产标准化建设具体工作。

二、工作策划

后勤保障单位在开展安全生产标准化建设前，应进行全面、系统的策划，并编制标准化建设实施方案，在实施方案的指导下有条不紊地开展各项工作，方案应包括下列内容：

（1）指导思想。

（2）工作目标。

（3）组织机构和职责。

（4）工作内容。

（5）工作步骤。

（6）工作要求。

（7）安全生产标准化建设任务分解表。

三、教育培训

通过多种形式的动员、培训，使单位相关人员正确认识标准化建设的目的和意义，熟悉、掌握水利安全生产标准化建设程序、工作要求、水利安全生产标准化评审管理暂行办法及评审标准、安全生产相关法律法规和其他要求、制定的安全生产标准化建设实施方案、本岗位（作业）危险有害因素辨识和安全检查表的应用等。

教育培训对象一般包括单位主要负责人、安全生产标准化领导小组成员、各部门、各下属单位的主要工作人员、技术人员等，有条件的单位应全员参加培训，使全体人员深刻领会安全生产标准化建设的重要意义、工作开展的方法和工作要求，对全面、高效推进安全生产标准化建设，提高安全生产管理意识将起到重要作用。

教育培训作为有效提高安全管理人员工作能力和水平的重要途径，应贯穿整个标准化建设过程的全过程。

四、初始状态评估

后勤保障单位在安全生产标准化建设初期应对本单位的安全管理现状进行系统调查，通过准备工作、现场调查、分析评价等阶段形成初始状态评估报告，以获得组织机构与职责、业务流程、安全管理等现状的全面、准确信息。目的是系统全面地了解本单位安全生产现状，为有效开展安全生产标准化建设工作进行准备，是安全生产标准化建设工作策划的基础，也是有针对性地实施整改工作的重要依据。主要工作内容包括：

（1）对现有安全生产机构、职责、管理制度、操作规程的评价。

（2）对适用的法律法规、规章、技术标准及其他要求的获取、转化及执行的评价。

（3）对各职能部门、下属单位安全管理情况、现场设备设施状况进行现状摸底，摸清存在的问题和缺陷。

（4）对管理活动、生产过程中涉及的危险、有害因素的识别、评价和控制的评价。

（5）对过去安全事件、事故和违章的处置，事故调查以及纠正、预防措施制定和实施的评价。

（6）收集相关方的看法和要求。

（7）对照评审规程分析评价安全生产标准化建设工作的差距。

五、完善制度体系

安全管理制度体系是安全生产管理工作的重要基础，是一个单位管理制度体系中重要组成部分，应以全员安全责任制为核心，通过精细管理、技术保障、监督检查和绩效考核手段，促进责任落实。

后勤保障单位在建立安全管理制度体系过程中应满足以下几点要求：

（1）覆盖齐全。所建立的安全管理制度体系应覆盖安全生产管理的各个阶段、各个环节，为每一项安全管理工作提供制度保障。要用系统工程的思想建立安全管理制度体系，就必须抛弃那种“头痛医头、脚痛医脚”的管理思想，把安全管理工作层层分解，纳入生产流程，分解到每一个岗位，落实到每一项工作中去，成为一个动态的有机体。

(2) 内容合规。在制定安全管理制度体系过程中，应全面梳理本单位生产经营过程中涉及、适用的安全生产法律法规和其他要求，并转化为本单位的规章制度，制度中不能出现违背现行法律法规和其他要求的内容。

(3) 符合实际。制度本身要逻辑严谨、权责清晰、符合企业实际，制度间应相互衔接、形成闭环，构成体系，避免出现制度与制度相互矛盾、制度与管理“两张皮”的现象。

六、运行与改进

标准化各项准备工作完成后，即进入运行与改进阶段。后勤保障单位应根据编制的制度体系及评审规程的要求按部就班开展标准化工作，在实施运行过程中，针对发现的问题加以完善改进，逐步建立符合要求的标准化管理体系。

七、自主评定

定期开展自评是安全生产标准化建设工作的重要环节，其主要目的是判定安全生产活动是否满足法律法规和《评审规程》的要求，系统验证本单位安全生产标准化建设成效，验证本单位制度体系、管理体系的符合性、有效性、适宜性，及时发现和解决工作中出现的问题，持续改进和不断提高安全生产管理水平。

(一) 组建自评工作组

后勤保障单位应组建以单位主要负责人为首的自评工作组，明确工作职责，组织相关人员熟悉自主评定的相关要求。

(二) 制定自评计划

编制自评工作计划，明确自评工作的目的、评审依据、组织机构、人员、时间计划、自评范围和工作要求等内容。

(三) 自评工作依据

应依据相关法律法规、规章、技术标准、《评审规程》以及后勤保障单位的规章制度开展自评工作。

(四) 自评实施

安全生产标准化建设应包括后勤保障单位各部门和下属单位，实现全覆盖。对照《评审规程》的要求对安全生产标准化建设情况进行全面、翔实记录和描述。

(五) 编写自评报告

自评实施工作完成后，应编写自评报告。

(六) 问题整改及达标申请

后勤保障单位应根据自评过程中发现的问题，组织整改。整改完成后，根据自愿的原则，自主决定是否向水行政主管部门申请安全生产标准化达标。

第二节 运行改进

后勤保障单位在组织机构、制度管理体系等安全生产标准化管理体系初步建立后，应按管理体系要求，有效开展、运行安全生产标准化即安全生产管理工作，并结合企业实际将安全生产管理体系纳入企业的总体管理体系中，使企业各项生产经营工作系统化。

安全生产标准化管理体系的建立，仅仅是安全生产标准化工作的开始，实现标准化的安全生产管理关键在于体系的运行，严格贯彻落实企业规章制度，才能保证安全生产标准化暨安全生产管理工作持续高质量推进。

一、落实责任

安全生产管理工作最终要落实企业的每位员工，只有各级人员都尽职尽责、工作到位，企业的安全生产才能处于可控的状态。因此，安全生产责任制的管理，是企业安全管理工作的核心。企业安全生产标准化体系初步建立后，应重点监督各部门、各下属单位及各级岗位人员安全生产责任制的落实情况，加大监督检查力度，提升整体安全管理水平。

后勤保障单位的主要负责人应对本单位的安全生产工作全面负责，严格落实法定安全生产管理职责。其他各级管理人员、职能部门和各岗位工作人员，应根据各自的工作任务、岗位特点，确定其在安全生产方面应做的工作和应负的责任，并与奖惩制度挂钩。真正使单位各级领导重视安全生产、劳动保护工作，切实执行国家安全生产的法律法规，在认真负责组织生产的同时，积极采取措施，改善劳动条件，减少工伤事故和职业病的发生。

二、形成习惯

安全生产标准化工作，其本质是整合了现行安全生产法律法规和其他要求，按策划、实施、检查、改进（即“PDCA 循环”），动态循环工作程序建立起的现代安全管理模式，解决以往安全管理不系统、不规范的问题。对后勤保障单位的从业人员而言，接受、适应、掌握新的安全管理模式需要一个过程。

后勤保障单位应以责任制落实为基础，通过教育培训、监督检查、绩效考核等手段，使每个人尽快适应安全生产标准化的管理要求，与日常工作相结合，从思想认识到工作行动上养成标准化管理习惯，而不是当成工作的包袱。

三、监督检查

监督检查是安全生产标准化工作 PDCA 循环中的重要一环，通过监督检查发现标准化工作中存在的问题，通过分析问题的原因提出改进措施，以实现安全管理水平的持续提升。后勤保障单位应在制定规章制度时，明确监督检查的工作要求。

一是内容要全面，包括体系运行状态、责任制落实、规章制度执行和现场管理等；

二是监督检查范围应实现全覆盖、无死角，包括单位生产及管理的全过程、各职能部门（下属单位）、各级岗位人员；

三是监督检查应严格、认真，能真正发现问题，避免走形式、走过场。

在安全生产标准化管理体系运行期间，后勤保障单位应依据管理文件开展定期的自查与监督检查工作，以发现、总结管理过程中管理文件及现场安全生产管理方面存在的问题，根据自查与监督检查结果修订完善管理文件，使标准化工作水平不断得到提高，最终达到提升单位安全生产管理水平的目的。

四、绩效考核

绩效考核一方面可以验证安全生产标准化工作成效，另一方面也是促进、提高安全生产工作水平的重要手段。后勤保障单位在安全生产标准化建设及运行期间，应加强安全生产方面的考核。将安全生产标准化工作的开展情况作为单位绩效考核的指标，列入年度绩效考核范围。充分利用绩效考核结果，根据考核情况进行奖惩，使绩效考核真正发挥作用。

五、完善与改进

后勤保障单位应根据监督检查、绩效考核、意见反馈、事故总结等途径了解单位安全生产标准化体系运行过程中存在的问题，进行有针对性的措施加以改进和完善，及时堵塞安全管理漏洞，补足安全管理短板，改进安全管理方式方法。

后勤保障单位应加强动态管理，不断提高安全管理水平，促进安全生产主体责任落实到位，形成制度不断完善、工作不断细化、程序不断优化的持续改进机制。

第三章　目　标　职　责

第一节　目　　标

【标准条文】

1.1.1　应制定安全生产目标管理制度，明确目标的制定、分解、实施、检查、考核等内容。

1. 工作依据

GB/T 33000—2016《企业安全生产标准化基本规范》

SL/T 789—2019《水利安全生产标准化通用规范》

2. 实施要点

本条规定了后勤保障单位制定安全生产目标管理制度的要求。后勤保障单位的目标管理制度应满足以下要求：

（1）制定制度。制度应以正式文件发布，一般以红头文件形式，可在一份文件印发多项制度。本指导手册中提及的所有制度均应以正式文件发布，后面章节中不再复述。

（2）要素齐全。目标管理制度中要素应齐全，应包含《评审规程》要求的制定、分解、实施、检查和考核等目标管理工作的全部内容。

（3）职责明确。制度中对目标制定、分解、实施、检查、考核等各个环节的实施部门（人员）和监督检查部门（人员）职责应明确、清晰。

（4）可操作性强。

1）制度内容应合法合规。制度内容不能违背或低于现行的法律法规要求。

2）制度内容应符合实际。制度中的安全生产目标管理各要素内容，应根据本单位工作实际进行规定，从而成为本单位目标管理工作的依据和指南。

3）制度中各项工作要求应具体、明确。例如：制度中对目标检查和考核周期规定的不明确或不合理，导致不能有效监督、检查目标的完成情况，对可能出现的目标偏差不能及时调整目标实施计划。

3. 参考示例

关于印发《安全生产目标管理制度》的通知

各部门、各下属单位：

为健全安全目标管理体系，确保安全生产总目标和年度目标的实现，根据《中华人民共和国安全生产法》（主席令第八十八号）、T/CWEC 20—2020《水利后勤保障单位安全生产标准化评审规程》等要求，经研究，我单位制定了《安全生产目标管理制度》，现予印发，请认真贯彻执行。

附件：安全生产目标管理制度

×××

年 月 日

附件：

安全生产目标管理制度

第一章 总 则

第一条 为贯彻《中华人民共和国安全生产法》《水利部办公厅关于加快推进水利安全生产标准化建设工作的通知》等安全生产法律法规规章，保障职工生命财产安全，健全单位目标管理体系，落实安全生产主体责任，推动单位安全发展，完善安全生产目标管理，特制定本制度。

第二条 安全生产目标分总目标和年度目标。安全生产总目标是单位安全生产中长期规划的总体目标，年度目标是按照单位年度重点工作和任务分工，实现的具体安全目标。

第三条 年度目标是安全生产考核的重点工作内容，年度安全生产目标管理的组织、制定、分解、实施和考核管理适用本办法。

第四条 目标管理的原则

以人为本：严格落实“人民至上、生命至上”，切实把职工的生命安全放在首位。

实事求是：安全生产目标管理坚持中长期与短期结合，与后勤工作实际、年度目标任务结合，年度安全生产目标与年度安全生产重点任务分解落实紧密结合，确保实施保障。

分级管理：安全生产目标管理工作实行主要领导负责制，其他分管领导按职责分工对主要领导负责，组织各部门、下属单位相关安全生产目标的落实。

第二章 管 理 组 织

第五条 安全生产领导小组是单位安全生产的领导机构，安全生产领导小组在党委领导下，由单位主要负责人任组长，并承担以下职责：

1. 批准本单位安全生产规章制度、操作规程和生产安全事故应急救援预案。

2. 批准本单位安全生产教育和培训计划。

3. 组织建立并落实安全风险分级管控和隐患排查治理双重预防工作机制，督促、检查本单位的安全生产工作，及时消除生产安全事故隐患。

4. 组织制定并实施本单位的生产安全事故应急救援预案。

5. 检查本单位的安全生产状况，及时解决安全生产中发生的重点、难点问题。

6. 保证本单位安全生产投入的有效实施。

7. ……

(各单位可根据自身情况进行完善或调整，但要涵盖上述内容。)

第六条 安全生产领导小组办公室是单位安全生产管理监督机构，安全生产领导小组办公室职责：

1. 负责安全生产领导小组日常工作，按照上级和安全生产领导小组的工作部署，开展安全生产相关工作。

2. 监督检查安全生产领导小组决定事项的落实。

3. ……

第七条　各部门、下属单位是安全生产管理目标的实施机构，具体职责如下：

……

第八条　全体职工是安全生产目标管理的直接责任人。

（具体岗位人员职责见本书相关参考示例。）

第九条　单位主要负责人是安全生产目标管理的第一责任人，负责监督安全生产目标的实施管理，其他分管负责人负责监督协调分管业务、领域的安全目标实施。各部门、下属单位负责人对各自业务工作范围内的安全生产目标实施负直接领导责任，并配合分管安全负责人、其他分管负责人开展安全生产目标的组织实施工作。其他管理人员对安全生产目标管理负岗位责任。

第十条　为确保安全生产目标实现，安全生产必需的人力、财力、物力和技术资源应纳入本单位事业发展规划和年度总体工作安排。

第三章　安全目标的制定

第十一条　目标制定依据

《中华人民共和国安全生产法》

《水利后勤保障单位安全生产标准化评审规程》

第十二条　安全目标主要包括以下内容：

1. 事故控制目标：生产安全事故、火灾事故、交通事故、食品安全事故、突发公共卫生事件、环境污染事故等。

2. 安全生产管理目标：安全投入、教育培训、规章制度、设施设备、警示标志、应急管理、人员资格管理等。

3. 风险管控及隐患排查治理目标：事故隐患排查治理、重大危险源监控等。

4. 职业健康目标：职业病、劳动防护。

第十三条　安全生产目标由各部门、下属单位按工作职责和安全工作计划内容提出，经安全生产领导小组办公室汇总研究，报经安全生产领导小组审议确定后印发实施。

第四章　目标分解实施

第十四条　经确定的安全生产年度目标，由安全生产领导小组办公室按照部门职责分解到各部门、下属单位。各部门、下属单位按照岗位分工分解落实到岗位、个人。

第十五条　分解以安全生产目标责任书形式，主要领导与分管领导、分管领导和各部门、下属企业负责人、部门和下属企业负责人分别与每一位职工签署，确保安全生产目标到岗到人。（下属企业也可按自身情况分层级分解目标，并签署责任书）

第十六条　涉及部门人员及职责调整的，应及时修订、调整部门和相关岗位安全职责目标，涉及部门、下属企业主要负责人及以上分管领导、安全管理岗位调整的应确保安全生产无盲区。

第五章　目标检查考核

第十七条　各部门和下属企业负责人应每月（或季度）自查本部门、本单位目标实施情况，及时发现目标任务存在的问题，报分管领导及时调整相关岗位和措施，重大问题和重要岗位提出调整修订方案，报安全生产领导机构审议决定。

第十八条　年度安全生产管理目标考核限于对各部门和下属单位，个人考核由各部门作为年度任务完成情况纳入对个人考核评价。

第十九条 考核方式采取自查上报、面上检查与点上抽查相结合方式，考核分为季度考核、半年考核、年度考核。次季度首月5日前进行季度考核，每年7月5日前进行半年考核，次年1月5日前进行年度考核。

第二十条 各部门和下属单位对各自安全生产目标各项指标完成情况实施自我评价，自评报告报安全生产领导机构。安全生产领导机构组织对安全生产目标完成情况进行检查，依据部门执行情况进行赋分，形成考核结果。

第二十一条 本部门、辖区范围内发生人员伤亡事故、火灾事故、交通事故、食品安全事故和突发公共卫生事件，安全目标考核"一票否决"。

第六章 结果与奖惩

第二十二条 考核得分在90分以上（含90分）且无本制度规定的"一票否决"项的为安全生产目标完成。

考核结果作为工作业绩、绩效工资分配的重要依据。考核结果纳入单位考核书面通知被考核部门。

第二十三条 奖惩

结合单位情况明确考核结果的运用，可另行制定《安全生产目标考核奖惩管理办法》，详见【标准条文】1.1.6的参考示例。

第七章 附 则

第二十四条 本制度由安全生产领导小组办公室负责解释。

第二十五条 本制度自发文之日起执行。

【标准条文】

1.1.2 制定安全生产总目标和年度目标，并以正式文件发布。应包括生产安全事故控制、生产安全风险管控及事故隐患排查治理、职业健康、安全生产管理等目标。

1. 工作依据

《国务院关于进一步加强企业安全生产工作的通知》（国发〔2010〕23号）

SL/T 789—2019《水利安全生产标准化通用规范》

2. 实施要点

本条规定了后勤保障单位安全生产总目标和年度目标制定的要求。

（1）目标制定的方式。通常，后勤保障单位的安全生产总目标和年度目标分别在单位的安全生产中长期规划和年度计划中得以体现。目标制定的首要工作是制定单位的中长期规划及年度安全生产计划。通过规划及计划，详细描述安全管理工作的目标是什么、通过何种措施保证目标的实现，使安全生产管理工作能井然有序、有条不紊地进行。计划不仅是组织、指挥、协调的前提和准则，而且与管理控制活动紧密相连。在安全生产管理过程中，有很多单位未编制安全生产规划和安全生产年度工作计划，直接以文件形式确定的安全生产目标，不符合规定。

（2）目标的制定。目标即单位安全生产管理工作预期达到的效果。《评审规程》中只列出了相对重要的几项安全生产目标，在总目标及年度目标中要涵盖。

安全生产目标通常应包含主要的安全生产管理工作，《评审规程》中要求后勤保障单位应制定生产安全事故控制、生产安全风险管控及事故隐患排查治理、职业健康、安全生产管理目标等四个类别。后勤保障单位在制定安全生产目标时，应以上述类别为基础，结合自身实际情况进一步细化各项目标与指标。事故控制目标中通常包括生产安全事故、火灾事故、交通事故、食品安全事故、突发公共卫生事件、环境污染事故等内容；风险管控和隐患治理目标中包括重大危险源监控、一般及重大事故隐患的治理率；安全生产管理目标包括安全投入、教育培训、规章制度、设施设备、警示标识、应急演练、人员资格管理等内容；职业健康管理目标包括职业病、职业防护、人员保险等。

后勤保障单位应根据相关要求及企业实际情况，制定出全面、具体、切实可行的安全生产管理目标。目标不宜贪多，更不能制定不可实现或无法考核的目标，如隐患排查率、危险源辨识率、制度编写率等。

（3）总目标与年度目标应协调一致。二者之间不应出现目标不一致或指标值有冲突的情况。例如：部分后勤保障单位的年度目标与总目标的内容、指标不协调。后勤保障单位的二级单位或分支机构应在上级主管单位年度目标基础上，结合自身情况及其他相关方的要求（如流域机构、地方政府）制定本级的安全管理总目标和年度目标。总目标和年度目标不能低于上级主管单位要求的目标，年度目标不能低于总目标。

（4）目标控制指标应合理，即目标应具有适用性和挑战性且易于评价。应符合以下原则：

1）符合原则：符合有关法律法规及其他要求，上级单位的管理要求。

2）持续进步原则：比以前的稍高一点，够得着、实现得了。

3）“三全”原则：覆盖全员、全过程、全方位。

4）可测量原则：可以量化测量的，否则无法考核兑现绩效。

5）重点原则：突出重点、难点工作。

首先，制定的目标一般略高于实施者现有的能力和水平，使之经过努力可以完成，应是“跳一跳，够得到”，不能“高不可攀”。例如：有的单位将所有事故率均设定为0，所有安全管理目标均达到100%，实施过程中往往是难以实现的。其次，制定的目标不能过低，不费力就可达到，否则失去目标制定的意义。

综上，后勤保障单位安全管理目标和指标应依法合规，既要符合国家、行业的有关要求，又要切合单位的实际安全管理状况和管理水平，使目标的预期结果做到具体化、定量化、数据化。

3. 参考示例

关于印发《2022年度安全生产工作目标》的通知

各部门、各下属单位：

根据单位《安全生产中长期发展规划》和年度重点工作任务，为切实做好安全生产工作，经单位安全生产领导小组研究，制定了《2022年度安全生产工作目标》，现予印发，请遵照执行。

特此通知。

附件：2022年度安全生产工作目标

×××

年　月　日

2022年度安全生产工作目标

一、总则

贯彻“安全第一、预防为主、综合治理”的方针，坚持“管行业必须管安全、管业务必须管安全、管生产经营必须管安全”的原则，落实国家安全生产法律法规和后勤保障领域相关规范，推进安全生产标准化和信息化建设，构建安全生产风险管控和隐患排查治理双重预防机制，严格执行安全生产各项管理制度，强化和落实安全生产全员责任，确保安全生产的投入，夯实安全生产基础，改善安全生产环境，杜绝生产安全事故发生，确保持续健康发展。

二、2022年度目标

在2022年期间，我单位将强化安全生产监督管理，加大安全生产隐患排查治理力度，严格落实各项安全保障措施，杜绝生产安全事故的发生，确保年度安全生产目标的实现。单位控制目标、管理目标分别如下。

（一）安全生产工作目标

（1）职工年度安全教育培训率100%，新职工三级安全教育率100%。

（2）特种作业人员持证上岗率达到100%。

（3）设施设备维保覆盖率100%。

（4）无重大事故隐患，一般事故隐患治理率100%。

（5）重大危险源监控率100%。

（6）特种设备、机动车辆按时检测率达到100%。

（7）各类事故“四不放过”处理率100%。

（8）安全措施费用按计划投入率达到95%以上。

（9）不发生突发安全事故（事件）迟报、漏报、瞒报。

……

（二）事故控制目标

（1）死亡事故为0，重伤事故为0。

（2）轻伤事故≤1人次/年。

（3）职业病发病率为0。

（4）火灾责任事故为0。

（5）道路、水上交通责任事故为0。

（6）传染病责任事故为0。

（7）食品安全责任事故为0。

（8）环境污染责任事故为0。

（9）急性工业中毒和较大涉险责任事故为0。

（10）直接经济损失在100万以上的水利生产安全事故为0。

……

三、目标分解

为全面推进安全生产全员责任制，确保安全生产年度目标实现，依据各部门、各下属单位工作职责分工，具体目标指标责任分解表见附表《2022年安全生产目标分解表》，各部门、各下属单位应对照指标抓好计划落实、切实履行安全生产监督管理责任。

四、保障措施

（一）提高思想认识。安全生产事关职工生命财产安全，事关后勤保障事业健康发展，是党和国家法律法规工作要求，各部门、中心要始终绷紧安全生产的弦，进一步强化法律法规和政治理论学习，切实提高思想认识。

（二）强化责任意识。各部门、中心要严格落实“三管三必须”，进一步明确岗位职责与安全责任，做好所辖范围站点、人员和设施设备的风险告知、提醒，强化职工安全生产全员责任。

（三）抓好工作组织。各部门、各下属单位要对照目标指标，细化工作措施和时间进度安排，将安全生产工作与业务工作同计划、同部署、同检查、同考核，做好跨部门安全生产工作衔接。

（四）强化监督考核。安全生产领导小组将依据目标分解方案和考核管理办法，强化目标导向和问题导向，强化执行过程与结果考核应用，与发现事故隐患和治理效果结合，与年度优秀考核等次挂钩，充分发挥安全生产考核指挥棒作用。

附表：2022 年安全生产目标分解表

……

【标准条文】

1.1.3　根据内设部门和所属单位在安全生产中的职能、工作任务，分解安全生产总目标和年度目标。

1. 工作依据

SL/T 789—2019《水利安全生产标准化通用规范》

2. 实施要点

本条规定了后勤保障单位对安全生产总目标及年度目标分解的要求。

（1）目标分解包括分解总目标和年度目标，年度目标应与总目标匹配，通常结合安全生产工作规划分解总目标得到年度目标，可以将每年的年度目标理解为逐步实现总目标的过程。年度目标再分解到各部门和岗位。

（2）目标分解应与管理职责相适应。目标分解前，首先应厘清各部门所承担的安全管理职责，根据职责分担所对应的工作目标。例如：车辆管理部门应负有“交通责任事故为0”的工作目标，其他不涉及车辆及驾驶员管理的部门可不分解该项目标。

（3）目标分解应全面，每一个岗位都应有安全目标，每一个目标都应当有对应的部门和岗位负责。例如：厨师岗位可分解“食品安全责任事故为0”的工作目标及相关目标责任，包括火灾责任事故、轻伤等目标，但不能分解有道路交通责任事故相关的目标。

（4）目标应分解成可量化、具体化的指标，以便于目标的实施和考核。

目标分解存在着三个比较易发的问题。一是分解过程中未考虑到部门所承担的具体职责，安全生产目标与承担职责不匹配。如规定人力资源部门承担职业健康体检职责，却将职业健康体检率的安全生产目标分解到办公室。二是年度安全生产目标未考虑部门（单位）在安全生产管理中的职责差别，各部门（单位）所承担的目标完全相同，导致工作责任不清、目标不明。三是总目标在分解为年度目标时或年度目标分解到各部门时，经常出现目标分解不全或出现目标矛盾，导致目标无法完成。

3. 参考示例

2022年安全生产目标分解表

序号	安全生产目标	职能部门							
		安全生产领导小组	办公室	各部门	…	下属单位	…		
1	（年度目标计划中的每一条目标均应在此列出）	△	•						
2	⋮								
3									

说明：△—考核监督部门；•—主管部门。

【标准条文】

1.1.4 逐级签订安全生产责任书，并制定目标保证措施。

1. 工作依据

《国务院安委会办公室关于全面加强企业全员安全生产责任制工作的通知》（安委办〔2017〕29号）

SL/T 789—2019《水利安全生产标准化通用规范》

2. 实施要点

本条规定了后勤保障单位对安全生产责任书签订及制定目标完成保证措施的要求。

为保证目标管理的科学性、针对性和有效性，在制定目标时必须有保证目标实现的措施，使措施为目标服务，以保证目标的实现。

（1）安全生产责任（协议）书签订应覆盖后勤保障单位的所有部门、下属单位和岗位。主要负责人和班子成员、各部门负责人、各下属单位负责人签订，各部门负责人和部门所属的所有人员签订，做到“层级明确、分层签订”。

（2）安全生产责任（协议）书中的安全生产目标应与分解的目标一致，应根据各部门所承担的目标及职责编写。部分单位签订的责任（协议）书内容完全相同，其中所载明的安全生产目标与分解的目标不符，责任（协议）书签订形同虚设。

（3）责任（协议）书中应有实现目标的保证措施。保证措施应由责任部门、人员提出。各责任部门、人员根据所分解的安全管理目标和承担的安全管理职责，制定完成可量化的目标管理措施（计划），以保证目标的完成。

3. 参考示例

安全生产目标责任书

所属部门： 岗位：安全管理员 姓名：

为认真贯彻执行《中华人民共和国安全生产法》，坚持“安全第一，预防为主，综合治理”的方针，落实全员安全生产责任制和责任追究制，保障本部门年度安全生产目标的实现，部门负责人与安全管理员签订如下安全目标责任书。

一、岗位安全生产目标

1. 一般及人身重伤或死亡事故为零。

2. 一般及以上设备事故为零。

3. 一般及以上火灾事故为零。

4. 职业病发生率为零。

5. 突发安全事件迟报、漏报、瞒报为零。

6. 职工安全培训覆盖率100%。

7. 一般隐患整改完成率100%。

8. 无重大事故隐患。

9. 根据工作安排，按时报送各类安全生产信息。

……

（以上目标应在单位分解给部门目标范围内。）

二、安全生产职责及目标保证措施

1. 认真执行各项安全管理规章制度。

2. 根据工作安排，按时报送各类安全生产信息。

3. 根据单位实际，负责单位安全生产委员会或安全生产领导小组的管理工作（文件发布、人员变动调整等日常工作）。

4. 按时组织、参加安全会议，认真贯彻落实有关安全生产的各项方针、政策、文件。参与研究、解决、督办单位安全生产工作问题，并形成会议纪要。

5. 建立单位安全生产档案。包括：不安全事件记录、事故调查报告、安全生产通报、安全日活动记录、安全会议记录、安全检查记录等。

6. 结合安全检查、安全生产标准化等活动，组织开展隐患排查治理活动，建立单位隐患排查治理台账。

7. 负责隐患排查闭环管理（隐患治理后效果验证、评估和销号）监督工作。

8. 在工作中发现不安全因素或事件时，要果断采取处理措施，并立即报告上级领导。

三、检查与考核

1. 每月进行安全自查，不定时接受部门督查，对存在的事故隐患及时整改，并做整改记录。

2. 未按时完成岗位安全生产目标者，按照《单位安全生产目标管理规定》《单位安全生产奖惩管理办法》执行。

四、附则

1. 如遇责任人变动，应及时调整和做好工作交接，责任书继续有效。

2. 本责任书一式两份，双方各执一份。

部门负责人：　　　　　　　　　　安全管理员：

年　月　日

安全生产目标责任书

所属部门：　　　　　　　　岗位：物业班班组长　　　　　　姓名：

为认真贯彻执行《中华人民共和国安全生产法》，坚持“安全第一，预防为主，综合治理”的方针，落实安全生产责任制和责任追究制，保障本部门年度安全生产目标的实现，部门负责人与物业班班组长签订如下安全目标责任书。

一、岗位安全生产目标

1. 班组一般及人身重伤或死亡事故为零。

2. 班组责任区一般及以上设备事故为零。

3. 班组责任区一般及以上火灾事故为零。

4. 班组职业病发生率为零。

5. 突发安全事件迟报、漏报、瞒报为零。

6. 班组安全培训覆盖率100％（含班前教育）。

7. 班组责任区一般隐患整改完成率100％。

8. 班组责任区无重大事故隐患。

9. 班组其他安全生产工作完成率100％。

……

二、安全生产职责及目标保证措施

1. 分解班组安全生产目标至班组各岗位，配合部门做好班组安全生产目标考核。

2. 落实单位安全生产责任制，按照安全生产标准化规范要求做好大厦建筑设施、供水供电、空调、消防等设备维护及日常物业服务工作。（根据班组所负责的工作具体写明）

3. 参与编制并实施单位安全生产规章制度和操作规程。督促班组员工执行。

4. 执行单位双重预防机制，负责班组安全生产缺陷、隐患发现、上报、处理工作。

5. 参加部门安全生产会议、安全生产教育和培训。组织实施班组员工安全生产教育和培训工作。

6. 编制班组相关的安全事故应急预案，参加部门组织的应急预案培训及相关应急演练；事故发生后，及时响应预案。

7. 开展班组危险源辨识工作，告知或组织班组员工辨识作业场所和工作岗位存在的危险因素、防范措施以及事故应急措施。

8. 编制班组劳动防护用品申报计划，督促班组员工正确佩戴劳动防护用品。

9. 严禁违章指挥、强令冒险作业，制止和纠正违反操作规程的行为。

10. 定期组织检查班组的安全生产工作，执行三级安全检查机制。

11. 组织开展班组安全生产活动，对单位安全生产工作提出意见和建议。

12. 及时、如实向部门报送安全事故（事件）。

13. 关注班组员工身体、心理状况和行为习惯，加强员工心理疏导、精神慰藉，防范从业人员行为异常导致事故发生。

三、检查与考核

1. 每月进行安全自查，不定时接受部门督查，对存在的安全隐患及时整改，并做整改记录。

2. 未按时完成岗位安全生产目标者，按照《单位安全生产目标管理规定》《单位安全生产奖惩管理办法》执行。

四、附则

1. 如遇责任人变动，应及时调整和做好工作交接，责任书继续有效。

2. 本责任书一式两份，双方各执一份。

部门负责人：　　　　　　　　　　　　物业班班长：

年　月　日

【标准条文】

1.1.5　每季度对安全生产目标完成情况进行检查、评估、考核，必要时，及时调整安全生产目标实施计划。

1. 工作依据

《国务院关于进一步加强企业安全生产工作的通知》（国发〔2010〕23号）

SL/T 789—2019《水利安全生产标准化通用规范》

2. 实施要点

(1) 目标完成情况检查、评估、考核。主要是检查、评估目标实施计划的执行情况是否出现偏差和目标保证措施是否落实，每季度的考核是当季目标完成情况的直接验证。

(2) 定期检查、评估、考核目标完成情况的目的是保证目标的顺利实现。部分单位的检查、评估、考核周期设置不合理，只在每年末做一次检查、评估、考核工作，不能发挥监督检查的作用，当年末检查发现目标发生偏差时，已无调整的余地。为保证安全生产工作的常态化，后勤保障单位的目标检查、评估、考核周期应不低于每季度一次。

(3) 在进行目标完成情况的检查、评估、考核过程中，应对所有签订目标责任书的部门、下属单位、岗位进行检查、评估、考核，不应遗漏，实现全员覆盖。

(4) 目标实施计划的调整。在目标实施过程中，如因工作情况发生重大变化，致使目标不能按计划实施的，或检查评估过程中发现目标发生偏离时，应调整目标实施计划，而不应直接调整目标。部分单位工作过程中，在目标不能完成时对安全生产目标进行了调整，使目标失去严肃性。

3. 参考示例

安全生产目标和实施计划调整记录

编号：

申请部门		申请时间	
原安全目标实施计划			
调整目标实施计划			
调整原因			
申请部门意见	申请人（签名）：　　日期：		
分管安全领导意见	审核人（签名）：　　日期：		
安全生产领导小组组长意见	批准人（签名）：　　日期：		

安全生产目标管理考核表（部门）

被考评部门（单位）： 部门负责人（签字）： 填报时间： 年 月 日

考核人： 总分： 考核时间： 年 月 日

序号	安全生产目标	评分标准	目标执行情况及说明	考核扣分	考核扣分原因
1	（单位分解给部门的年度目标计划每条均应列出）				
2					

安全生产目标管理考核表（岗位）

被考核岗位： 员工： 所属部门： 填报时间： 年 月 日

考核人（部门负责人）： 总分： 考核时间： 年 月 日

序号	安全生产目标	评分标准	目标执行情况及说明	考核扣分	考核扣分原因
1	（个人签订的安全生产责任书中的责任目标每条均应列出）				
2					

【标准条文】

1.1.6 定期对安全生产目标完成情况进行奖惩。

1. 工作依据

《国务院关于进一步加强企业安全生产工作的通知》（国发〔2010〕23号）

2. 实施要点

（1）考核周期应明确。后勤保障单位的定期考核，应在目标管理制度中明确具体的考核周期，不少于每季度一次。

（2）奖惩应以考核结果为依据。后勤保障单位应定期开展考核工作，根据考核结果对相关部门、人员进行奖惩。部分单位在开展此项工作时，仅仅以文件形式做出奖惩结论，无考核记录作为支撑，奖惩工作的真实性无法考证。

（3）应制定可操作的奖惩办法（可结合目标管理制度），可以按季度实施，也可以根据季度考核结果按年度统一实施。

3. 参考示例

安全生产目标考核奖惩管理办法

第一条 为贯彻“安全第一、预防为主、综合治理”的安全生产工作方针，落实安全生产责任制，激励全体职工自觉遵守各项安全管理制度，制定本办法。

第二条 本办法适用于各部门、各下属单位和全体职工的安全生产考核奖惩管理。

第三条 安全生产考核依据单位的《安全生产目标管理制度》《安全生产目标分解计划表》和各级《安全生产目标责任书》进行。

第四条 安全生产领导小组负责全单位安全生产考核的监督管理，各部门、各下属单位的负责人负责本部门（单位）安全生产工作的考核。

第五条　对各部门、各下属单位的安全生产目标考核实行百分制。

第六条　各部门、各下属单位每季度对本部门（单位）安全生产目标情况进行考核自评，填写《安全生产目标考核表》并报送安全生产领导小组审核。

第七条　安全生产领导小组对各部门、各下属单位进行全年安全生产目标管理考核，考核得分在90分及以上的可以参与评优评先（有第八条规定的情况除外），90分以下的取消评优评先资格。

第八条　单位全年安全无责任事故，对各部门、各下属单位进行奖励，其中安全员每人3000元，其他人员每人2000元，经费纳入单位绩效或职工福利。

第九条　单位职工在工作中，发现事故隐患并主动汇报，或主动消除事故隐患，从而避免单位和个人生命财产可能遭受损失的，经上报查证属实，给予表彰，并给予一定的物质奖励。

第十条　为保证安全生产，积极提出合理化建议，或在安全技术等方面积极采用先进技术，提出重要建议，有发明创造或科研成果，成绩显著的部门（单位）或个人，经安全生产领导小组审查，确有很大实践价值的，给予特别的表彰奖励。

第十一条　年度考核期内，发生责任事故，取消部门或下属单位和相关责任人评优评先资格。

第十二条　发生安全生产责任事故，对相关负责人扣发50%年度绩效工资。

第十三条　发生安全生产责任事故，对责任人按以下原则进行经济处罚：

1. 发生责任事故，对事故直接责任人扣发50%年度绩效工资。

2. 负次要责任者，按主要责任者处罚额的50%扣发绩效工资。

3. 负间接责任者，按主要责任者处罚额的25%扣发绩效工资。

4. 单位领导的责任处罚按上级主管部门的有关规定执行。

第十四条　单位管理范围内发生安全事故或虽不在管理范围内但事故的发生与单位运行有关联的，不处理、不汇报造成事故处理被动或经济损失的，部门或下属单位负责人和相关人员应给予适当处理。

第十五条　凡下列情况之一者加重处罚，由安全生产领导小组办公室提出处罚方案，报请单位党委会研究决定：

1. 对工作不负责任，因故发泄私愤，有意扰乱操作，造成经济损失和违反劳动纪律，不严格执行规章制度造成事故的主要责任者。

2. 违章指挥、冒险作业、劝阻不听而造成事故的主要责任者。

3. 忽视劳动条件，削减或取消安全设备、设施而造成事故的主要责任者。

4. 限期整改的事故隐患，不按期整改而造成事故的主要责任者。

5. 发生事故后，破坏现场，隐瞒不报或谎报的主要责任者。

6. 发生事故后，不认真吸取教训，不采取措施致使事故重复发生的主要责任者。

第十六条　本办法作为单位安全生产考核奖惩依据。若与国家法律法规及相关文件相抵触，以国家法律法规及相关文件为准。

第十七条　本办法由安全生产领导小组办公室负责解释。

第十八条　本办法自发文之日起执行。

第二节 机构与职责

【标准条文】

1.2.1 成立由单位主要负责人、分管负责人和各职能部门负责人组成的安全生产委员会（或安全生产领导小组）。人员变化时及时调整，并以正式文件发布。

1. 工作依据

《国家安全监管总局关于进一步加强企业安全生产规范化建设严格落实企业安全生产主体责任的指导意见》（安监总办〔2010〕139号）

《企业安全生产责任体系五落实五到位规定》（安监总办〔2015〕27号）

SL/T 789—2019《水利安全生产标准化通用规范》

2. 实施要点

（1）后勤保障单位应成立安全生产领导机构，如安全生产委员会或安全生产领导小组，机构成立后应以正式文件发布，并在文件中明确该机构的主要职责。

（2）安全生产领导机构由单位主要负责人担任主任（或组长），其他成员应包括分管负责人、各职能部门以及下属单位的负责人，部门和人员不能缺失。

（3）安全生产领导机构成员发生变化时，应及时进行调整，并以正式文件下发。

3. 参考示例

关于成立单位安全生产领导小组的通知

各部门、各下属单位：

为加强本单位生产安全工作，经研究决定成立单位安全生产领导小组。现将领导小组组成人员名单通知如下：

组　长：单位负责人

副组长：安全分管领导

其他领导

组　员：各部门负责人、各下属单位负责人

安全生产领导小组下设办公室，组成人员如下：

主　任：安全分管领导

副主任：安全管理机构负责人

成　员：各部门专（兼）职安全管理人员

（应明确具体人员。）

一、指导思想和工作目标

坚持党的领导，树立“以人为本、安全发展”的理念，坚持“安全第一、预防为主、综合治理”的方针，按照“党政同责、一岗双责、齐抓共管”“管行业必须管安全，管业务必须管安全，管生产经营必须管安全”“谁主管谁负责”的原则，落实安全生产责任，健全安全生产规章制度，采取有效措施，尽最大努力防范生产安全事故。

二、主要职责

安全生产领导小组由组长、副组长和成员组成。安全生产领导小组下设办公室，负责处理安全生产领导小组日常工作。

安全生产领导小组主要职责：

1. 全面、研究、部署单位安全生产工作，贯彻落实国家、水利部、各级主管部门有关安全生产和职业健康管理的政策和要求。

2. 负责组织本单位安全生产工作，专题研究重大安全生产事项，制订、实施加强和改进本单位安全生产工作的措施。

3. 监督考核各成员机构的全员安全生产责任制落实情况，并进行奖惩。

4. 定期召开安全生产工作会议，听取安委会成员机构的安全生产工作汇报，跟踪落实上次会议要求，分析单位安全生产形式，部署落实上级要求，明确目标和要求，布置工作任务，研究、解决安全生产中的重大问题。

5. 统筹、协调其他安全生产相关工作。

6. ……

（各单位可根据自身情况进行完善或调整，但要涵盖上述内容。）

安全生产领导小组办公室主要职责：

1. 负责安全生产领导小组日常工作，按照上级和安全生产领导小组的工作部署，开展安全生产相关工作。

2. 监督检查安全生产领导小组决定事项的落实。

3. ……

（安全生产领导小组办公室可与单位的安全生产管理机构共同挂牌办公。）

三、工作制度

1. 安全生产领导小组每年召开1次以上安全生产工作会议，总结和部署年度工作或阶段性工作。每季度召开不少于1次的安全生产领导小组全体会议，学习贯彻党和国家关于安全生产的方针政策，研究决定阶段工作计划和重要活动，落实工作分工和分解责任。安全生产领导小组会议由组长主持，会后由安全生产领导小组办公室印发会议纪要。

2. 安全生产领导小组组长、副组长按分管工作领域和联系单位同时负责安全生产，将安全生产与分管工作同部署、同落实、同督查。每年初，安全生产领导小组组长与副组长签订安全生产责任书，副组长与分管部门签订安全生产责任书，部门负责人与所属职工签订安全生产责任书。

3. 安全生产领导小组成员部门，在各分管领导的领导下，对所涉及专业领域安全生产具体负责，安全生产领导小组会议时需对本部门负责的安全生产阶段性工作开展情况进行总结汇报；要结合本职工作开展安全生产监督管理活动，不断提高专业领域安全生产监督管理规范化、标准化水平。

4. 安全生产领导小组成员须按要求参加指定会议和安全生产领导小组组织的各项活动，因特殊原因不能参加，应向组长或分管副组长说明情况，并可指派本部门其他人员参加，会后做好汇报、落实。

5. 因工作需要调整安全生产领导小组成员时，经安全生产领导小组组长同意后，由安全生产领导小组办公室拟发通知。安全生产领导小组成员部门主要负责人调整时，部门原定工作职责不变。

6. 安全生产领导小组办公室根据上级相关规定、安全生产领导小组领导要求，适时调整完善安全生产领导小组工作规则。

特此通知。

×××

年 月 日

【标准条文】

1.2.2 安全生产委员会（安全生产领导小组）每季度至少召开一次会议，跟踪落实上次会议要求，总结分析本单位的安全生产情况，评估本单位存在的风险，研究解决安全生产工作中的重大问题，并形成会议纪要。

1. 工作依据

SL/T 789—2019《水利安全生产标准化通用规范》

SL 721—2015《水利水电工程施工安全管理导则》

2. 实施要点

（1）为保证后勤保障单位安全管理最高机构工作实现常态化，《评审规程》要求安全生产委员会（或安全生产领导小组）召开会议的频次不应低于每季度一次，会议应由安全生产委员会主任（或安全生产领导小组组长）主持。

（2）安全生产委员会（或安全生产领导小组）在召开会议过程中应对单位安全管理工作进行分析、研究、部署、跟踪、落实。主要会议内容包括：上次会议要求的落实情况、总结分析当前安全生产情况、评估安全生产存在的风险、研究解决重大安全生产工作问题、当季安全生产考核奖惩情况等，其中安全生产工作的重大问题必须经会议研究解决，日常安全管理工作中的细节问题不宜作为会议的主题。

（3）针对每次会议中提出的需要解决、处理的问题，除在会议纪要中进行记录外，还应在会后责成责任部门制定整改措施，并监督落实情况。在下次会议时，对上次会议提出问题的整改措施及落实情况进行监督反馈，实现闭环管理。

（4）安全生产工作会议或安全生产专题会议可结合单位工作情况召开，但不能代替安全生产委员会（或安全生产领导小组）会议。

（5）会议记录资料应齐全、成果格式规范。通常每召开一次会议，应收集整理会议通知、会议签到、会议记录、会议音像等资料，会后应形成会议纪要。

3. 参考示例

2022年第一季度安全生产领导小组会议纪要

4月3日上午，我单位召开安全生产领导小组会议，安全生产领导小组组长主持会议，安全生产领导小组的全体成员参加了会议。会议总结了单位近期安全生产工作情况，并对今后的相关工作进行了部署，形成会议纪要如下：

一、上次安全生产领导小组会议要求的事项落实情况

……

二、当前安全生产工作形势

……树立安全生产“红线意识”，履行好安全生产工作责任。全单位职工要切实把思想和行动统一到党中央、国务院、水利部、省关于安全生产工作的决策部署上来，时刻紧

绷安全生产这根弦，以高度的政治自觉，扛起工作责任，共同守住安全生产这根红线。

三、单位当前安全生产存在风险及工作重点

……

四、安全生产工作重大事项研究处理结果

……

五、其他事项（如当季考核奖惩情况通报）

……

开展好安全生产标准化建设，确保先行先试取得成功。加强对安全生产标准化各项指标的分析研究，对标找差抓整改、落实责任抓创建。推动规范化管理、精细化管理。单位将以安全生产专项整治行动和安全生产标准化创建为主要抓手，推动安全生产工作迈上新台阶，坚守安全生产红线，以高标准的安全生产管理为后勤保障事业高质量快速健康发展保驾护航。

参加人员：（安全生产领导小组全体成员）

记录整理：

本期分送：单位领导、各部门、各下属单位

【标准条文】

1.2.3 按规定设置安全生产管理机构或者配备专（兼）职安全生产管理人员，建立健全安全生产管理网络。

1. 工作依据

《中华人民共和国安全生产法》（主席令第八十八号）

SL/T 789—2019《水利安全生产标准化通用规范》

2. 实施要点

（1）后勤保障单位安全生产管理机构设置及专职安全管理人员配备。应根据《中华人民共和国安全生产法》第二十四条的规定及管理要求设置安全管理机构或配备安全生产管理人员。后勤保障单位可以不单独设置安全管理机构，但应明确有关职能部门履行法定职责。

（2）后勤保障单位的主要负责人及安全管理人员根据《中华人民共和国安全生产法》的相关规定，应经过安全生产教育培训并考核合格，具备与本单位所从事的生产经营活动相应的安全生产知识和管理能力。具体培训考核等要求在教育培训章节中阐述。

（3）建立“安全生产领导机构-安全生产管理机构-专（兼）职安全生产管理人员-从业人员”安全生产管理网络，从管理机构到基层一级抓一级。

3. 参考示例

关于成立安全生产管理机构的通知

各部门、各下属单位：

为贯彻落实《中华人民共和国安全生产法》，加强单位安全生产工作，经研究，决定成立“安全生产监督部”。

安全生产监督部主要职责：

（一）组织或者参与拟订本单位安全生产规章制度、操作规程和生产安全事故应急救援预案。

（二）组织或者参与本单位安全生产教育和培训，如实记录安全生产教育和培训情况。

（三）组织开展危险源辨识和评估，督促落实本单位重大危险源的安全管理措施。

（四）组织或者参与本单位应急救援演练。

（五）检查本单位的安全生产状况，及时排查生产安全事故隐患，提出改进安全生产管理的建议。

（六）制止和纠正违章指挥、强令冒险作业、违反操作规程的行为。

（七）督促落实本单位安全生产整改措施。

……

特此通知

×××

年 月 日

【标准条文】

1.2.4 建立健全并落实全员安全生产责任制，明确各岗位的责任人员、责任范围和考核标准等内容。主要负责人是本单位安全生产第一责任人，对本单位的安全生产工作全面负责。其他负责人对职责范围内的安全生产工作负责，各级管理人员应按照安全生产责任制的相关要求，履行其安全生产职责；其他从业人员按规定履行安全生产职责。

1. 工作依据

《中华人民共和国安全生产法》（主席令第八十八号）

《中共中央国务院关于推进安全生产领域改革发展的意见》（中发〔2016〕32号）

SL/T 789—2019《水利安全生产标准化通用规范》

2. 实施要点

后勤保障单位应当建立“横向到边、纵向到底”的全员安全生产责任制。安全生产责任制应当做到“三定”，即定岗位、定人员、定安全责任。根据岗位的实际情况，确定相应的人员，明确岗位职责和相应的安全生产职责，实行“一岗双责”。

《国务院安委会办公室关于全面加强企业全员安全生产责任制工作的通知》要求：企业全员安全生产责任制是由企业根据安全生产法律法规和相关标准要求，在生产经营活动中，根据企业岗位的性质、特点和具体工作内容，明确所有层级、各类岗位从业人员的安全生产责任，通过加强教育培训、强化管理考核和严格奖惩等方式，建立起安全生产工作“层层负责、人人有责、各负其责”的工作体系。

后勤保障单位在制定安全生产责任制时应注意以下几点：

（1）责任制内容应全面、完整。

后勤保障单位应按照《中华人民共和国安全生产法》《企业安全生产标准化基本规范》和《企业安全生产责任体系五落实五到位规定》等有关规定，结合单位自身实际，明确从主要负责人到一线从业人员（含劳务派遣人员、实习学生等）的安全生产责任、责任范围和考核标准。安全生产责任制应覆盖本单位所有部门和岗位，其责任内容、范围、考核标准要简明扼要、清晰明确、便于操作、适时更新。一线从业人员的安全生产责任制，要力求通俗易懂。

安全生产责任制“横向到边”，即覆盖申请单位全部部门和下属单位；“纵向到底”即覆盖各级管理人员，不应出现遗漏，还要特别注意总目标、年度目标、分解目标、责任制目标以及考核目标的一致性。

（2）责任制内容应符合规定。

安全生产责任制必须符合法律法规的要求，重要岗位（部门）的职责应符合国家相关法律、法规、标准、规范的强制性规定，《中华人民共和国安全生产法》对于生产经营单位的主要负责人、安全管理机构（或安全管理人员）和工会等的安全管理职责，进行了明确规定。各单位在编制责任制时，涉及上述人员和部门的职责必须符合《中华人民共和国安全生产法》相关规定。

后勤保障单位的工会依法组织职工参加本单位安全生产工作的民主管理和民主监督，维护职工在安全生产方面的合法权益。制定或者修改有关安全生产的规章制度，应当听取工会的意见。

关于单位主要负责人的安全生产职责，《中华人民共和国安全生产法》第二十一条规定：

（一）建立健全并落实本单位全员安全生产责任制，加强安全生产标准化建设；

（二）组织制定并实施本单位安全生产规章制度和操作规程；

（三）组织制定并实施本单位安全生产教育和培训计划；

（四）保证本单位安全生产投入的有效实施；

（五）组织建立并落实安全风险分级管控和隐患排查治理双重预防工作机制，督促、检查本单位的安全生产工作，及时消除生产安全事故隐患；

（六）组织制定并实施本单位的生产安全事故应急救援预案；

（七）及时、如实报告生产安全事故。

关于单位安全管理机构及安全生产管理人员的安全生产职责，《中华人民共和国安全生产法》第二十五条规定：

（一）组织或者参与拟订本单位安全生产规章制度、操作规程和生产安全事故应急救援预案；

（二）组织或者参与本单位安全生产教育和培训，如实记录安全生产教育和培训情况；

（三）组织开展危险源辨识和评估，督促落实本单位重大危险源的安全管理措施；

（四）组织或者参与本单位应急救援演练；

（五）检查本单位的安全生产状况，及时排查生产安全事故隐患，提出改进安全生产管理的建议；

（六）制止和纠正违章指挥、强令冒险作业、违反操作规程的行为；

（七）督促落实本单位安全生产整改措施。

关于后勤保障单位主要负责人职业卫生的有关职责，《中华人民共和国职业病防治法》第六条规定，用人单位的主要负责人对本单位的职业病防治工作全面负责。

（3）责任匹配。

安全生产责任制应体现“一岗双责、党政同责”的基本要求，各部门、岗位人员所承担的安全生产责任应与其自身职责相适应。

(4) 责任制公示。

《国务院安委会办公室关于全面加强企业全员安全生产责任制工作的通知》要求，企业应对全员安全生产责任制进行公示。公示的内容主要包括：所有层级、所有岗位的安全生产责任、安全生产责任范围、安全生产责任考核标准等。

(5) 安全生产责任制教育培训。

后勤保障单位主要负责人应指定专人组织制定并实施本企业全员安全生产教育和培训计划。后勤保障单位应将全员安全生产责任制教育培训工作纳入安全生产年度培训计划，通过自行组织或委托具备安全培训条件的中介服务机构等实施。要通过教育培训，提升所有从业人员的安全技能，培养良好的安全习惯。要建立健全教育培训档案，如实记录安全生产教育和培训情况。

(6) 全员安全生产责任制考核管理。

后勤保障单位应建立健全安全生产责任制管理考核制度，对全员安全生产责任制落实情况进行考核管理。要建立健全激励约束机制，不断激发全员参与安全生产工作的积极性和主动性。

3. 参考示例

全员安全生产责任制

第一章 总 则

第一条 为了加强单位安全生产管理，规范各级各岗位人员的安全责任，依据《中华人民共和国安全生产法》等法律法规，结合单位生产经营实际，制定本制度。

第二条 本制度适用于单位各层级各岗位人员。

第三条 单位应按照“党政同责、一岗双责、齐抓共管”“管行业必须管安全、管业务必须管安全、管生产经营必须管安全”的原则，建立健全各层级各岗位安全职责，落实岗位安全责任，并实行下级对上级负责的安全生产逐级责任制。

第四条 单位主要负责人为安全第一责任人，对单位的安全生产工作全面负责。

第五条 单位安全生产工作应当以人为本，坚持人民至上、生命至上，把保护人民生命安全摆在首位，树牢安全发展理念，坚持“安全第一、预防为主、综合治理”的方针，从源头上防范化解重大安全风险。应当遵守《中华人民共和国安全生产法》和其他有关安全生产的法律、法规，加强安全生产管理，建立健全全员安全生产责任制和安全生产规章制度，加大对安全生产资金、物资、技术、人员的投入保障力度，改善安全生产条件，加强安全生产标准化、信息化建设，构建安全风险分级管控和隐患排查治理双重预防机制，健全风险防范化解机制，提高安全生产水平，确保安全生产。

第二章 岗位安全职责

第六条 单位领导岗位安全职责

(一) 董事长（法定代表人）

1. 董事长是单位安全生产第一责任人，对单位的安全生产工作全面负责。

2. 建立健全并落实单位全员安全生产责任制及其绩效考核制度，加强监督考核。

3. 加强单位安全生产标准化建设，贯彻落实党和国家有关安全生产的方针、政策、法律、法规、标准、规范。

4. 组织制定并实施单位安全生产规章制度和操作规程。

5. 组织制定并实施单位安全生产教育和培训计划，参加安全培训，确保具备与单位所从事的生产经营活动相应的安全生产知识和管理能力。

6. 依法设置安全生产管理机构或者配备安全生产管理人员。

7. 组织制定单位安全生产方针和总目标，批准单位年度安全工作目标和计划。

8. 保证单位安全生产投入的有效实施。

9. 组织建立并落实安全风险分级管控和隐患排查治理双重预防工作机制，督促、检查本单位的安全生产工作，及时消除生产安全事故隐患。

10. 组织制定并实施单位生产安全事故应急救援预案。

11. 发生生产安全事故时，应当立即组织抢救，并不得在事故调查处理期间擅离职守。应当及时、如实报告生产安全事故。按照《生产安全事故报告和调查处理条例》及有关规定，组织或配合事故调查处理，落实事故“四不放过”原则。

12. 负责把安全生产工作列入党组（或支部）的重要议事日程，对重要及重大安全问题做出决策；组织“党建十安全”活动，把党建工作与安全工作紧密结合，发挥党组织在安全生产中的模范先锋及战斗堡垒作用；负责在干部考核、选拔、任用及思想政治工作检查评比中，把安全生产业绩作为重要的考核内容。

13. 法律法规及上级单位规定的其他安全生产职责。

（二）总经理

1. 总经理是单位安全生产第一责任人，对单位的安全生产工作全面负责。

2. 建立健全并落实单位全员安全生产责任制及其绩效考核制度，加强监督考核。

3. 加强单位安全生产标准化建设，贯彻落实党和国家有关安全生产的方针、政策、法律、法规、标准、规范。

4. 组织制定并实施单位安全生产规章制度和操作规程。

5. 组织制定并实施单位安全生产教育和培训计划，参加安全培训，确保具备与单位所从事的生产经营活动相应的安全生产知识和管理能力。

6. 研究确定单位分管安全生产的负责人、技术负责人，依法设置安全生产管理机构或者配备安全生产管理人员，落实单位业务管理机构和部门的安全职能并配备相应人员，组织建立健全单位安全生产保障体系和监督体系，及主体责任清单及监督责任清单，充分发挥双体系及两个清单的作用。

7. 组织制定单位安全生产方针和总目标，批准单位年度安全工作目标和计划。

8. 保证单位安全生产投入的有效实施，依法履行建设项目安全设施与主体工程同时设计、同时施工、同时投入生产和使用的规定。

9. 组织安全生产专题会议，研究和审查有关安全生产的重大事项，协调单位各部门安全生产工作事宜。

10. 督促、检查单位的安全生产工作，及时消除生产安全事故隐患。

11. 组织建立并落实安全风险分级管控和隐患排查治理双重预防工作机制，建立健全重大危险源及重大事故隐患的安全管理措施。

12. 组织制定并实施单位生产安全事故应急救援预案，配备必要的应急救援装备和物资，按规定组织开展应急演练，事故情况下，按预案要求履行应急职责。

13. 组织制定并落实职业健康管理制度，依法为从业人员办理工伤保险，经常深入生产一线，掌握了解职工的思想动态，关注从业人员的身体、心理状况和行为习惯，加强对从业人员的心理疏导、精神慰藉，防范从业人员行为异常导致事故发生，保障从业人员劳动安全、防止职业危害的事项发生。

14. 组织制定并落实消防及交通安全管理制度。

15. 组织制定并落实防汛管理制度，安排防汛检查及防汛值班。

16. 发生生产安全事故时，应当立即组织抢救，并不得在事故调查处理期间擅离职守。应当及时、如实报告生产安全事故。按照《生产安全事故报告和调查处理条例》及有关规定，组织或配合事故调查处理，落实事故“四不放过”原则。

17. 法律法规及上级单位规定的其他安全生产职责。

（三）副总经理（分管安全）

1. 协助主要负责人履行安全生产管理职责，对分管工作履行安全生产“一岗双责”，对分管范围内的安全生产工作负责。

2. 协助主要负责人建立健全并落实单位全员安全生产责任制及其绩效考核制度，加强监督考核。

3. 协助主要负责人加强单位安全生产标准化建设，贯彻落实党和国家有关安全生产的方针、政策、法律、法规、标准、规范。

4. 协助主要负责人组织制定并实施单位安全生产规章制度和操作规程。

5. 协助主要负责人组织制定并实施单位安全生产教育和培训计划，参加安全培训，确保具备与单位所从事的生产经营活动相应的安全生产知识和管理能力。

6. 参与设置安全生产管理机构或者配备专职安全生产管理人员。

7. 参与制定单位安全生产方针和总目标，审核单位年度安全工作目标和计划。

8. 协助主要负责人确保单位安全生产投入的有效实施，依法履行建设项目安全设施与主体工程同时设计、同时施工、同时投入生产和使用的规定。

9. 组织或参与安全生产专题会议，研究和审查有关安全生产的重大事项，协调单位各部门安全生产工作事宜。

10. 督促、检查单位的安全生产工作，及时消除生产安全事故隐患。

11. 协助主要负责人组织建立并落实安全风险分级管控和隐患排查治理双重预防工作机制，建立健全重大危险源及重大事故隐患的安全管理措施。

12. 协助主要负责人组织制定并实施单位生产安全事故应急救援预案，配备必要的应急救援装备和物资，按规定组织开展应急演练，事故情况下，按预案要求履行应急职责。

13. 协助主要负责人组织制定并落实职业健康管理制度，依法为从业人员办理工伤保险，关注从业人员身心健康，保障从业人员劳动安全、防止职业危害的事项发生。

14. 协助主要负责人组织制定并落实消防及交通安全管理制度。

15. 协助主要负责人组织制定并落实防汛管理制度，安排防汛检查及防汛值班。

16. 发生生产安全事故时，应当立即组织抢救，并不得在事故调查处理期间擅离职守。应当及时、如实报告生产安全事故。按照《生产安全事故报告和调查处理条例》及有关规定，组织或配合事故调查处理，落实事故“四不放过”原则。

17. 法律法规及上级单位规定的其他安全生产职责。

（四）副总经理（分管其他业务）

1. 协助主要负责人分管相关工作，对分管工作履行安全生产“一岗双责”，对分管范围内的安全生产工作负责。

2. 协助主要负责人建立健全并落实单位全员安全生产责任制及其绩效考核制度，加强监督考核。

3. 协助主要负责人加强单位安全生产标准化建设，贯彻落实党和国家有关安全生产的方针、政策、法律、法规、标准、规范。

4. 协助主要负责人组织制定并实施单位安全生产规章制度和操作规程。

5. 协助主要负责人组织制定并实施单位安全生产教育和培训计划，参加安全培训，确保具备与单位所从事的生产经营活动相应的安全生产知识和管理能力。

6. 参与设置安全生产管理机构或者配备专职安全生产管理人员。

7. 参与制定单位安全生产方针和总目标，审核单位年度安全工作目标和计划。

8. 确保分管业务安全生产投入的有效实施，依法履行建设项目安全设施与主体工程同时设计、同时施工、同时投入生产和使用的规定。

9. 组织或参与安全生产专题会议，研究和审查有关安全生产的重大事项，协调单位各部门安全生产工作事宜。

10. 督促、检查单位的安全生产工作，及时消除生产安全事故隐患。

11. 协助主要负责人组织建立并落实安全风险分级管控和隐患排查治理双重预防工作机制，建立健全重大危险源及重大事故隐患的安全管理措施。

12. 协助主要负责人组织制定并实施单位生产安全事故应急救援预案，配备必要的应急救援装备和物资，按规定组织开展应急演练，事故情况下，按预案要求履行应急职责。

13. 协助主要负责人组织制定并落实职业健康管理制度，依法为从业人员办理工伤保险，关注从业人员身心健康，保障从业人员劳动安全、防止职业危害的事项发生。

14. 协助主要负责人组织制定并落实消防及交通安全管理制度。

15. 协助主要负责人组织制定并落实防汛管理制度，安排防汛检查及防汛值班。

16. 发生生产安全事故时，应当立即组织抢救，并不得在事故调查处理期间擅离职守。应当及时、如实报告生产安全事故。按照《生产安全事故报告和调查处理条例》及有关规定，组织或配合事故调查处理，落实事故“四不放过”原则。

17. 法律法规及上级单位规定的其他安全生产职责。

第七条　工会主席岗位安全职责

1. 工会主席是群众监督的第一责任者，开展单位劳动安全卫生监督工作。

2. 贯彻国家有关安全生产方针、政策、法律、法规、标准、规范，对忽视安全生产和违反劳动保护的现象及时提出批评和建议，督促有关部门及时改进。

3. 按照《工会劳动保护监督检查员工作条例》《基层（车间）工会劳动保护监督检查委员会工作条例》和《工会小组劳动保护检查员工作条例》，建立、健全单位的劳动安全和工业卫生监督体系，对单位的劳动安全卫生工作实行群众监督。

4. 参加安全教育和培训，掌握有关安全管理知识。

5. 参加单位安全工作会议，了解有关安全生产情况，并经常深入生产一线，了解关注从业人员的身体、心理状况和行为习惯，加强对从业人员的心理疏导、精神慰藉。

6. 组织开展有关安全生产合理化建议活动，协助开展安全文化建设。

7. 组织职工参加单位安全生产工作的民主管理和民主监督，维护职工在安全生产方面的合法权益。

8. 对建设项目的安全设施与主体工程同时设计、同时施工、同时投入生产和使用进行监督，提出意见。

9. 对单位违反安全生产法律、法规，侵犯从业人员合法权益的行为，有权要求纠正；发现违章指挥、强令冒险作业或者发现事故隐患时，有权提出解决的建议，相关部门或单位应当及时研究答复；发现危及从业人员生命安全的情况时，有权向相关部门或单位建议组织从业人员撤离危险场所。

10. 参加事故调查，向有关部门提出处理意见，并要求追究有关人员的责任，协助行政做好伤亡事故的善后处理工作。

第八条　办公室岗位安全职责

（一）经理

1. 经理是本部门安全第一责任人，履行安全生产“一岗双责”，对本部门安全生产工作全面负责。

2. 参与制定单位安全生产责任制，落实本部门安全生产责任制及其绩效考核。

3. 加强本部门安全生产标准化建设，贯彻落实党和国家有关安全生产的方针、政策、法律、法规、标准、规范，组织识别、获取本部门适用的安全生产法律法规、标准规范。

4. 参与制定单位安全生产规章制度和操作规程，严格执行单位安全生产规章制度和操作规程。

5. 组织制定并实施本部门安全生产教育和培训计划，组织本部门新员工入职安全教育，参加安全培训，确保具备与单位所从事的生产经营活动相应的安全生产知识和管理能力。

6. 选配部门兼职安全生产管理人员。

7. 参与制定单位总体和年度安全生产目标，组织分解、落实本部门安全生产目标。

8. 保证本部门安全生产投入的有效实施。

9. 参加单位安全生产专题会议，定期召开部门安全专题会议，传达学习安全文件，及时解决生产中的安全问题。

10. 督促、检查本部门的安全生产工作，杜绝“三违”现象，及时消除生产安全事故隐患并报告安全监督部门。

11. 参与单位安全风险分级管控和隐患排查治理双重预防工作机制建设，组织开展本部门危险源辨识和评估，并落实安全风险分级管控和隐患排查治理措施。

12. 参与单位生产安全事故应急救援预案的制定、演练、评估、修编等工作，按职责分工组织本部门负责的应急救援预案的演练、评估，事故情况下，按预案要求履行应急职责。

13. 组织做好本部门职业健康、消防、交通及防汛安全工作，关注从业人员身心健康，保障从业人员劳动安全、防止职业危害的事项发生，不发生责任事故。

14. 督促检查本部门及相关方人员进入现场时按规定正确着装和佩戴安全防护用品。

15. 监督检查本部门办公、宿舍、库房的防火用电安全管理。

16. 按职责权限参与单位事故救援，做好伤亡事故的善后处理工作，本部门发生生产安全事故时，应当立即组织抢救，并不得在事故调查处理期间擅离职守。应当及时、如实报告生产安全事故。按照《生产安全事故报告和调查处理条例》及有关规定，组织或配合事故调查处理，落实事故“四不放过”原则。

17. 组织制定并落实单位车辆及专兼职驾驶员安全管理制度，组织建立单位车辆及专兼职驾驶员台账。

18. 大型活动时组织制定专项活动方案，开展安全检查和隐患排查，消除事故隐患。

19. 负责党群及纪律检查工作相关的安全工作，组织做好单位反恐怖及群体性事件有关工作。

20. 组织开展单位安全文化建设有关工作。

21. 负责将职业健康相关内容列入与员工签订的劳动合同。

22. 组织落实单位安全文件的收发、传阅办理、文书归档等工作，确保上级安全文件及时传达。

23. 法律法规及单位规定的其他安全生产职责。

（二）副经理

……

（三）××岗位

……

第十条　其他部门岗位安全职责

……

（结合单位组织机构合理设置岗位，并依法确定所负安全职责。）

第十六条　兼职安全生产管理人员岗位安全职责

1. 根据工作分工，履行安全生产“一岗双责”，对分管的安全生产工作全面负责。

2. 参与制定安全生产责任制，落实本岗位安全生产责任。

3. 加强安全生产标准化建设，贯彻落实党和国家有关安全生产的方针、政策、法律、法规、标准、规范，按照职责分工组织识别、获取本部门适用的安全生产法律法规、标准规范。

4. 组织或参与拟定部门或班组安全生产规章制度和操作规程，严格执行单位安全生产规章制度和操作规程。

5. 组织或参与部门或班组安全生产教育和培训，如实记录安全生产教育和培训，按职责分工组织部门或班组安全培训，确保具备与单位所从事的生产经营活动相应的安全生产知识和管理能力。

6. 参加部门或班组安全专题会议，传达学习安全文件，及时解决生产中的安全问题。

7. 检查单位的安全生产状况，及时排查生产安全事故隐患，提出改进安全生产管理的建议。

8. 组织开展危险源辨识和评估，督促落实单位重大危险源的安全管理措施。

9. 组织或参与单位生产安全事故应急救援预案的制定、演练、评估、修编等工作，按职责分工组织本部门负责的应急救援预案的演练、评估，事故情况下，按预案要求履行应急职责。

10. 按职责分工做好部门或班组职业健康、消防及交通安全工作，关注从业人员身心健康，保障从业人员劳动安全、防止职业危害的事项发生，不发生责任事故。

11. 进入现场时按规定正确着装和佩戴安全防护用品。

12. 按职责分工监督检查部门或班组办公、宿舍、库房的防火用电安全管理。

13. 按职责权限参与单位事故救援，做好伤亡事故的善后处理工作。应当及时、如实报告生产安全事故。按照《生产安全事故报告和调查处理条例》及有关规定，组织或配合事故调查处理，落实事故“四不放过”原则。

14. 制止和纠正违章指挥、强令冒险作业、违反操作规程的行为。

15. 督促落实部门或班组安全生产整改措施。

16. 按职责分工开展部门或班组安全文化建设有关工作。

17. 组织或者参与制定部门或班组职业健康管理制度，督促检查部门或班组职业健康状况，排查职业危害隐患，督促落实整改措施。

18. 组织或者参与建立部门或班组消防设施台账，督促检查消防安全状况，排查火灾事故隐患，督促落实整改措施。

19. 督促检查部门或班组交通安全状况，排查交通事故隐患，督促落实整改措施。

20. 及时、如实的上报各类安全生产信息。

21. 组织开展安全生产标准化工作。

22. 组织或者参与制定防汛管理制度、防汛检查及防汛值班，督促落实防汛物资储备。

23. 组织或者参与建立部门或班组特种设备及特种作业人员档案，督促检查持证上岗情况。

24. 法律法规及单位规定的其他安全生产职责。

第十七条　所有从业人员通用岗位安全职责

1. 从业人员应了解作业场所和工作岗位存在的危险因素、防范措施及事故应急措施。

2. 从业人员应拒绝违章指挥和强令冒险作业。

3. 从业人员发现直接危及人身安全的紧急情况时，应当停止作业或者在采取可能的应急措施后撤离作业场所。

4. 从业人员在作业过程中，应当严格落实岗位安全责任，遵守单位的安全生产规章制度和操作规程，服从管理，正确佩戴和使用劳动防护用品。

5. 从业人员应当接受安全生产教育和培训，掌握本职工作所需的安全生产知识，提高安全生产技能，增强事故预防和应急处理能力。

6. 从业人员发现事故隐患或者其他不安全因素，应当立即向现场安全生产管理人员或者本单位负责人报告。

第三章 岗位安全职责考核

第十八条 单位各部门于次年1月10日前完成本部门岗位安全职责年度考核工作。

第十九条 岗位安全职责考核结果分为优秀、合格、不合格三个等级，考核优秀人数不超过单位总人数的10%。

（一）优秀：达到以下条件可由部门推送为优秀人选，最终由单位考核小组确定。

1. 按岗位安全职责标准要求履责到位。

2. 考核期内未发生本岗位负有责任的各类事故（事件）。

（二）合格：达到以下条件即为合格。

1. 按岗位安全职责标准要求履责基本到位。

2. 考核期内未发生本岗位负有责任的各类事故（事件）。

（三）不合格：达到下列条件之一即为不合格。

1. 按岗位安全职责标准要求履责不到位。

2. 考核期内发生了本岗位负有责任的各类事故（事件）。

第二十条 单位各部门将岗位安全职责考核结果汇总后报送安全生产领导小组办公室，纳入年度员工考核，并作为年度个人评先评优及单位干部选拔任用的重要参考。

第四章 附 则

第二十一条 本办法由安全生产领导小组办公室负责解释。

第二十二条 本办法自印发之日起施行。

第三节 全员参与

【标准条文】

1.3.1 定期对部门、所属单位、从业人员和相关外包单位的安全生产职责的适宜性、履职情况进行评估和监督考核。

1. 工作依据

《中华人民共和国安全生产法》（主席令第八十八号）

《中共中央国务院关于推进安全生产领域改革发展的意见》（中发〔2016〕32号）

SL/T 789—2019《水利安全生产标准化通用规范》

2. 实施要点

（1）每个岗位所对应的安全生产职责都不尽相同，在落实责任制过程中，通过检查、反馈的意见，应定期对责任制适宜性进行评估，及时调整与岗位安全生产职责相关内容，可以结合年度安全考核每年度进行一次，如果岗位工作内容、分工或环境发生变化，应及时进行评估。

（2）后勤保障单位应依据责任制度对部门和人员履职情况定期进行全面、真实的检查。检查其工作记录及工作成果，是否认真尽职履责。检查范围应全面，包括所有部门、下属单位、员工和外包单位，不应出现遗漏，并留下检查工作记录，外包单位的安全生产职责可以在安全责任书（或安全管理协议）中明确。定期考核可以和季度安全考核相结合，从而保证安全生产职责得到有效落实。

3. 参考示例

安全生产责任制落实情况检查评估记录表

编号：

被检查部门		被检查人	
检查部门		检查人员	
检查时间		记录人	
检查评估内容		存在问题	
（对照岗位安全职责进行检查）			
结论	（确认存在的问题是否与制度适宜性有关）		

安全生产责任制适宜性评审记录

被评审单位（部门）： 评审时间： 编号：

序号	评审内容	是否适宜	拟更新内容	备注
1	安全生产职责内容			
2				
	……			

评审人员：

说明：结合《安全生产责任制落实情况检查评估记录表》中确认为制度不适宜的问题进行更新。

【标准条文】

1.3.2 建立激励约束机制，鼓励从业人员积极建言献策，建言献策应有回复。

1. 工作依据

《中共中央 国务院关于推进安全生产领域改革发展的意见》（中发〔2016〕32号）

SL/T 789—2019《水利安全生产标准化通用规范》

2. 实施要点

（1）后勤保障单位应从安全管理体制、机制上营造全员参与安全生产管理的工作氛围，从工作制度、工作习惯和企业文化上予以保证。建立奖励、激励机制，如制定建言采纳奖励办法、设置建言献策箱等，鼓励各级人员对安全生产管理工作积极建言献策，群策群力共同提高安全生产管理水平。

（2）后勤保障单位应对每一条的建言献策进行回复，并保留记录。

3. 参考示例

安全生产合理化建议登记表

编号：

姓名		部门	
职务		日期	
建议名称			

建议内容：

部门审核意见：

部门负责人：

安全生产领导小组（安全生产委员会）办公室审核意见：

办公室主任：

单位审核意见：

单位负责人：

最终回复意见：（要明确告知谏言人采纳情况）

第四节　安 全 生 产 投 入

【标准条文】

1.4.1　安全生产费用保障制度应明确费用的提取、使用、管理的程序、职责及权限。

1. 工作依据

《中华人民共和国安全生产法》（主席令第八十八号）

《企业安全生产费用提取和使用管理办法》（财资〔2022〕136号）

SL/T 789—2019《水利安全生产标准化通用规范》

2. 实施要点

（1）后勤保障单位应制定安全生产投入保障制度，并以正式文件发布，制度至少应包括提取、使用、管理的程序、职责及权限等内容，不能缺失。

（2）后勤保障单位在编制制度时应充分结合有关法律、法规、规章、标准，如《中华人民共和国安全生产法》《企业安全生产费用提取和使用管理办法》《水利安全生产标准化通用规范》等，同时要结合后勤保障单位的自身情况，将资金提取、支出和使用范围、管理程序、管理部门及职责权限等内容进行明确。

（3）后勤保障单位安全生产费用管理遵循以下原则：

1）筹措有章。统筹发展和安全，依法落实安全生产投入主体责任，足额提取。

2）支出有据。根据生产经营实际需要，据实开支符合规定的安全生产费用。

3）管理有序。专项核算和归集安全生产费用，真实反映安全生产条件改善投入，不得挤占、挪用。

4）监督有效。建立健全安全生产费用提取和使用的内外部监督机制，按规定开展信息披露和社会责任报告。

3. 参考示例

关于印发《安全生产费用保障制度》的通知

各部门、各下属单位：

为切实加强安全生产费用保障，明确安全生产费用列支渠道，规范安全生产费用的计划、使用和管理，根据《中华人民共和国安全生产法》、《企业安全生产费用提取和使用管理办法》（财资〔2022〕136号）和上级部门财务预算管理制度，我单位制定了《安全生产费用保障制度》，经安全生产领导小组研究通过，现予印发，请并结合实际，抓好贯彻落实。

附件：安全生产费用保障制度

×××

年 月 日

安全生产费用保障制度

第一条 为规范安全生产费用计划、使用和管理，保障安全生产足额投入，依据《中华人民共和国安全生产法》、《企业安全生产费用提取和使用管理办法》（财资〔2022〕136号）和上级部门财务预算管理制度等法律、法规、文件，结合单位后勤保障安全生产工作实际，制定本制度。

第二条 安全生产费用（以下简称安全费用）是保障单位安全生产条件所必须投入的资金，专门用于完善和改进单位安全生产条件、环境，按照“确保需要、足额预算、强化监管、规范使用”的原则进行管理。

第三条 安全生产费用支出范围包括：

（一）购置购建、更新改造、检测检验、检定校准、运行维护安全防护和紧急避险设施、设备支出（不含按照“建设项目安全设施必须与主体工程同时设计、同时施工、同时投入生产和使用”规定投入的安全设施、设备）。

（二）购置、开发、推广应用、更新升级、运行维护安全生产信息系统、软件、网络安全、技术支出。

（三）配备、更新、维护、保养安全防护用品和应急救援器材、设备支出。

（四）企业应急救援队伍建设（含建设应急救援队伍所需应急救援物资储备、人员培训等方面）、安全生产宣传教育培训、从业人员发现报告事故隐患的奖励支出。

（五）安全生产责任保险、承运人责任险等与安全生产直接相关的法定保险支出。

（六）安全生产检查检测、评估评价（不含新建、改建、扩建项目安全评价）、评审、咨询、标准化建设、应急预案制修订、应急演练支出。

（七）与安全生产直接相关的其他支出。

第四条 安全生产投入所必需的费用由安全生产领导小组以及单位主要负责人予以保证，并对由于安全生产所必需的资金投入不足导致的后果承担责任。

第五条 预算计划。各部门（下属单位）应结合工作职责，于每年10月上旬逐项形成本部门或单位的年度安全生产费用计划材料，足额编制下一年度安全费用预算计划，报安全生产领导小组办公室和财务预算部门审核汇总。

第六条 费用审核。安全生产领导小组办公室会财务预算部门按照确有需求、轻重缓急、保障重点、有效平衡原则，强化沟通协调，汇总审核各部门、下属单位安全生产费用预算计划，形成年度安全生产费用计划预算申报上会材料，报安全生产领导小组会议审议。

第七条 费用审批。安全生产领导小组审议通过后，按照资金渠道纳入经费预算，并按管理层级和权限上报主管部门（或上级单位）审批，经批准的预算计划的安全费用通过经费审批文件下达单位实施。

第八条 费用管理。单位应结合财政预算和专项资金管理办法，建立健全安全费用使用管理制度，按照使用计划范围安排使用安全生产资金，支出应符合财务资金管理规定，不得挤占、挪用，确保专款专用，并在财务管理中单独列出安全费用清单备查。

第九条 监督检查。单位应当按合同的相关规定向相关方单位（服务外包单位等）支付安全费用，每月检查安全费用使用情况，督促各项安全措施落实到位。

第十条 工作台账。安全生产管理部门应当建立安全生产费用使用台账，记录安全生产费用使用情况，年底对当年安全生产费用使用情况进行总结，并进行公示、通报。

第十一条 单位承担工程项目建设的安全生产费用提取使用，依据水利工程建设安全生产监督管理相关规定执行。定期检查施工单位安全费用使用情况，对施工单位发生的安全费用，应当及时核实并签认。对未按要求落实安全费用，导致现场存在事故隐患的，应当立即指出，施工单位拒不整改的，应当及时向水行政主管部门报告。

第十二条 违反本办法规定的，因安全费用提取不足、使用不规范，导致等级以上生产安全事故的，按照国家有关法律法规追究法律责任。

【标准条文】

1.4.2 按有关规定保障安全生产所必需的资金投入。

1. 工作依据

《中华人民共和国安全生产法》（主席令第八十八号）

《企业安全生产费用提取和使用管理办法》（财资〔2022〕136号）

2. 实施要点

（1）安全生产费用是安全生产工作的保障。后勤保障单位的安全生产费用计取无明确标准，应以满足实际需要为原则。

（2）在安全生产费用可以支出的范围内，如该单位明显存在诸如安全生产宣传教育培训不足、安全防护设施配备不齐全等问题，且无相关支出记录，将视为资金投入不足。

（3）不能将安全生产费用发放给职工个人自行购买安全防护用品。

3. 参考示例

无。

【标准条文】

1.4.3 根据安全生产需要编制安全生产费用使用计划，并严格审批程序。

1. 工作依据

SL/T 789—2019《水利安全生产标准化通用规范》

《企业安全生产费用提取和使用管理办法》（财资〔2022〕136号）

2. 实施要点

（1）后勤保障单位每年应根据需要制定安全生产费用使用计划，按制度规定和管理职责履行审批程序。费用计划编制应满足详细、具体、范围准确、符合安全管理实际需要的原则。

（2）后勤保障单位安全生产费用可用于以下范围的支出：

1）购置购建、更新改造、检测检验、检定校准、运行维护安全防护和紧急避险设施、设备支出。

2）购置、开发、推广应用、更新升级、运行维护安全生产信息系统、软件、网络安全、技术支出。

3）配备、更新、维护、保养安全防护用品和应急救援器材、设备支出。

4）应急救援队伍建设（含建设应急救援队伍所需应急救援物资储备、人员培训等方面）、安全生产宣传教育培训、从业人员发现报告事故隐患的奖励支出。

5）安全生产责任保险、承运人责任险等与安全生产直接相关的法定保险支出。

6）安全生产检查检测、评估评价（不含新建、改建、扩建项目安全评价）、评审、咨询、标准化建设、应急预案制修订、应急演练支出。

7）与安全生产直接相关的其他支出。

（3）以下费用不能列入安全生产费用支出，如普通体检、设备维修（不同于安全防护设施维修）、安全管理人员薪酬和福利等。

3. 参考示例

2022年度安全生产费用使用计划

为认真贯彻“安全第一、预防为主、综合治理”的方针，规范安全生产投入管理工作，结合后勤保障工作实际情况，制定安全生产费用使用计划如下。

一、2022年度安全生产费用投入概述

我单位2022年度安全生产费用预算为：58万元。主要包含：安全技术和劳动保护措施、应急管理、安全生产检查检测和评估评价、事故隐患排查治理、安全教育和安全月活动、安全生产标准化建设实施与维护及与安全生产密切相关的其他方面的投入。

安全生产投入应依法依规管理。单位主要负责人对安全生产投入的有效实施负第一责任；安全生产领导小组负责安全生产投入计划的审批，并对相关安全生产资金的提取和使用情况进行监督检查；办公室（安监部门）负责牵头与财务部门等部门共同制定本年度安全生产投入的使用计划并落实；办公室（安监部门）负责安全生产投入的筹集及核算；各部门（下属单位）应确保安全生产投入资金用于规定的与安全生产相关的支出项目，做到专款专用。

二、安全生产费用使用计划

1. 为了认真贯彻“安全第一、预防为主、综合治理”方针，规范安全生产投入管理工作，依据《中华人民共和国安全生产法》、《企业安全生产费用提取和使用管理办法》（财资〔2022〕136号）等法律、法规、文件的要求和有关规定，制定本制度。

2. 安全生产投入是单位从事生产经营活动中，为了保证生产安全所投入的人、财、物等资源。

3. 安全生产投入应依法依规管理，安全生产领导小组办公室负责安全生产资金的计划，财务部门负责安全生产资金的筹集及核算，各部门（下属单位）负责人应保障安全投入资金的专款专用，不得挪用安全生产费用。

2022年度安全生产费用使用计划

编号：

序号	名　称	投入金额/万元	计划部门	备注
一	购置购建、更新改造、检测检验、检定校准、运行维护安全防护和紧急避险设施、设备支出			
1	电气预防性试验、防雷检测			
2	特种设备定期检测			
3	重大危险源监测监控设施			
4	紧急避险设施购置			
5	安全设备设施的检测、改造			
⋮				
二	购置、开发、推广应用、更新升级、运行维护安全生产信息系统、软件、网络安全、技术支出			
1	安全生产信息系统建设			
2	安全生产可视化平台建设			
3	安全生产自动化预测预警系统			
4	“四新”推广应用			
⋮				
三	配备、更新、维护、保养安全防护用品和应急救援器材、设备支出			
1	护栏、安全标识标牌等安全设施设备购买、维护、保养			
2	安全防护服、安全帽、绝缘手套、绝缘鞋等劳保用品、安全工器具购买			
3	消防设施配备			
⋮				
四	应急队伍建设、安全生产教育培训			

续表

序号	名　称	投入金额/万元	计划部门	备注
1	应急救援物资储备			
2	应急救援队伍人员培训			
3	安全生产教育培训			
4	举报隐患奖励			
⋮				
五	法定保险			
1	安全生产责任险			
⋮				
六	安全生产检查检测、评估评价、评审、咨询、标准化建设、应急预案制修订、应急演练支出			
1	标准化建设费用			
2	安全检查产生的费用（请外单位专家等）			
3	应急演练费用			
4	应急预案编制评估费用			
5	安全生产规章制度、操作规程外部评审			
⋮				
七	其他与安全生产直接相关的支出			
1	事故隐患整改费用			
2	安全月活动费用			
3	安全文化建设费用			
⋮				
	总　计			

【标准条文】

1.4.4　落实安全生产费用使用计划，并保证专款专用，建立安全生产费用使用台账。

1. 工作依据

SL/T 789—2019《水利安全生产标准化通用规范》

2. 实施要点

(1) 在使用过程中，应本着专款专用的原则，在计划编制符合相关规定（重点是使用范围）的前提下，应严格按计划落实，不得出现超范围使用、与计划出入较大的情况发生。如出现计划无法落实的情况，应说明原因，并采取相关补救措施。

(2) 安全生产费用支出后，应及时收集、汇总使用凭证，并按规定的格式建立费用使用台账，详细记录每笔费用使用情况。使用凭证一般包括发票、结算单、设备租赁合同和费用结算单等，并应与台账记录相符。台账记录要齐全，不能漏记。

3. 参考示例

安全生产费用使用台账

编号：

序号	项 目 名 称	费用金额/元	凭证号	登记日期	备注
一	购置购建、更新改造、检测检验、检定校准、运行维护安全防护和紧急避险设施、设备支出				
1	物资库防雷检测				
2	电梯法定检验				
3	可燃气体报警装置				
4	无线声光火灾报警装置				
⋮					
二	购置、开发、推广应用、更新升级、运行维护安全生产信息系统、软件、网络安全、技术支出				
1	安全生产信息系统建设				
2	安全生产可视化平台建设				
3	安全生产自动化预测预警系统				
4	“四新”推广应用				
⋮					
三	配备、更新、维护、保养安全防护用品和应急救援器材、设备支出				
1	安全标志牌				
2	安全防护服				
3	安全帽				
4	灭火器				
⋮					
四	应急队伍建设、安全生产教育培训				
1	编织袋				
2	铁锹				
3	担架				
4	应急电源				
5	安全培训教材费				
6	安全教育培训外聘专家费（含路费）				
7	安全宣传标语				
⋮					

续表

序号	项 目 名 称	费用金额/元	凭证号	登记日期	备注
五	法定保险				
1	安全生产责任险				
⋮					
六	安全生产检查检测、评估评价、评审、咨询、标准化建设、应急预案制修订、应急演练支出				
1	标准化建设费用				
2	安全检查产生的费用（请外单位专家等）				
3	应急演练费用				
4	应急预案编制评估费用				
5	安全生产规章制度、操作规程外部评审费				
⋮					
七	其他与安全生产直接相关的支出				
1	事故隐患整改费用（视具体措施可分解到前6项中）				
2	安全月活动费用（视具体活动内容可分解到前6项中）				
3	安全文化建设费用（视具体建设内容可分解到前6项中）				
⋮					
八	合 计				

审核人： 登记人：

【标准条文】

1.4.5 定期对安全生产费用的落实情况进行检查，并对存在问题进行整改，并以适当方式公开安全生产费用提取和使用情况。

1. 工作依据

SL/T 789—2019《水利安全生产标准化通用规范》

2. 实施要点

（1）后勤保障单位要定期检查安全生产费用使用情况。检查的时间及频次应在管理制度中明确，可结合单位组织的其他检查工作一并进行，如在组织的综合检查中增加安全生产费用使用情况的内容。

（2）每年末应对安全生产费用使用情况进行一次全面的检查和总结工作。重点检查安全生产费用计划的落实情况、使用范围、投入是否充足等，使用过程中是否存在问题，对发现的问题是否能够及时整改。检查、总结材料应系统、全面、真实反映单位一年来安全生产费用的使用情况，同时也对下一年度的安全生产费用提供指导。

（3）安全生产费用提取和使用情况应以适当方式予以公开。结合自身情况，可以在安全生产领导机构会议上通报、张贴经费使用明细或财务预决算向职工代表大会报告等方式，对安全费用使用情况进行公开，并做好有关记录。

3. 参考示例

2022年度安全生产费用使用计划落实情况检查表

编号：

序号	项目分类	实施内容	计划费用/万元	实际费用/万元	是否专款专用	审批是否完备
1	完善、改造和维护安全防护设施设备支出	安全警示标识、特种设备维保、安全防护装置更新维护等				
2	配备、维护、保养应急救援器材、设备支出和应急演练支出	消防设施设备、救生设备、急救器材、急救药品、应急通信设备、应急演练等安全				
3	隐患排查治理支出	隐患整改费用				
4	标准化建设支出	安全生产标准化宣传、培训、资料支出等				
5	配备和更新职工安全防护用品支出	劳动防护用品（工作服、安全帽、安全带、手套、护目镜、绝缘鞋等				
6	安全生产宣传、教育、培训支出	“三类人员”和特种作业人员培训复训取证，安全宣传、教材、培训、安全生产月活动等				
7	安全生产新技术推广应用支出、“四新”推广应用	安全管理系统开发、维护，安全新技术应用等				
8	安全设施及特种设备检测检验支出	安全劳动防护用品检测、特种设备设施检测、防雷设施检测等				
9	其他与安全生产直接相关的支出					
⋮						

检查意见和建议：

检查小组组长（签字）：
检查小组成员（签字）：
年　月　日

说明：单位应结合安全生产费用投入计划进行检查。

关于2022年度安全生产费用使用情况的通报

为认真贯彻“安全第一、预防为主、综合治理”的方针，规范安全生产投入管理工作，结合我单位实际情况，安全生产领导小组对2022年安全生产经费的使用情况进行检查，现将结果汇报如下。

一、安全生产费用投入预算

我单位2022年度安全生产费用投入预算：58万元。主要包含：安全技术和劳动保护措施、应急管理、安全检测及评价、事故隐患排查治理、安全教育和安全月活动、安全生产标准化建设实施与维护及与安全生产密切相关的其他方面的投入。

二、安全生产费用使用情况

安全生产费用使用情况参见《2022年安全生产费用使用情况检查表》。

三、安全生产费用使用情况检查结论

1. 截至检查前已完成支付的安全生产费用合计：55.48万元。占本年度安全生产费用预算比例约为：95.7%。其中，“2022年安全设施维修”项目、“安全生产标准化配电设施改造”项目……因合同尾款尚未支付，剩余费用结余到下一年度使用；除此费用外，其他项目均超出使用计划资金额度完成。

2. 各部门安全生产费用使用情况检查过程中未发现以任何理由缩减或挪用安全生产投入现象。

3. 办公室（安监部门）安全生产费用使用过程中原始资料收集较为齐全，台账、明细等资料表述清楚。

4. 我单位已根据各自生产运行特点和需要及时编制安全生产投入计划，并围绕生产安全需要及时调整并实施。

5. 我单位安全生产费用的审批及使用均严格履行经费审批等财务制度。

×××

年　月　日

【标准条文】

1.4.6　按照有关规定，为单位从业人员及时办理相关保险，监督检查外包单位为服务人员办理相关保险。

1. 工作依据

《中华人民共和国安全生产法》（主席令第八十八号）

《中华人民共和国职业病防治法》（主席令第二十四号，2018年修正）

《工伤保险条例》（国务院令第375号，2010年修订）

SL/T 789—2019《水利安全生产标准化通用规范》

2. 实施要点

（1）从业人员相关保险主要是指工伤保险和意外伤害保险。工伤保险属于强制保险，单位全体职工必须购买，其作用是为了保障因工作遭受事故伤害或者患职业病的职工获得医疗救治和经济补偿；意外伤害保险属于非强制保险，是以被保险人因遭受意外伤害造成死亡、伤残或者发生保险合同约定的其他事故为给付保险金条件的人身保险。投保该险种，是为了弥补工伤保险补偿不足的缺口，可结合本单位工作特点进行购买。

（2）后勤保障单位还应对服务外包单位的保险购买情况进行检查，特别是委派进入管理服务范围的相关从业人员，做好检查记录。

3. 参考示例

保险参保人员花名册

编号：

个人编号	居民身份证号码	姓名	性别	出生日期	参加工作日期	参保日期	从事工种	月工资/元

登记人： 复核人： 日期：

第五节 安全文化建设

【标准条文】

1.5.1 确立本单位安全生产和职业病危害防治理念及行为准则，并教育、引导全体人员贯彻执行。

1. 工作依据

SL/T 789—2019《水利安全生产标准化通用规范》

AQ/T 9004—2008《企业安全文化建设导则》

2. 实施要点

（1）确立安全生产管理理念和行为准则。

后勤保障单位应根据自身安全生产管理特点及要求，建立安全生产管理的理念和行为准则。例如有着200多年历史的美国杜邦公司一直保持着骄人的安全记录，安全事故率比工业平均值低10倍，杜邦员工在工作场所比在家里安全10倍。超过60%的工厂实现了零伤害率，成绩背后是杜邦200多年来形成的安全文化、理念和管理体系，在管理中形成安全生产管理理念包括但不限于：

1）所有安全事故都可以预防。

2）各级管理层对各自的安全直接负责。

3）所有危险隐患都可以控制。

4）安全是被雇佣的条件之一。

5）员工必须接受严格的安全培训。

6）各级主管必须进行安全审核。

7）发现不安全因素必须立即纠正。

8）工作外的安全和工作中的安全同样重要。

9）良好的安全等于良好的业绩。

10）安全工作以人为本。

（2）教育、引导全体人员贯彻执行。

教育、引导是一个长期的工作，能潜移默化的提高安全意识，向员工灌输正确的安全价值观，提升员工对安全文化的认可和对单位的归属感，一般可以通过发放宣传材料、开展培训教育、开展文化活动、推选先进模范等方式进行，过程中做好有关记录。

3. 参考示例

安全生产行为准则

1. 办公区禁止吸烟，加强明火管理，严禁携带、夹带易燃易爆、剧毒物品等可能威胁单位安全的危险物品进入单位。

2. 严禁违章指挥或强令冒险作业。

3. 不得无故缺席单位安全教育培训等活动，培训未合格、对安全操作规程不熟练的员工不得作业，各部门按员工的持证情况合理安排其工作。

4. 为确保防护用品的有效使用，必须正确穿戴防护用品。如戴安全帽时为防止安全帽脱落，要系好下颌带、调好后箍；背防护用品背包时必须束束腰带等。

5. 高处作业需采取搭设临边设置有防护栏杆的操作台架或架设安全网等安全措施及系好安全带；如无可靠安全设施的情况下，必须系好安全带并扣好保险钩。

6. 进行动火、登高、进入受限空间、吊装等危险性较大作业，应按规定办理作业票，指定安全员做好监护工作，检查设施装备和防护用品，告知安全风险，做好安全防护，过程中擅离职守，造成事故者，按相关法律、法规进行处理。

7. 危险化学品操作严禁在作业过程中擅离职守。

8. 设备仪器必须有合格证并按期校验，不得超期使用。启动或关闭设备时必须按照相关操作规程严格执行，仪表失灵后，必须及时报修。

9. 禁止用湿手操作开关，禁止用水冲洗电机、开关和电箱。

10. 设备出现异常现象时，必须按程序立即报告，在确保安全的情况下才可进行检查。检查设备转动部分（如绞车、滑轮等）时必须采取安全措施，保证在误操作的情况下也不会启动设备。

11. 设备因故障而停止使用时，必须挂牌标示，以防他人误开。

12. 非设备操作人员，不得擅自动用该设备；设备运转时运转部分禁止用手或其他工具触摸。

13. 各种检修作业，必须设置警示标识和相应隔离防护。

14. 对相关方等特殊施工（动火作业、受限空间作业、高处作业、吊装作业等）过程中必须有人监护，且监护人必须履行其监护的职责，严禁擅自离开；如需离开必须有其他熟悉现场的人员代其履行监护职责或暂时停止作业。电气人员严格执行《电业安全作业规程》或《电工守则》，现场施工临时用电时必须严格遵守单位用电安全方面的操作规程，没有操作规程的按行业标准等执行。

15. 严格遵守单位的其他规章制度，如有违反单位其他规章制度的行为，按相关规定进行纠正及处罚。

【标准条文】

1.5.2 制定安全文化建设规划或计划，根据 AQ/T 9004、AQ/T 9005 有关规定开展安全文化建设活动。

1. 工作依据

《国务院安委会办公室关于大力推进安全生产文化建设的指导意见》(安委办〔2012〕34号)

AQ/T 9004—2008《企业安全文化建设导则》

AQ/T 9005—2008《企业安全文化建设评价准则》

2. 实施要点

(1) 长期建设。

后勤保障单位安全文化建设是一项长期、系统性的工程,非一朝一夕、举办几次活动就能达到的目标。安全意识的提高,是一个潜移默化的过程。因此,后勤保障单位要编制安全文化建设的长期规划(可结合企业文化建设和中长期安全生产规划等工作一并开展),明确安全文化建设的目标、实现途径、采取的方法等内容,各级管理者应对安全承诺的实施起到示范和推进作用,形成严谨的制度化、规范化工作方法,营造有益于安全的工作氛围,培育重视安全的工作态度。

后勤保障单位每年的安全生产工作计划应包括安全文化建设的计划(也可单独编制),结合国家、行业和企业自身情况,策划丰富多彩、寓教于乐的安全文化活动,使安全生产深入人心,形成良好的工作习惯。在实施过程中注意按计划开展安全文化建设活动。

(2) 管理者示范。

企业安全文化建设关键在各级管理者的带头示范作用,因此《评审规程》中要求企业主要负责人应参加企业文化活动。工作过程中应注意收集安全文化建设活动的档案资料,并对企业主要负责人参加相关活动进行记载。

3. 参考示例

2021—2025年安全文化建设规划

为进一步加强单位安全生产文化(以下简称安全文化)建设,强化安全生产意识行为和文化支撑,根据《国务院安委会办公室关于大力推进安全生产文化建设的指导意见》(安委办〔2012〕34号)和AQ/T 9004—2008《企业安全文化建设导则》,结合单位实际,制定本规划。

一、安全文化现状

单位自成立以来,坚持以安全无事故为重点,努力营造安全文化氛围,不断提升安全文化水平,确保后勤职工生命财产安全,保障事业发展。

近年来,我单位不断加强安全文化建设,健全安全组织机构、完善安全管理制度、构建安全生产双重预防机制,加大安全生产投入、加强安全教育培训,推进安全生产标准化、信息化建设,职工的安全生产意识不断提高,安全管理水平不断提升。

二、安全文化规划指导思想与目标

(一) 指导思想

以总书记关于安全生产工作的系列重要论述为指导,坚持以人为本、生命至上安全发展理念,坚持以“零事故、零意外、零伤亡”为目标,加强健全组织体系、强化职责分工,规范作业行为、构建安全环境,加强安全生产监督管理,加强安全文化宣传引导,不断提升全体职工安全素质，提高管理水平，有效防范和坚决遏制重特大事故，为维护人民群众生命财产安全和促进安全生产形势持续稳定向好提供坚实保障。

（二）规划依据

1.《国务院安委会办公室关于大力推进安全生产文化建设的指导意见》（安委办〔2012〕34号）

2. AQ/T 9004—2008《企业安全文化建设导则》

3. AQ/T 9005—2008《企业安全文化建设评价准则》

4.《上级主管单位安全规划》

5. ……

（三）规划原则

1. 坚持服务中心。将安全文化建设与后勤保障事业发展、单位精神文明建设、精细化管理工作紧密结合。

2. 坚持依法管理。发挥安全文化对安全法制、安全责任、安全技术、安全意识、安全行为等诸要素的引领作用。牢牢把握安全文化建设发展方向，构建安全生产长效机制。

3. 坚持实事求是。注重特色，强化安全生产基层基础，推进安全文化创新发展。

4. 坚持依托群众。充分发挥全体后勤职工的主动性，开展群众性符合后勤保障工作安全实际的文化创建活动、整体推进安全文化建设。

（四）规划目标

总体目标：到2025年，单位安全文化建设体制机制及标准制度健全规范，安全文化建设深入推进，安全文化活动内容不断丰富，全员安全意识进一步增强，安全文化建设富有特色并取得明显成效。

具体目标：

1. 打造后勤保障安全文化建设示范平台。

2. 繁荣安全文化创作，打造具有水利行业影响力的安全文化精品，挖掘和创作一批适合本单位安全生产实际的作品。含影像作品、文学作品、美术作品等。

3. 推进安全生产标准化建设。以安全生产标准化建设为抓手，全面实现全单位安全管理的标准化，构建安全生产双重预防机制。2023年，通过水利后勤保障单位安全生产标准化一级单位验收，并持续改进，努力成为水利工程后勤保障单位安全生产标准化建设示范单位。

……

三、主要任务

（一）营造安全氛围。深入学习、贯彻落实总书记、总理关于安全生产工作的系列重要指示，坚决执行水利部、流域机构、省水利厅关于加强水利安全生产工作的决策部署。扎实开展“安全生产月”“水法宣传周”“安全示范岗”等活动。充分利用现代媒体，加强“以人为本”“依法治安”的宣传贯彻，使其深入人心、扎根基层，指导和推动工作实践，形成有利于推动安全生产工作的氛围。

强化安全生产责任体系内涵和实质的宣传，推动安全生产责任制的落实，促进各单位、部门抓好安全生产工作的责任感、紧迫感和使命感，提高加强安全生产工作的积极性、主动性和创造性。

（二）创新文化载体。充分利用后勤服务范围广、涉及领域多的特点，结合区域发展，创新安全文化载体和方法途径，形成具有后勤保障服务特色的安全文化体系。

（三）开展标准化建设。推动安全生产工作向纵深发展。加强安全生产标准化制度的学习培训宣传，提高制度的执行力。

（四）加强安全教育。深入学习宣传《中华人民共和国安全生产法》等法律法规，宣传国家安全生产方针政策，普及安全生产基本知识，使全体干部职工牢固树立以人为本、安全发展理念，增强遵纪守法自觉性。

（五）强化舆论引导。广泛宣传安全生产工作的创新成果和突出成就、先进事迹和模范人物，发挥安全文化的激励作用，弘扬积极向上的进取精神，营造有利于安全生产工作的舆论氛围。

四、保障措施

（一）加强组织领导

建立健全领导组织机构，在安全生产领导小组的统一领导下，形成党政同责、齐抓共管的组织体系。办公室把安全文化建设纳入单位安全生产中长期规划，并组织实施，各部门、下属单位各负其责，确实把安全文化建设摆在安全生产管理工作的重要位置，与其他工作同部署、同落实、同考核。

（二）加大安全文化建设投入

把安全文化建设投入作为安全生产投入的重要内容，完善安全生产投入管理办法，支持安全生产标准化建设、安全宣传教育培训、安全生产月等活动的开展。

（三）加快安全文化人才培养

加大安全文化建设人才的培训力度，提升安全文化建设的业务水平。通过“走出去、请进来”等多种方法，提高安全管理人员的组织协调、宣传教育和活动策划的能力，造就高层次、高素质的安全文化建设专家型人才。

（四）强化宣传教育

坚持创新内容、创新形式、创新手段，着力做好安全文化的宣传，努力为安全文化建设提供有力的思想指导、舆论力量、精神支柱和文化条件，做到全员、全方位、全过程的广泛宣传发动，努力把力量凝聚到安全文化建设目标任务上来。

以安全文化建设活动为载体，发展健康向上、各具特色的群众安全文化，举办形式多样、深受基层欢迎的安全文化活动，广泛传播安全文化。

第六节　安全生产信息化建设

【标准条文】

1.6.1　根据实际情况，建立安全生产电子台账管理、重大危险源监控、职业病危害防治、应急管理、安全风险管控和隐患自查自报、安全生产预测预警等信息系统，利用信息化手段加强安全生产管理工作。

1. 工作依据

《中华人民共和国安全生产法》（主席令第八十八号）

GB/T 33000—2016《企业安全生产标准化基本规范》

水利部关于贯彻落实《中共中央　国务院关于推进安全生产领域改革发展的意见》实施办法（水安监〔2017〕261 号）

2. 实施要点

安全生产信息化建设是加强安全生产管理的重要手段和途径，可以大幅提升企业安全生产工作效率和工作成效。后勤保障单位应根据自身实际情况，按时在水利安全生产信息系统填报信息，建立本单位的安全生产管理信息系统，系统内容包括安全生产的各类电子台账、重大危险源监控、职业病危害防治、应急管理、安全风险管控和隐患自查自报、安全生产预测预警等功能模块。

3. 参考示例

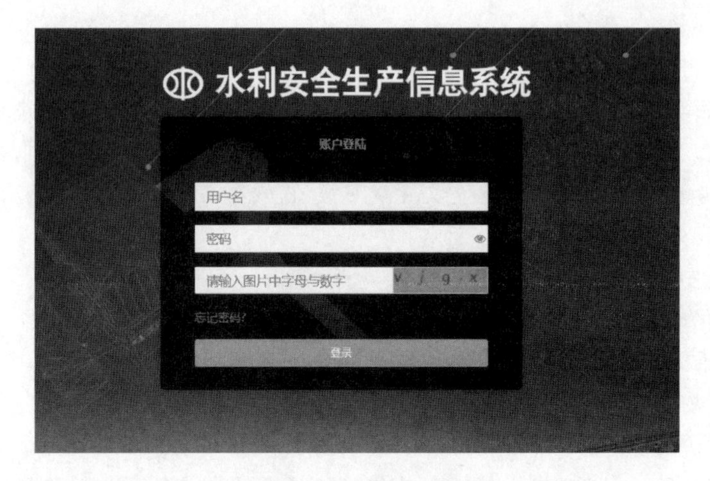

水利安全生产信息系统

智慧监管平台

第四章 制度化管理

第一节 法规标准识别

【标准条文】

2.1.1 安全生产法律法规、标准规范管理制度应明确归口管理部门、识别、获取、评审、更新等内容。

1. 工作依据

SL/T 789—2019《水利安全生产标准化通用规范》

2. 实施要点

(1) 制度应明确此项工作的主管部门，并明确工作职责。

(2) 制度应结合实际，明确通过何种渠道，如网络、出版社、书店、上级通知等，识别、获取法律、法规、标准规范。

(3) 制度中应明如何进行评审，针对所获取的法律法规、标准规范，评审哪些内容适用于本单位。

(4) 制度应明确更新方法，及时获取新的法律法规、标准规范，停用过期作废的法律法规、标准规范。

3. 参考示例

安全生产法律法规标准规范管理制度

第一章 总 则

第一条 为了建立识别、获取适用的安全生产法律法规、标准规范的办法，包括识别、获取、评审、更新等环节内容的途径，明确职责和范围，确定获取的渠道、方式等要求。保证安全生产管理工作有效实施，特制定本制度。

第二条 本制度适用于单位安全生产活动中所涉及的国家、行业、地方法律法规、规范规程和其他要求的识别、获取、评审、更新、遵守情况的控制。

第二章 职 责

第三条 安全管理机构为归口管理部门，负责安全生产、设备安全、消防安全、职业安全制度、安全保卫、劳动保护、工伤管理、交通安全、档案管理、作业安全规定、安全设施“三同时”、特种设备管理等方面的法律法规、标准和其他要求的统一管理。

第四条 归口管理部门负责组织并汇总各部门识别和获取的安全生产、设备安全、消防安全、职业安全制度、安全保卫、劳动保护、工伤管理、交通安全、档案管理、作业安全规定、安全设施“三同时”、特种设备管理等方面的法律法规、标准和其他要求。

第五条 归口管理部门负责组织并汇总各部门识别和获取的后勤管理涉及的其他领域

（如仓库储存、宾馆酒店、食堂餐饮、绿化、卫生保洁等）方面的法律法规、标准和其他要求。

第六条 各部门应结合部门职责范围识别和获取法律法规、标准和其他要求，报归口管理部门汇总。

第三章 要 求

第七条 获取安全生产法律法规及标准规范应包括：

（一）全国人大及其常委会、国务院、国务院各部门发布的安全生产相关法律、行政法规、部门规章。

（二）省人大及其常委会、省人民政府发布的安全生产相关地方行政法规、规章。

（三）省厅（局）制定下发的有关安全生产的属地规定、要求。

（四）行业规范、标准中有关安全生产的要求。

（五）其他有关标准及要求。

第八条 安全生产法律法规及标准规范的获取途径：

（一）通过网络、新闻媒体、行业协会、政府主管部门及其他形式查询获取国家或地方的安全生产法律、法规、标准及其他规定。

（二）上级部门的通知、公告等。

（三）各岗位工作人员从专业或地方报刊、杂志等获取的法律、法规、标准和其他要求，应及时报送所属部门进行识别和确认并备案。

第四章 识 别 登 记

第九条 根据后勤保障安全生产工作特点，结合本单位业务工作实际，识别适用的法律、法规、标准及其他要求。

第十条 归口管理部门每年组织有关人员获取和识别适用的法律、法规、标准及其他要求，并编制《安全生产法律法规标准及其他要求清单》，报送安全生产领导小组审核批准。

第五章 更 新

第十一条 出现下列情况时，归口管理部门应及时重新组织识别，更新《安全生产法律法规标准及其他要求清单》，及时送达各部门：

（一）适用的法律、法规、标准及其他要求已进行修订。

（二）生产过程中的危险、有害因素发生变化。

第六章 符 合 性 评 审

第十二条 安全生产领导小组每年应至少组织一次对适用的法律、法规、标准及其他要求进行适用性审查，出具评审报告。对不符合适用要求的法律、法规、标准及其他要求要组织相关部门及时修订。

第七章 学 习 执 行

第十三条 各部门、各下属单位应及时将适用的法律、法规、标准及其他要求进行摘编，并组织相关岗位工作人员进行培训学习，做好学习记录。

第十四条 在制定安全生产管理规定，编制精细化管理手册及作业指导书时，应符合适用的安全生产法律、法规、标准及其他要求的相关规定。

第八章　附　　则

第十五条　本制度由归口管理部门负责解释。

第十六条　本制度自发文之日起执行。

【标准条文】

2.1.2　职能部门和所属单位应及时识别、获取适用的安全生产法律法规和其他要求。每年发布一次适用的清单，建立文本数据库。

1. 工作依据

SL/T 789—2019《水利安全生产标准化通用规范》

2. 实施要点

(1) 按照安全生产法律法规、标准规范管理制度中的规定，管理部门应及时识别、获取安全生产法律法规和其他要求。

(2) 实际工作中，安全生产法律法规和其他要求往往很多，在评审时应提取适用的条文和章节。

(3) 管理部门要确保识别和获取的法律法规、标准规范及其他要求准确、齐全、现行有效。后勤保障单位涉及的安全生产法律法规、标准规范非常多，涵盖多个行业，在识别、获取时要充分结合本单位的后勤服务范围。

(4) 管理部门应按照安全生产法律法规、标准规范效力层次，建立目录清单和文本数据库，将清单进行发布。

3. 参考示例

关于印发《2022年安全生产法律法规和其他要求清单》的通知

各部门、各下属单位：

根据（上级部门）安全生产工作要求，我单位组织各部门、各下属单位对适用的法律法规标准等文件的有效性进行了识别，形成了《2022年安全生产法律法规和其他要求清单》。经安全生产领导小组研究通过，现予印发。请各部门、各下属单位对照清单的内容，及时收集整理所需的法律法规、标准规范并配备到相关岗位。

特此通知。

附件：2022年安全生产法律法规和其他要求清单

×××

年　　月　　日

2022年安全生产法律法规和其他要求清单

编号：

序号	名　　称	颁布机构-文号	发布日期	施行日期	获取内容	适用部门
一	法律法规					
1	中华人民共和国宪法	全国人大常委会			全文	全体
	……					
二	其他要求					
	……					

【标准条文】

2.1.3 及时向职工传达并配备适用的安全生产法律法规和其他要求。

1. 工作依据

SL/T 789—2019《水利安全生产标准化通用规范》

2. 实施要点

(1) 为了能让员工更好地掌握和遵守安全生产相关的法律法规和其他要求，需配备与岗位相适用的现行有效的安全生产法律法规和其他要求。可以印发纸质文本或电子文本，保存好发放记录。

(2) 为规范员工的安全生产行为，管理部门应组织员工进行法律、法规、标准规范和其他要求的学习培训，建立学习台账，保留学习记录。

(3) 后勤保障单位可以利用橱窗、公屏、条幅、职工手册、短视频、宣传单、局域网、知识竞赛、安全活动等形式，向职工广泛宣传安全生产相关的法律法规和其他要求。

3. 参考示例

《2022年安全生产法律法规和其他要求清单》发放记录表

发放部门：物业部 编号：

序号	名　　称	版本	签收人	签收日期	备注
1	《2022年安全生产法律法规和其他要求清单》	电子版			摘录

《2022年安全生产法律法规和其他要求清单》培训记录表

编号：

部门/部门		主讲人	
培训地点		培训时间	
参加人员	（手写）		
培训内容	记录人： 年 月 日		
培训评估方式	□考试 □实际操作 □事后检查 □课堂评价		
培训效果评估及改进意见	评估人： 年 月 日		

第二节 规 章 制 度

【标准条文】

2.2.1 及时将识别、获取的安全生产法律法规和其他要求转化为本单位规章制度，结合本单位实际，建立健全安全生产规章制度体系。规章制度内容应包含但不限于：

1. 目标管理；
2. 安全生产和职业卫生责任制；
3. 安全生产承诺；
4. 安全生产投入；
5. 安全生产信息化；
6. 文件、记录和档案管理；
7. 教育培训；
8. 设备设施管理；
9. 检修维修养护；
10. 劳动防护用品（具）管理；
11. 卫生保洁安全管理；
12. 食堂安全管理；
13. 消防安全管理；
14. 交通安全管理；
15. 用电安全管理；
16. 仓储安全管理；
17. 安保管理；
18. 人员安全活动；
19. 相关方管理；
20. 职业病危害防治；
21. 职业健康管理；
22. 安全警示标志管理；
23. 危险源辨识及风险评价管理；
24. 隐患排查治理；
25. 安全预测预警；
26. 应急管理；
27. 事故管理；
28. 安全生产报告；
29. 绩效评定管理。

1. 工作依据

《中华人民共和国安全生产法》（主席令第八十八号）

GB/T 33000—2016《企业安全生产标准化基本规范》

SL/T 789—2019《水利安全生产标准化通用规范》

2. 实施要点

（1）安全生产法律法规、标准规范适用清单是制定单位制度的基础，各部门根据最新的法律法规、标准规范和其他要求，及时制定或更新本单位的安全生产规章制度，确保制度全面、有效、合规。制度编制完成后应经单位负责人批准后方可执行。

(2) 规章制度发布后，若年内有某项法律法规、标准规范和其他要求存在变更或新增的情况，由对应部门对涉及的规章制度进行新增或修订，并上报制度管理部门，经单位负责人审批后，由制度管理部门对规章制度重新汇编并下发（也可下发某一项新增或修订的制度）。

3. 参考示例

关于印发《2022年安全生产规章制度汇编》的通知

各部门、各下属单位：

为促进单位安全生产管理工作，提高安全生产管理水平，完善安全生产管理制度，经安全生产领导小组研究通过，现将《2022年安全生产规章制度汇编》印发给你们，请遵照执行。

特此通知。

附件：2022年安全生产规章制度汇编

×××

年　月　日

【标准条文】

2.2.2　及时将安全生产规章制度发放到相关工作岗位，并组织培训。

1. 工作依据

《中华人民共和国安全生产法》（主席令第八十八号）

SL/T 789—2019《水利安全生产标准化通用规范》

2. 实施要点

(1) 制度管理部门要及时将本单位制定的所有安全生产规章制度发放到各部门和下属单位，做好发放记录。

(2) 各部门向所属工作岗位员工发放安全生产规章制度，并组织开展培训，做好发放和培训记录，归档留存。

(3) 后勤保障单位可采取印发安全生产工作手册、制作宣传栏、印发文件和学习材料、组织集中学习培训等多种形式，加强对有关安全生产规章制度的教育培训，让每位员工都知道做什么工作，为什么要这么做，违规的成本是什么。

3. 参考示例

《2022年安全生产规章制度汇编》发放记录表（单位用）

编号：

序号	文件名称	版本	签收部门	签收人	签收日期	备注
1	《2022年安全生产规章制度汇编》	纸质版5份、电子版				

《2022年安全生产规章制度汇编》发放记录表（部门用）

发放部门：物业科　　　　　　　　　　　　　　　　　　　　　　　编号：

序号	文件名称	版本	签收人	签收日期	备注
1	《2022年安全生产规章制度汇编》	电子版			

第三节　操　作　规　程

【标准条文】

2.3.1　引用或编制作业活动或设备安全操作规程，确保有从业人员参与编制和修订。

1. 工作依据

《中华人民共和国安全生产法》（主席令第八十八号）

SL/T 789—2019《水利安全生产标准化通用规范》

2. 实施要点

（1）安全操作规程是指在生产经营活动中，为消除能导致人身伤亡或者造成设备、财产破坏以及危害环境的因素而制定的具体技术要求和实施程序的统一规定。

（2）各部门引用或编制操作规程内容应齐全、适用、现行有效，符合相关法律法规要求并以正式文件发布。

（3）安全操作规程与岗位紧密联系，后勤保障单位应将可能涉及的工种、岗位和机械设备进行详细梳理，并列出清单，再有针对性地编制操作规程，不能遗漏、缺失。

（4）编制操作规程必须有相关从业人员（从事该岗位的人员）参与，并在文件中予以体现。

3. 参考示例

关于印发《电梯安全操作规程》的通知

各部门、各下属单位：

为促进单位安全生产管理工作，提高安全生产管理水平，完善安全生产管理制度，经安全生产领导小组研究通过，现将《电梯安全操作规程》印发给你们，请遵照执行。

特此通知！

附件：电梯安全操作规程

×××

年　　月　　日

电梯安全操作规程

前　　言

本单位下列人员应熟悉本规程：电梯管理部门负责人、电梯管理人员、安全员、电梯维修工、电梯司机。

本规程由单位安全管理机构负责起草。

本规程主要起草人：（部门负责人）（安全员）（物业经理）（维修工）（司机）

本规程审查人：（分管领导）（安全管理机构人员）

本规程批准人：（单位负责人）

本规程由单位综合办发布。

本规程由单位安全管理机构归口并负责解释。

本规程为首次编制。

有司机电梯操作

有司机电梯是指在轿厢内一直有专人负责操作，根据乘客或使用需要操作电梯运行。专用货梯或在特殊时段接送乘客的客梯可安排司机操作。

一、电梯操作步骤：

1. 在开启厅门进入轿厢前，用厅门锁或基站钥匙打开电梯厅门，确认轿厢停在该层，再进入轿厢。

2. 开启轿厢内照明灯及风扇，将“有司机/无司机”钥匙或开关转到有司机状态。

3. 随电梯上、下行驶一个回程（不载客、不运货），检查运行是否正常，有无故障。

二、电梯运行时电梯司机应做到：

1. 防止电梯超员、超载运行，随时注意电梯过载保护功能。

2. 不得将电梯教给乘客操作。

3. 严禁装运易燃、易爆、腐蚀、有毒的危险物品。如遇到特殊情况，需经安全管理机构批准，并采取必要安全保护措施。

4. 严禁在轿门、厅门开启的情况下，用检修速度作为正常行驶。

5. 严禁撤按“检修”“急停”按钮作为正常行驶中销号手段。

6. 严禁开启轿顶安全窗装运超长物体。

7. 不准乘客将身体依靠轿门、厅门上。

8. 轿厢顶部应保持整洁，不得堆放其他杂物。

9. 在平层准确度不能满足的情况下，可以用检修速度再平层。

10. 严禁用手动控制轿门的启、闭来进行电梯控制操作。

11. 行驶时不得突然换向，必须在电梯停止后，再换向启动。

12. 载货应尽可能稳当地安放在轿厢中间，以免在运行中倾倒，损坏轿厢。

13. 运行时如发生突然停电，司机应劝告乘客不要惊慌，应采取安全救护措施，妥善轿厢处理。

14. 停梯时应将轿厢停在基站，将轿厢内电源操作开关转到“停止”状态上，再关闭灯和风扇，最后再关闭基站钥匙开关。

三、发生如下故障，电梯司机应立即按“急停”按钮、“警铃”或电话通知维修人员：

1. 厅、轿门关闭后，而电梯未能正常启动行驶。

2. 运行速度有显著变化。

3. 行驶方向与指令方向相反。

4. 内选、平层、换速、呼梯和指层信号失灵、失控。

5. 有异常响声、较大振动和冲击。

6. 超越端站位置而继续运行。

7. 安全钳误动作。

8. 轿厢内接触任何金属部分有麻电现象。

9. 当电气部分因过热而散发焦热的臭味。

无司机电梯安全操作规程

一、开梯程序

1. 开梯之前认真阅读上一班交班记录，打开厅门时慢慢拨开，弄清梯厢是在本层后再踏进。

2. 进厢后，认真检查各控制开关及照明通风是否正常。

3. 用手试安全触板开关、光电开关功能是否灵敏可靠。

4. 把各开关打成正常位置，选顶层、中间数层及首层来回走一趟，无异常后方投入正常运行。

二、关梯程序

1. 关梯前乘梯检查一趟，如有异常及时通知维修工轿厢处理。

2. 检查电梯无异常后，把电梯停在首层，便于次日开梯。

3. 断开轿内所有控制开关及照明开关。

4. 把梯门关好后方可离开。

5. 认真做好交班记录。

【标准条文】

2.3.2　新技术、新材料、新工艺、新设备设施投入使用前，应进行危险源辨识和安全风险评估，组织编制或修订相应的安全操作规程，并确保其适宜性和有效性。

1. 工作依据

《中华人民共和国安全生产法》（主席令第八十八号）

SL/T 789—2019《水利安全生产标准化通用规范》

2. 实施要点

（1）根据《中华人民共和国安全生产法》第二十九条的释义，“新工艺、新技术、新材料、新设备”是指在我国最新开始使用的工艺、技术、材料、设备。编制或修订新工艺、新技术、新设备、新材料（以下简称“四新”）安全操作规程，是为了规范引进“四新”过程中的安全生产控制要求，降低安全生产风险。

（2）安全生产管理机构应在“四新”投入使用前对危险源进行辨识，对可能存在的安全风险进行评估，将辨识和评估结果与安全操作规程编制相结合。

（3）职能部门在“四新”投入使用前，需事先充分调研，了解、掌握其安全技术特性，采取有效的安全防护措施，组织编制或修订相应的安全操作规程，确保其适宜性和有效性。

（4）后勤保障单位也可以将本单位首次引进使用的工艺、技术、设备、材料作为“四新”管理。

3. 参考示例

无。

【标准条文】

2.3.3 安全操作规程应发放到相关作业人员；按要求在对应设备处张贴操作规程。

1. 工作依据

《中华人民共和国安全生产法》(主席令第八十八号)

《生产经营单位安全培训规定》(国家安全监管总局令第80号第二次修正)

SL/T 789—2019《水利安全生产标准化通用规范》

2. 实施要点

(1) 操作规程是为作业工种、岗位操作人员服务和使用的技术文件，应发放到所对应的工种、岗位操作人员手中，并要求签收，仅发放到工作队或班组的做法是不妥的。

(2) 操作规程编制、发放后，应组织有关人员培训学习。操作规程的教育培训工作应纳入本单位的年度教育培训计划，按照《评审规程》中的相关要求开展教育培训工作，并对教育培训情况进行如实记录形成教育培训档案。

(3) 后勤保障单位应在工作岗位处标明安全操作要点，通常将操作规程张贴在对应的醒目位置，张贴牢固。

3. 参考示例

《2022年安全操作规程汇编》发放记录表

发放部门：物业科　　　　编号：

序号	文件名称	版本	签收人	签收日期	备注
1	《2022年安全操作规程汇编》	电子版			
	…				

第四节 文 档 管 理

【标准条文】

2.4.1 文件管理制度应明确文件的编制、审批、标识、收发、使用、评审、修订、保管、废止等内容，并严格执行。

1. 工作依据

SL/T 789—2019《水利安全生产标准化通用规范》

2. 实施要点

后勤保障单位应制定文件管理制度，并以正式文件发布，明确归口管理部门和监督实施部门。文件管理是制度、操作规程编制和贯彻的重要保证，文件管理要点如下：

(1) 编制：编制包括起草、会签。

1）起草：根据各部门的安全生产职责，由各职能部门负责起草相应的规章制度和操作规程。

在起草文件前，应首先结合单位安全生产工作的实际情况，收集国家有关安全生产法律法规、国家及行业安全标准规范、单位所在地地方人民政府的有关规章等，作为制度起草的依据。

文件起草要做到目的明确，文字表达条理清楚、结构严谨、用词准确、文字简明、标点符号正确，应按照规定的标准格式进行编写。初稿形成后，征求相关意见并进行修改，由各级领导按职责权限进行审阅。

2）会签：责任部门编写的规章制度草案，应在送交有关领导签发前征求有关部门的意见，出现意见不一致时，一般由单位主要负责人或分管负责人主持会议，达成共识。

（2）审批：审批包括审核、批准、发布。

1）审核：在签发安全规章制度前，按规定程序审核文件，对规章制度与相关法律法规的适应性及与单位现行规章制度一致性进行审查；召开安全生产领导小组会议或组织有关部门进行讨论，对各方面工作的协调性、各方利益的统筹性进行审查，以确保文件是充分与适宜的。

2）批准：按单位规定程序进行报批。

3）发布：安全规章制度应正式发布，如通过红头文件形式或在单位内部办公网络发布等。这里需注意，发布不仅仅是发一个“红头文件”即可，应当将新增的规章制度纳入已有的文件体系，如汇编、电子版（光盘）、内部网络等。发布的范围应覆盖与制度相关的部门及人员。必要时注明废止的旧版本或有关规章制度。

（3）标识：进行编号，注明生效时间。

（4）收发：单位应根据文件功能明确主送单位、报送单位及下达范围进行传递，并做好记录。发布需按照文件的功能，确定发放的范围、对象。例如，隐患排查治理制度发放到哪一级、哪些人，直接影响到本制度能否充分贯彻执行的程度。很多单位在实际工作中形成了文件只发放到中层领导这一级的习惯，再向下就仅仅是组织职工学习（就是宣读），导致很多真正需要使用文件的人员无法获取相应的文本，使文件内容得不到有效实施。因此，安全生产方面的文件发放要管理好发放工作，使需要使用的人员均能获得文件。

（5）使用：应根据文件的内容、保密等级、发放对象履行审批手续，规范文件使用流程。对外借的文件应办理借用手续并及时收回。使用中，可通过文件编号、受控状态、版本号、分发号、发布和实施日期等明确的标识，确保版本有效。制定文件的目的是使之得到有效的执行使用，这就要求每个相关人员必须不折不扣地严格按文件规定执行。当文件换版、作废时，应按相应的程序规定执行收回、销毁或删除，以防止使用已经过期的文件，保证相关岗位和人员获得有效版本。

（6）评审：结合文件执行情况及时组织对文件适用性、充分性进行评审并提出评审意见。

（7）修订：文件在执行过程中或评审时发现存在问题，应当根据提出意见或建议的方法和程序，由文件编制部门收集反馈意见，并根据规定的步骤和程序进行修改。修改后的文件经批准后实施，新的文件生效后，原文件作废，以确保文件的适应性。

（8）保管：明确文件的贮存和保管要求，对于计算机上存储的文件应定期分类、整理，同时采取必要的防泄露、防攻击、防病毒、防丢失等措施。保管的目的不单是存放，更重要的是便于使用，因此文件应当保存在便于获取、查阅的地方，并应将相关手续告知有关人员。对已作废的文件除大部分应销毁或处理掉以外，还应留存，为今后其他文件的编制提供参考，目的是使文件的修改有一定的连续性。

3. 参考示例

文件管理制度

第一章 总 则

第一条 为促进单位文件管理工作规范化、制度化、科学化，确保单位使用的文件具有统一性、完整性和有效性，特制定本制度。

第二条 本制度所称文件，包括上级机关来文、单位上报下发的各类文件和资料。

第三条 文件管理指文件的编制、审批、标识、收发、评审、修订、使用、保管、废止等一系列相互关联、衔接有序的工作。文件管理必须严格执行国家保密法律、法规和其他有关规定，确保国家秘密的安全。

第四条 办公室是文件管理机构，具体负责单位的文件管理工作并指导各部门、各下属单位文件档案管理工作。

第二章 文 件 种 类

第五条 适用的文件种类主要有：

（一）通知

适用于转发上级机关和不相隶属机关的文件，传达要求下属各部门办理和需要有关部门周知或者执行的事项、任免人员。

（二）函

适用于不相隶属机关之间商洽工作，询问和答复问题，请求批准和答复审批事项。

（三）报告

适用于向上级机关汇报工作，反映情况，答复上级机关的询问。

（四）请示

适用于向上级机关请求指示、批准。

（五）通报

适用于表彰先进，批评错误，传达重要情况。

（六）决定

适用于对重要事项或重大行动作出安排，奖惩有关部门、下属单位及人员等。

（七）通告

适用于公布社会各有关方面应当遵守或者周知的事项。

（八）会议纪要

适用于记载和传达会议情况和议定事项。

第三章 文 件 标 识

第六条 为确保文件的唯一性，由办公室指定统一的文件标识如下：

（一）收文

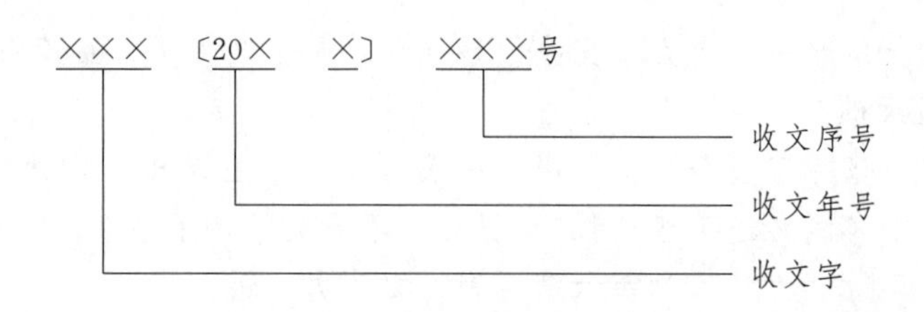

（二）发文

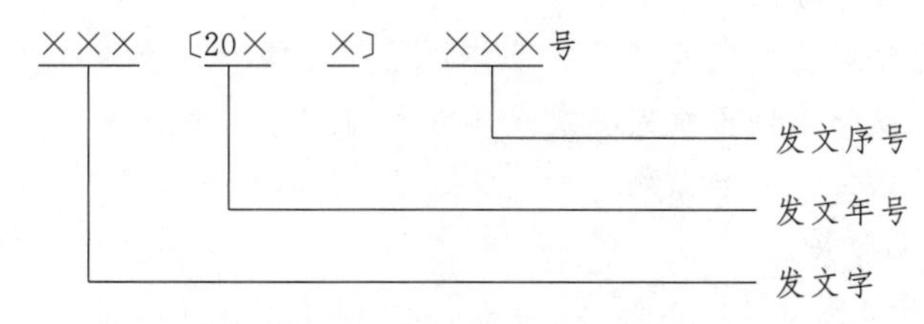

第四章 文件格式

第七条 文件一般由发文机关标识、发文字号、签发人、标题、主送机关、正文、附件说明、成文日期、印章、附注、附件、抄送机关、印发机关、印发份数（页数）和印发日期等部分组成。

（一）发文机关标识应当使用发文机关全称，套红印刷，置于眉首上部居中；联合行文，主办机关排列在前。

（二）发文字号包括机关发文字、年份、序号。其中，年份用四位阿拉伯数字加方括号表示：序号由办公室统一编录，置于发文机关标识之下、横线之上（函件文号处横线之下居右）。联合行文，一般只标明主办机关发文字号。

（三）标题应当准确简要地概括文件的主要内容，标明发文机关和文件种类。文件标题中除法规、规章名称或特定词加书名号或引号外，一般不用标点符号。转发文件如原标题过长，应重新概括新标题。

（四）主送机关指文件的主要受理机关，应当使用全称或者规范化简称、统称。

（五）文件如有附件，应当在正文之后、成文日期之前注明附件顺序和名称。有多个附件的，应在各附件首页的左上角编注附件序号。草拟文件时，应当将附件顺序和名称在文后写明。

（六）文件除“会议纪要”外，应当加盖印章。联合上报的文件，由主办机关加盖印章。上级部门另有规定的，按要求执行。联合下发的文件，发文机关都应当加盖印章。

（七）成文日期，以单位有关负责人签发的日期为准。

（八）抄送机关指除主送机关外需要执行或知晓文件内容的其他机关。填写抄送机关时，应当使用全称或者规范化简称、统称。

（九）文字从左至右横写、横排。

第八条 文件中各组成部分的标识规则，参照《国家行政机关文件格式》国家标准执行。文件用纸采用国际标准A4型（宽210mm，长297mm），左侧装订。

第五章 行文规则

第九条 行文应当确有必要，注重效用。行文关系根据隶属关系和职权范围确定，一般不得越级请示和报告。

第十条　除上级机关领导直接交办的事项外，上报文件不得直接报送上级机关领导个人，一律报送上级机关。

第十一条　“请示”应当一文一事：一般只写一个主送机关，如需同时送其他机关，应当用抄送形式。不得抄送下级单位。“报告”不得夹带请示事项。

第六章 发 文 办 理

第十二条　发文办理指以单位名义编制发放文件的过程，包括草拟、审核、签发、复核、缮印、用印、登记、分发等程序。具体程序：拟稿→相关部门（中心）审核→办公室核稿→分管领导会签→单位负责人签发→编号→打印→校对→缮印→用印分发（归档）。

第十三条　草拟文件应当做到：

（一）确有行文必要。

（二）文种选择正确。

（三）观点正确，条理清晰，表述准确，文字精练。

（四）引用准确，引用文件先引标题，后引发文字号：引用日期须具体写明年、月、日，年份用四位阿拉伯数字表示。

（五）结构层次序数，第一层为“一”、第二层为“（一）”、第三层为“1.”、第四层为“（1）”。

（六）原则上使用国家法定计量单位。

（七）使用规范化简称，非规范化简称须在第一次使用时注明。

（八）除部分结构序数和在词组、惯用语作为词素的数字必须使用汉字外，应当使用阿拉伯数字。

（九）起草文件的依据文件、重要参考资料及说明材料应附在文稿之后。

相关部门审核应当做到：

（一）确有行文必要。

（二）符合国家法律、法规及有关政策。单位提新的政策、规定等，要切实可行并有依据和说明。

（三）主送及抄送单位是否合适。

（四）会签部门（下属单位）及会签顺序是否合适。

第十四条　凡以单位名义制发的文件送单位主要负责人签发之前，先经办公室审核。

办公室应当做到：

（一）确有行文必要。

（二）符合党和国家政策。

（三）文件格式规范，拟文至会签步骤全部完成。

（四）文种选择正确。

（五）结构序数及文件引用正确。

（六）对错、漏字进行初校。

（七）附件正确。

第十五条　文件正式印制前，办公室应当进行复核。重点是审批、签发、校对手续是否完备，附件材料是否齐全，格式是否统一、规范等。经复核需要对文稿进行实质性修改的，应按程序复审。

第十六条　以单位名义制发的文件，由办公室统一印制。

第十七条　以单位对外发送文件，办公室留存1份存档和备查。由办公室统一报送。

第十八条　文件需修订或废止时，由部门（下属单位）持原批准人批准的文件，到办公室登记备案后，同时更新原保存批准的文件原件，且及时将已发送的文件收回，由办公室集中销毁，防止作废文件非预期使用。

第七章　收　文　办　理

第十九条　收文办理指对收到文件的办理过程，包括签收、登记、拟办、批办、承办、催办等程序。

凡主送、抄送单位的文件，均应交办公室处理。主送单位的文件由文秘人员登记，交单位主要领导批办后，分送承办分管领导或部门（下属单位），由分管领导或部门（下属单位）负责人安排阅办。从收文到将文件分发给有关部门（下属单位），一般在办公室停留不超过2个工作日。

未经办公室登记的文件不得直接呈送领导。公文传输要做到随来随收随登记，随时掌握公文流向。

第二十条　需要办理的文件，办公室应当及时交有关部门（下属单位）办理，需要两个以上部门（下属单位）办理的应当明确主办部门（下属单位）。紧急文件，应当明确办理时限；登记的文件，阅送要及时；批办应明确肯定，结合实际，提出组织实施的具体方案和意见；传阅要严格登记手续，急件急办，合理安排并随时掌握文件行踪，及时询问催退；承办要认真及时，需部门（下属单位）联合办理的文件，主办部门（下属单位）要主动牵头，协办部门（下属单位）要积极配合；催办要积极主动，对重要文件、有时限要求的文件要及时跟踪了解，对文件办理过程中存在问题，要及时向领导汇报，协助解决。

第二十一条　对因特殊情况不能在规定时限内办结的文件，主办部门（下属单位）应报请单位分管负责人同意后及时向来文单位和办公室说明延期原因。

第二十二条　有关部门（下属单位）收到交办的文件后应当抓紧办理，不得延误、推脱。对不宜由本部门（下属单位）办理的，应当及时返回办公室并说明理由。

紧急文件，主办部门（下属单位）经办人可持文件当面与会办部门（下属单位）协商、会签；重要的紧急文件，由主办部门（下属单位）负责人及时召集有关部门（下属单位）协商。

第二十三条　审批文件时，对有具体请求事项的，主批人应当明确签署意见、姓名和审批日期，其他审批人圈阅视为同意：没有请示事项的，圈阅表示已阅知。

第八章　文件立卷、归档

第二十四条　文件办理完毕，应当及时将文件定稿、正本和有关资料整理（立卷），确定保管期限，按照有关规定向档案室移交。电报随同文件一起立卷。个人不得保存应当归档的文件。

第二十五条　归档范围内的文件，应当根据其相互联系、特征和保存价值等整理（立卷），要保证归档文件的齐全、完整，能正确反映本单位的主要工作情况，便于保管和利用。传真件应复印后存档。

第二十六条 拟制、修改和签批文件，应当使用钢笔或签字笔，不得使用铅笔和圆珠笔或使用红色、蓝色墨水书写，书写及单位用纸张和字迹材料必须符合存档要求。不得在文稿装订线以外书写。

第九章 文件利用

第二十七条 本单位工作人员因工作需要，可到办公室查阅利用有关的文件资料。

第二十八条 文件利用者应妥善保管好文件，不得在文件上乱涂、乱画，确保文件整洁、清晰、可辨，不得私自外借。文件使用完毕，应及时返还办公室，不得滞留。

第十章 文件管理

第二十九条 文件由办公室统一收发、审核、用印、传递和销毁。

第三十条 传递秘密文件，必须采取保密措施，确保安全。严禁利用计算机、传真机传输秘密文件。

第三十一条 不具备归档和存查价值的文件，办公室经过鉴别并由负责人批准，可以销毁。销毁秘密文件另按照有关保密规定执行。保证不泄密，不丢失，不漏销。禁止将文件和内部资料出售。

第三十二条 工作人员调离工作岗位时，应当将本人暂存、借用的文件按照有关规定移交、清退。

第十一章 附则

第三十三条 本办法由办公室负责解释，本办法自发文之日起施行。

【标准条文】

2.4.2 记录管理制度应明确记录管理职责及记录的填写、收集、标识、保管和处置等内容，并严格执行。

1. 工作依据

SL/T 789—2019《水利安全生产标准化通用规范》

2. 实施要点

（1）安全生产记录是记载安全活动和绩效的客观证据。后勤保障单位应制定记录管理制度，并以正式文件发布，明确归口管理部门和监督实施部门。记录包括本单位安全活动的内部记录，也包括接受的相关方记录。

（2）记录可以帮助追溯过程，明晰责任，为采取纠正和预防措施提供分析依据，因此应对记录进行有效管理。

（3）记录可以是表格、图标、报告、电子媒体、照片等多种形式。

（4）安全生产记录主要包括：各类安全生产会议记录（含纪要）、安全费用提取使用记录、职工安全教育培训记录、安全防护用品采购发放记录、授权作业指令单（作业票）、班前教育记录、安全技术交底记录、各类安全巡视巡查记录、设备设施检修维护记录、事故调查处理报告、安全生产检查记录、事故隐患排查整改记录、安全生产奖惩记录、有关强制性检测检验报告或记录、“三同时”档案资料、重大危险源档案、消防重点部位档案、职业卫生和健康监护档案、应急演练和评估记录、安全生产标准化绩效评定记录等。

(5) 记录管理要点：

1) 填写：记录填写应清晰，不得随意进行涂改。记录填写人要对记录中的数据和文字内容的准确性、完整性、规范性及书面质量负责。

2) 收集：按规定的时间要求，收集、归类、整理记录。

3) 标识：记录应有唯一的标识，可以是编号或其他方式，利用计算机进行管理的记录，应按照系统软件的要求或相应的规定录入。

4) 保管：纸质记录的保持应具备适宜的环境条件，并存放于档案柜（箱）中，做好防虫鼠、防潮等工作，以防止记录的损坏、变质或丢失。

5) 保护：根据重要程度和机密等级对记录采取相应保护措施，必要时做好备份。

6) 检索：单位应统一各类记录的标识、贮存、检索要求。

7) 保留：对需要长期保存的记录资料应按档案管理要求进行归档保留。

8) 处置：对于超过保存期限和没有参阅价值的记录，经确认、批准后，进行处置销毁。

(6) 来自上级单位及相关方（服务外包方、供应商、承包商等）的记录，亦需按制度要求进行管理。

3. 参考示例

安全生产记录管理制度

第一章　总　　则

第一条　为规范安全生产记录，确保记录的有效性、完整性，特制定本制度。

第二条　本制度适用于安全生产标准化运行活动记录管理，包括记录管理职责及记录的填写、收集、标识、保管和处置等内容。

第二章　管　理　职　责

第三条　安全生产领导小组指导全单位范围内的记录工作。

第四条　各职能部门负责职责范围内各类记录的编制、填写、定期整理、分类、编制目录等工作。

第五条　安全生产领导小组明确一名记录管理人员，全面负责单位安全生产标准化运行活动记录的管理、归档等工作。

第三章　记录填写、收集和标识

第六条　记录项目包括各类检查记录、设施设备检测维护保养记录、安全生产活动、培训记录、劳保防护用品领用记录等与安全生产相关的各项记录。

第七条　记录应包括记录名称、内容、人员、时间、记录单位名称。

第八条　记录基本要求：内容真实、准确、清晰；填写及时、签署完整；编号清晰、标识明确；易于识别与检索；完整反映相应过程；明确保存期限。

第九条　表格类记录要按表式内容进行全面认真的记录，做到书写规整，字迹清楚，不准少记或漏记，不准随意乱写乱画，不准弄虚作假，伪造内容，任意涂改。如有缺项应注明原因，不能划线代替，不能留空白。

第十条　记录应妥善保管、便于查阅、避免损坏、变质或遗失，应规定其保存期限并予以记录。

第十一条　记录保管员负责对各项记录进行编号标识。

第四章　记录存储、检索和保护

第十二条　记录应妥善保存，记录原件一般不准外借，只能在记录保管员处查阅，特殊情况下，必须经单位领导同意，并《记录借阅登记表》（详见附表1）后方可借出，必须在规定时间内送还。

第十三条　贮存于计算机系统数据库内的记录，要复制备份文件，以防原始记录丢失，应注意计算机应用软件的更新以及配备必要的硬件和软件，同时要规定各类记录调用的授权和设置防火墙，各种电子媒体记录也要进行控制，不能随意复制，如需复制须经单位主要领导同意。

第十四条　各职能部门应确定适宜的地点按期限保存其记录，对其保存环境条件经常检查，确保在保存期限内记录保存良好，并便于查阅。

第十五条　各职能部门分别按规范要求制定档案号，以便于检索。

第五章　记　录　处　置

第十六条　记录不得随意销毁，过期的记录必须填写《记录处置审批表》（详见附表2），经单位主要负责人及安全生产领导小组审批后才能进行相应处置。处置完成后填写《记录销毁清单》（详见附表3），由销毁人、见证人签名，部门负责人审核确认，《记录销毁清单》应长期保存。

第十七条　有参考价值的记录需保留时，由记录保管人在记录的右上角以醒目颜色标明“过期”字样。

第十八条　记录的销毁可采用粉碎、焚烧、当废品变卖等方式处理。

第六章　附　　则

第十九条　本制度由安全生产领导小组负责解释。

第二十条　本制度自发文之日起施行。

附表1：记录借阅登记表

附表2：记录处置审批表

附表3：记录销毁清单

附表1

记录借阅登记表

编号：

记录名称		借阅部门	
借阅用途： 拟归还时间： 借阅人： 借阅日期：			

续表

单位领导意见	年 月 日		
记录归还登记			
归还日期		归还人签字	
记录是否完整		管理员签字	
备注			

附表 2

记录处置审批表

编号：

序号	记录名称	处理原因	处理方式	处理日期	备注
主要领导意见	年 月 日		安全生产领导小组意见	年 月 日	

附表 3

记录销毁清单

编号：

序号	记录名称	销毁日期	销毁数量	批准日期（记录处置审批表）	销毁人	见证人	部门负责人	备注

【标准条文】

2.4.3 档案管理制度应明确档案管理职责及档案的收集、整理、标识、保管、使用和处置等内容，并严格执行。

1. 工作依据

《水利档案工作规定》（水办〔2020〕195 号）

SL/T 789—2019《水利安全生产标准化通用规范》

2. 实施要点

后勤保障单位应制定档案管理制度，并以正式文件发布，明确归口管理部门和监督实施部门。内容包括档案管理办法、档案分类大纲及方案、归档范围和档案保管期限表、档案整编细则等。

（1）基本要求。

安全生产管理档案是对安全生产管理过程的真实记录，档案应完整、准确、系统、规范和安全，满足管理、监督、运行和维护等活动在证据、责任和信息等方面的需要。档案工作实行统一管理、统一制度、统一标准。明确档案工作的分管领导，设立或明确单位的档案管理机构，配备具有档案专业知识和安全基础知识的档案工作人员。

（2）归档要求。

档案管理应符合国家、行业相关规范要求，并有专人进行保管；档案保管的场所及设施符合有关规定。后勤保障单位可根据自身工作特点结合《企业文件材料归档范围和档案保管期限规定》（国家档案局令第10号）确定归档范围和保存期限。对安全生产管理过程中形成的文件应及时制备、收集、整理和归档；档案的内容应真实、准确，与管理实际相符；档案的形式应统一，文字清晰、页面整洁、编号规范、签字及盖章完备，满足耐久性要求。

安全生产管理档案包括以下内容：

1）上级主管部门、集团公司下发的安全生产相关文件。

2）安全生产目标管理相关文件。

3）安全生产管理机构和职责相关文件。

4）安全生产管理规章制度、操作规程。

5）安全生产费用管理相关文件。

6）安全生产教育培训相关文件。

7）设施设备安全管理文件，如日常巡视、检修、维护、鉴定、检测资料等。

8）现场环境卫生、消防、安保等安全管理文件。

9）现场作业类安全管理文件。

10）事故隐患排查治理相关文件。

11）安全风险管控相关文件。

12）职业健康管理相关文件。

13）应急与事故管理相关文件。

（3）整理要求。

案卷编目、案卷装订、卷盒、表格规格及制成材料可参照GB/T 11822—2008《科学技术档案案卷构成的一般要求》；数码照片文件整理可参照DA/T 50—2014《数码照片归档与管理规范》；录音录像文件整理可参照DA/T 78—2019《录音录像档案管理规范》。

3. 参考示例

档案管理制度

第一章 总　　则

第一条　为加强档案管理工作，提高档案工作质量，更好地为单位工作服务，根据《中华人民共和国档案法》及有关档案管理的规定，结合单位档案工作的实际，制定本制度。

第二章 文件材料归档

第二条　归档要求

一是归档文件应齐全完整，实行档案的双轨制，保管期限划分准确。各部门应根据单位的归档范围和保管期限表的规定，确保应归档文件材料齐全完整，价值鉴定准确。

二是归档文件整理工作应建立在文档一体化管理基础上，运用计算机及档案管理软件辅助整理工作。

三是归档文件所使用的书写材料、纸张、装订材料等应符合档案保护要求。用纸尺寸采用国际标准A4纸规格，归档文件的字迹应确保耐久性。

第三条　归档范围

凡是在本单位职能范围活动中形成并具有保存价值的各种载体的历史纪录都要归档。各部门、各下属单位等专兼职档案管理人员负责积累、整理、归档。个人和部门不得长期存放和占为己有。

第四条　归档时间

文件归档在时间上可采取“随办随归”和“集中归档”或两者相结合的方式。无论采取哪种方式，都必须在次年的5月底之前完成。

第五条　归档份数

一般一份，特殊门类档案要备存两套以上。

第六条　归档手续

交接双方要根据移交目录清点核对，并履行签字手续。

第三章　安全生产档案管理

第七条　安全生产相关档案应做到完整性、合理性、科学性，为安全生产工作提供依据。

第八条　安全生产档案包括与安全生产相关的文件、管理制度、操作规程的编制、评审、修订、贯彻落实、教育培训以及安全设备设施管理等。

第九条　办公室负责安全文件和资料的收集、汇总、保存。

第十条　各部门、各下属单位负责各自安全资料的建档、保存以及涉及本部门（下属单位）的安全类通知、隐患整改单、规程等的传达、学习和使用。

第十一条　办公室负责文件的发放管理工作。

第十二条　程序

（一）职责与权限

1. 安全生产管理工作必须建立安全档案，由办公室、各部门和各下属单位进行分级管理。

2. 办公室做好相关文件的下发并保存发放记录。对需要进行档案管理的资料进行收集和汇总后归档保存。

3. 各部门、各下属单位应及时将各自的安全资料建档、保存。

4. 单位工作人员查阅技术资料、图书等需办理借阅手续，借阅者必须爱护并按期归还；外部人员需要借阅资料、图书时，必须经主管领导批准后方可借阅。

5. 对于办公室发放的文件，各部门应及时传达、学习和使用，并保存相关传达记录。

（二）档案管理内容

1. 安全组织、机构、人员类。

2. 安全宣传教育类（新员工三级安全教育、全员定期教育、特种作业人员教育等）。

3. 安全检查类［单位级、部门（下属单位）检查、专项检查等］。

4. 安全奖惩类。

5. 各种伤亡、事故类。

6. 职业安全卫生实施类。

7. 各种设备安全状态类。

8. 各工作场所的安全状态类。

9. 设备设施的检测维护保养类。

10. 消防类。

11. 特种作业培训、考试、发证类。

12. “三同时”审批手续费。

13. 各种统计、分类报表类。

14. 事故应急救援类。

（三）文件档案保存形式

1. 档案必须入框上架，建立统一的分类标准，分门别类保存，并编号备查，避免暴露或捆扎堆放。

2. 胶片、照片、磁带要专柜密封保管，胶片和照片、母片和拷贝要分别存放。

3. 底图入库要认真检查，平放或卷放。

4. 库藏档案要定期核对，做到账物相符。发现破损变质及时修补或复制。

（四）保存要求

1. 归档文件要做到及时、准确、清晰、专人管理。

2. 档案管理人员随时做好安全档案的保管，注意防盗、防火、防蛀、防潮湿、防遗漏。若发生遗漏和失误要追究相关人员的责任。

3. 各类资料、档案至少保存10年，并建立销毁台账。法律法规对特殊档案有其他要求的，遵循相关规定。

4. 需销毁的档案，由档案管理人员编造销毁清册，经单位领导及有关人员会审批准后销毁。销毁的档案清单由档案管理人员永久保存。

（五）外来文件的管理

外来文件由办公室统一接收，接收人员接收文件前应对文件的完整性进行检查，确认无误后填写外来文件接收清单，并转发到相关部门（下属单位）。

第四章　技术档案管理

第十三条　工程管理的技术档案由技术人员实行集中统一管理，并做好收集、整理、保管、鉴定和提供利用工作，确保档案的完整、准确、系统、安全。

第十四条　凡是在后勤服务管理中形成的技术文件材料，具有保存价值的均应归档。服务管理、维修及检测等活动中产生的科技文件，在成果验收或校核后归档；设备文件在开箱验收或安装完毕之后归档。每项工作结束后，在一个月内整理归档，长期进行的项目，按阶段分批归档。

第十五条　档案柜内在保持适当的温度、湿度的同时要有防盗、防火、防潮、防腐蚀、防有害生物和防污染等设备，以确保档案的安全。

第十六条　档案管理员应将技术档案妥善保管，技术档案的借阅、销毁等必须经请示单位领导后再做处理。

第十七条　科技档案不得随便借阅或翻印，确因工程需要的应执行下列规定：

（一）外单位要借阅的，需经单位主要领导批准。

（二）单位内部门（下属单位）借阅的，需经分管领导批准。

（三）借阅单位和个人必须认真填写档案借阅登记表。

（四）重要的档案只借出副本。

（五）档案管理员要及时追回借出档案。

第五章　档案人员职责

第十八条　认真学习、执行党和国家有关档案工作的方针、政策、法规和条例。对机关各部门形成的各种文件材料的收集、整理归档工作进行监督和指导。

第十九条　集中统一管理单位各种门类和载体的档案，认真做好档案的收集、整理分类工作，积极提供利用，为全单位各项工作服务。

第二十条　档案人员应熟悉档案、资料的室藏和保密范围，编制必要的检索工具和专题资料，热心、耐心、积极地为本单位工作人员服务。

第二十一条　做好档案的日常管理和保护工作，严格执行保密制度，定期检查档案并做好记录，发现问题及时向单位领导汇报，采取有效措施，保护档案的安全和完整。

第二十二条　积极做好防火、防盗、防光、防尘、防蛀等工作。

第二十三条　档案人员工作调动时，必须在办完档案移交手续后方能离开岗位。

第六章　兼职档案人员职责

第二十四条　兼职档案员是保证我单位档案、归档和收集齐全的重要力量。兼职档案员要履行职责，负责收集本单位形成的档案材料，并定期上交办公室。

第二十五条　档案人员要努力提高政治思想、科学文化和档案业务水平，逐步实现档案管理工作科学化、现代化。

第二十六条　认真贯彻《中华人民共和国档案法》，实行文书部门立卷归档工作，并对归档的案卷进行分类、加工、整理和科学管理。

第二十七条　负责管理单位形成的全部档案，积极提供利用，为各项工作服务。

第七章　档　案　借　阅

第二十八条　档案是历史的真实记录，是党和国家的宝贵财富。大力开发档案信息资源，有效利用档案是档案工作的最终目的和价值所在。为了更好地利用档案，特做如下规定：

（一）工作人员查阅档案材料，一般应在阅览室阅读，如确因工作需要，借出档案室查阅的，必须填写《档案借阅登记表》（附表）。

（二）案卷借出的期限一般不得超过一周，用后应及时归还，因工作需要继续使用的，应在前一天或当天办理续借手续。利用者对借出的案卷需要妥善保管、严守机密，不得任意转借或带出单位之外，翻阅案卷时要注意爱护，切勿遗失，严禁涂改、勾画、批注、抽页。

（三）档案室在向利用者提供档案的同时，应根据需要附一张《档案利用效果登记表》，利用工作结束后，由利用者如实填写，并及时交单位档案室存查。

（四）借出和归还案卷时，档案管理人员和借阅人员双方要详细清点，确认无误后方能办理借阅或归还手续，归还的档案应及时入库进箱。

第八章 档案鉴定销毁

第二十九条 按照档案保管期限表的规定，对保管期限已满的各类档案，定期进行鉴定销毁。

第三十条 鉴定销毁档案，必须成立鉴定领导小组，其成员由单位领导、业务职能部门和档案室负责人组成。

第三十一条 由单位档案鉴定领导小组会同有关部门严格按照该门类档案的“保管期限表”逐卷（件）进行鉴定，准确判定档案的存、毁，剔除无保存价值的档案，以便销毁。

第三十二条 各门类档案原则上按照保管期限表进行鉴定销毁，如有特殊情况，可适当延长其保管期限。

第三十三条 销毁档案要有严格的手续，首先要写出书面报告，逐卷（件）填写“档案销毁清册”，经单位保密领导小组审查，并报单位主管领导批准后，方可销毁。

第三十四条 销毁档案必须注意安全保密，由档案、保密、保卫部门派人参加监销，销毁后应在清册上签名盖章，销毁清册由单位综合档案室归入全宗卷。

第三十五条 已销毁的档案，必须在相应的《案卷目录》《档案总登记簿》和《案卷目录登记簿》上注明“已销毁”。

第三十六条 鉴定销毁的各种记录材料应妥善保管，作为档案管理的历史记录备查。

第九章 档案库房管理

第三十七条 档案库房要有防高温、防霉、防潮、防光、防火、防尘、防虫、防鼠、防盗等设施，库房要保持干净整洁，不得堆放杂物。

第三十八条 档案室应根据工作需要添置去湿机、吸尘器、计算机等必要的档案设备，档案管理人员要及时做好库房内温湿度纪录，随时注意库房温湿度的变化，并采取相应的措施。

第三十九条 档案室应建立全宗卷，以积累存储本处案卷的立卷说明，分类方案，鉴定报告，交接凭证，销毁清册，检查记录，全宗介绍等材料。

第四十条 非档案工作人员不得私自进入库房，如确因工作需要应有专人陪同。

第四十一条 档案人员离开库房要锁门，下班前要对库房进行一次安全检查，关好门窗，消除一切不安全因素。

第十章 附　　则

第四十二条 本制度由办公室负责解释。

第四十三条 本制度自发文之日起执行。

附表：档案借阅登记表

附表

档案借阅登记表

编号：

序号	日期	部门（下属单位）	案卷或文件题名	借阅目的	期限	卷号	借阅人签字	归还日期	备注

【标准条文】

2.4.4 每年至少评估一次后勤保障相关的安全生产法律法规、标准规范、规范性文件、规章制度、操作规程的适用性、有效性和执行情况。

1. 工作依据

SL/T 789—2019《水利安全生产标准化通用规范》

2. 实施要点

（1）为确保安全生产法律法规、标准规范、规范性文件、规章制度、操作规程的适用性、有效性，需检查现行规章制度与法律法规的相符性，并进行评估，提出存在问题和整改措施。

（2）安全生产领导机构每年至少组织一次安全生产法律法规、标准规范、规范性文件、规章制度、操作规程的适用性、有效性和执行情况的评估，出具评估报告，评估报告中应有明确结论，并与实际相符。

（3）因法律法规和标准规范更新、引进使用“四新”和单位风险发生重大变化时，导致《安全生产法律法规和其他要求清单》《安全生产规章制度》和《安全操作规程》需要修订的，应当及时组织开展评估。若当年没有更新，也应组织一次评估，检验现行安全生产法律法规、标准规范、规范性文件、规章制度、操作规程的适用性、有效性和执行情况。

3. 参考示例

安全生产法律法规、技术标准、规章制度、操作规程评估报告

一、评估目的

为保证法律法规、技术标准、规章制度、操作规程的有效性、适用性，通过单位对相关法律法规、标准条款的识别、搜集、整理、学习，结合单位实际情况转换为单位的规章制度及操作规程以正确指导单位安全生产管理工作，预防违规现象的出现。从而满足法律法规相关条款的要求，达到保障职工身体健康，实现本质安全的目的。

二、评估范围及依据

1. 评估范围：单位识别的法律法规、技术标准、规章制度、操作规程及其他要求。

2. 评估依据：最新的、有效的法律、行政法规、部门规章、技术标准、规范及其他要求。

三、评估人员

评估组组长：

评估组副组长：

评估人员：

四、评估时间：2022年2月8日

五、评估内容

（一）法律法规和其他要求评估

通过网络、地方政府部门、上级主管部门、新闻媒体等途径，收集适用于本单位的法律法规和标准，在单位领导的全面协调下，与各部门、各下属单位管理人员进行交流、与各职工进行学习和讨论，并查阅有关基础资料，对适用于本单位的法律法规和相关要求的有效性进行评估。

（二）安全生产规章制度评估

单位建立并完善规章制度共28个，满足目前单位安全生产工作需要。具体如下：①安全生产目标管理制度；②安全生产报告制度；③安全生产承诺制度；④安全生产责任制度；⑤安全生产文件、记录和档案管理制度；⑥安全生产考核奖惩管理办法；⑦安全生产投入制度；⑧安全教育培训管理制度；⑨安全生产信息化管理制度；⑩新技术、新工艺、新材料、新设备设施管理制度……

（三）操作规程评估

单位组织编制了《安全操作规程汇编》包括：涉水作业规程、食堂电气设备操作规程、配电房操作规程、无人机使用管理规定及安全操作规程等26项安全操作规程。单位按照“水利后勤保障单位安全生产标准化一级单位”要求进行评审，经评审，单位编制的安全操作规程基本涵盖了单位各岗位、各类设施设备，各类规程满足国家法律法规要求，总体符合要求。

六、评估结论

单位对适用于本单位的法律法规、技术标准、规章制度、操作规程及其他要求的有效性进行了评审，通过本次评估，单位辨识的法律法规和其他要求，制定的规章制度、操作规程基本有效。单位已建立了法律、法规和其他要求识别、获取、培训、沟通等规范的管理渠道，运行正常，规章制度、操作规程基本完善，能够基本满足安全生产工作需求。

七、存在问题及整改措施

（一）存在问题

1. 法律法规辨识不全，同时清单内部分文件需要更新。如2021年年底评估，则2021年印发修订的法律法规文件都是需要调整的。

2. 规章制度中安全生产标准化绩效评定管理制度不够健全。

3. ……

（二）整改措施

1. 由办公室组织更新完善法律法规清单。

2. 由办公室组织修订完善安全生产标准化绩效评定管理制度，并及时发布实施。

3. ……

安全生产法律法规规范及规章制度评估修订记录表

编号：

评估组组长		职务	
评估日期		地点	
评估概况： 1. 2.			
拟更新、修订理由及更新、修订内容： 1. 2.			
参加评估人员签名：			

【标准条文】

2.4.5 根据评估、检查、自评、评审、事故调查等发现的相关问题，及时修订安全生产规章制度、操作规程。

1. 工作依据

SL/T 789—2019《水利安全生产标准化通用规范》

2. 实施要点

（1）各部门要根据安全生产规章制度和操作规程在评估、检查、自评、评审、事故中发现的相关问题，及时组织人员进行修订，确保修订内容全面并符合规定，经安全生产领导机构审批同意后交归口管理部门汇总。

（2）归口管理部门要及时将修订的安全生产规章制度和操作规程以正式文件的形式下发执行。

3. 参考示例

安全生产规章制度、操作规程修订记录表

编号：

制度/规程名称		修订时间	
修订部门		修订人员（签名）	
修订依据			
修订原因			
修订内容			
安全生产领导小组 审批意见	年 月 日		
备注			

关于印发《安全生产管理制度汇编》（2022年9月修订版）的通知

各部门、各下属单位：

为促进单位安全生产管理工作，提高安全生产管理水平，完善安全生产管理制度，经安全生产领导小组研究通过，现将修订后的《安全生产管理制度汇编》（2022年9月修订版）印发给你们，请遵照执行。原《安全生产管理制度汇编》（2022年9月）同步废止。

特此通知。

附件：安全生产管理制度汇编（2022年9月修订版）

×××

年　　月　　日

第五章 教 育 培 训

第一节 教育培训管理

【标准条文】

3.1.1 安全教育培训制度应明确归口管理部门、培训的对象与内容、组织与管理、检查和考核等要求。

1. 工作依据

《安全生产培训管理办法》(国家安全生产监督管理总局令第80号)

《生产经营单位安全培训规定》(国家安全监管总局令第80号第二次修正)

SL/T 789—2019《水利安全生产标准化通用规范》

2. 实施要点

(1) 后勤保障单位应制定安全教育培训制度，并以正式文件发布，要明确培训归口管理部门及职责，归口管理部门应加强对教育培训的检查和考核，确保培训质量和效果。

(2) 安全教育培训制度应包括：目的、依据、适用范围、归口管理部门及职责、培训对象与内容、组织与管理、检查与考核等，制度内容不能缺少，应符合最新法律法规和标准规范的规定。

3. 参考示例

安全生产教育培训制度

第一章 总 则

第一条 为贯彻“安全第一、预防为主、综合治理”的安全生产方针，加强职工安全教育培训，增强职工的安全意识、自我防护能力和遵章守纪的自觉性，预防和减少各类安全事故的发生，维护稳定的生产、工作秩序，确保安全生产，结合本单位实际情况，特制定本制度。

第二条 本制度依据国务院安委会《关于进一步加强安全培训工作的决定》《水利部关于进一步加强水利安全培训工作的实施意见》等制定。

第三条 各部门、下属单位的职工、相关方人员的安全教育，适用本制度。

第二章 管理机构及职责

第四条 安全生产领导小组负责审批本单位年度安全教育培训计划。

第五条 安全生产领导小组办公室为安全教育培训归口管理部门，负责把安全教育培训计划纳入单位职工教育培训体系，制定全单位《年度安全教育培训计划》，落实上级及相关行业组织的各类安全培训，指导各部门教育培训工作；编制本单位职工安全教育培训年报，上报上级主管单位；负责安全教育计划经费管理。

第六条　安全生产领导小组办公室负责组织实施单位级安全教育培训，建立安全教育培训台账和安全教育培训档案，对各部门安全教育培训工作进行检查。

第三章　培训对象与内容

第七条　单位主要领导、分管安全的领导、其他业务领导以及各部门负责人和兼职安全生产管理人员，应参加与本部门所从事的生产经营活动相适应的安全生产知识、管理能力和资格培训，按规定进行复审培训，获取由培训机构颁发的合格证书。

第八条　安全生产管理人员初次安全培训时间不得少于32学时，每年再培训时间不得少于12学时，新员工的三级安全培训教育时间不得少于24学时，一般在岗作业人员每年安全生产教育和培训时间不得不少于8学时。

第九条　单位主要负责人及相关安全生产管理人员安全培训应当包括下列内容：

1. 国家安全生产方针、政策和有关安全生产的法律、法规、规章和标准。

2. 安全生产管理基本知识、安全生产技术、安全生产专业知识。

3. 重大危险源管理、重大事故防范、应急管理和救援组织及事故调查处理的有关知识。

4. 职业危害及其预防措施。

5. 国内外先进的安全生产管理经验。

6. 典型事故和应急救援案例分析。

7. 其他需要培训的内容。

第十条　单位职工一般性培训通常要接受的教育培训内容：

1. 安全生产方针、政策、法律、法规、标准及规章制度等。

2. 相关设备操作规程、安全生产制度、职业病防治知识等。

3. 作业现场及工作岗位存在的危险因素、防范及事故应急措施。

4. 有关事故案例、通报等。

5. 其他需要培训的内容。

第十一条　新员工培训内容及要求

新员工上岗前应接受安全教育培训，考试合格后方可上岗。

岗前安全教育培训内容应当包括：

1. 单位安全生产情况及安全生产基本知识。

2. 单位安全生产规章制度和劳动纪律。

3. 从业人员安全生产权利和义务。

4. 工作环境及危险因素。

5. 可能遭受的职业危害和伤亡事故。

6. 岗位安全职责、操作技能及强制性标准。

7. 自救互救、急救办法、疏散和现场紧急情况的处理。

8. 安全设备设施、个人防护用品的使用和维护。

9. 预防事故和职业危害的措施及应注意的安全事项。

10. 有关事故案例。

11. 其他需要培训的内容。

第十二条　在新工艺、新技术、新材料、新设备设施投入使用之前，应当对有关从业人员重新进行针对性的安全培训。学习与本部门从事的生产经营活动相适应的安全生产知识，了解、掌握安全技术特性，采用有效的安全防护措施。对有关管理、操作人员进行有针对性的安全技术和操作规程培训，经考核合格后方可上岗操作。

第十三条　转岗、离岗作业人员培训内容及要求

作业人员转岗、离岗一年以上，重新上岗前需重新进行安全教育培训，经考核合格后方可上岗。培训情况记入《安全生产教育培训台账》。

第十四条　特种作业人员培训内容及要求

特种作业人员应按照国家有关法律、法规接受专门的安全培训，经考核合格，取得特种作业操作资格证书后，方可上岗作业。并按照规定参加复审培训，未按期复审或复审不合格的人员，不得从事特种作业工作。

离岗6个月以上的特种作业人员，各部门应对其进行实际操作考核，经考核合格后方可上岗工作。

第十五条　供方（服务外包单位、供货方、承包商）有关人员培训内容及要求

本着“谁用工、谁负责”的原则，对供方人员、被派遣劳动者进行安全教育培训；督促供方按照规定对其员工进行安全生产教育培训，经考核合格后方可进入后勤管理现场；需持证上岗的岗位，不得安排无证人员上岗作业；供方单位应建立进场服务人员的验证资料档案，做好监督检查记录，定期开展安全培训考核工作。

第十六条　外来参观、学习人员培训内容及要求

外来参观、学习人员到工程现场进行参观学习时，由接待部门对外来参观、学习人员可能接触到的危险和应急知识等内容进行安全教育和告知。

第十七条　接待部门应向外来参观、学习人员提供相应的劳保用品，安排专人带领并做好监护工作。接待部门应填写并保留对外来参观、学习人员的安全教育培训记录和提供相应的劳动保护用品记录。

第四章　组 织 与 管 理

第十八条　培训需求的调查

各部门、各下属单位每年年初根据本部门的安全生产实际情况，组织进行安全教育培训需求识别并报送安全生产领导小组办公室。

第十九条　培训计划的编制

安全生产领导小组办公室将各部门上报的《安全教育培训需求调查表》进行汇总，编制单位年度安全教育培训计划，报安全生产领导小组审批通过后，以正式文件发至各部门。

第二十条　培训计划的实施

1. 单位安全教育培训由安全生产领导小组办公室负责组织实施，并建立《安全教育培训记录》。

2. 外部培训由人事部门组织实施，落实培训对象、经费、师资、教材以及场地等。培训结束后获取的相关证件由安全生产领导小组办公室备案保存。

3. 列入部门培训计划的自行培训，由相关部门制定培训实施计划，组织实施教育培训。

第二十一条　计划外的各项培训，实施前均应向安全生产领导小组办公室提出培训申请，报单位分管领导批准后组织实施。培训结束后保存相关记录。

第五章 检查与考核

第二十二条 安全教育培训结束后，教育培训主办部门应对本次教育培训效果做出评估，并根据评估结果对培训内容、方式不断进行改进，确保培训质量和效果。效果评估结果填写在《安全教育培训记录》中。

第二十三条 安全生产领导小组定期对全单位安全教育培训工作进行检查，对安全教育培训工作做出评估，并按照有关考核办法进行考核奖惩。

第六章 附 则

第二十四条 安全教育培训记录按单位档案管理要求规范存档，记录表详见附件。

第二十五条 本制度由安全生产领导小组办公室、安全生产领导小组负责解释。

第二十六条 本制度自发文之日起执行。

附件1 安全生产教育培训档案

附件2 安全教育培训台账

附件3 特种作业人员登记表

附件4 年度安全教育培训计划表

附件5 培训实施记录表

附件1

安全生产教育培训档案

编号：

姓名		性别		民族		出生年月	
籍贯				身份证号码			
单位				部门		岗位	
文化程度				职务		职称	

工作简历

起止年月	在何地、何部门、何任职	备注

学历情况

毕业学校	学习专业	毕业时间	证书编号

各类培训情况

培训名称	培训内容	培训时间	发证机关	证书编号

附件 2

安全教育培训台账

培训活动名称：　　　　　　　　　　　　　　　　　　编号：

序号	日期	部门	班组	姓名	考试成绩

附件 3

特种作业人员登记表

编号：

序号	姓名	特种作业类别	工种	性别	年龄	证书编号	初次取证时间	复审时间及结果

登记人：　　　　　　　　　　　　　　　　填报日期：

附件 4

年度安全教育培训计划表

填报单位：　　　　　　填报时间：　　年　　月　　日　　　　编号：

序号	项目名称	培训内容	培训对象	举办者	培训时间	学时	培训地点	培训人数

批准人：　　　　　　　　　　　审核人：　　　　　　　　　　制表：

附件5

培训实施记录表

单位（部门）：　　　　　　　　　　　　　　　　　　　　　　　　编号：

<table>
<tr><td>培训主题</td><td colspan="2"></td><td>主讲人</td><td colspan="2"></td></tr>
<tr><td>培训地点</td><td></td><td>培训时间</td><td></td><td>培训课时</td><td></td></tr>
<tr><td>培训人员</td><td colspan="5"></td></tr>
<tr><td>培训内容</td><td colspan="5">记录人：</td></tr>
<tr><td>培训考核方式</td><td colspan="5">□考试　□实际操作　□事后检查</td></tr>
<tr><td>培训效果评估</td><td colspan="5">评估人：　　　　　　年　月　日</td></tr>
</table>

填写人：　　　　　　　　　　　　　　　　　　　　　　　　　　日期：

【标准条文】

3.1.2　定期识别安全教育培训需求，编制培训计划，按计划进行培训，对培训效果进行评价，并根据评价结论进行改进，建立教育培训记录、档案。

1. 工作依据

《中华人民共和国安全生产法》（主席令第八十八号）

《安全生产培训管理办法》（国家安全生产监督管理总局令第44号，第二次修正）

《生产经营单位安全培训规定》（国家安全监管总局令第80号第二次修正）

SL/T 789—2019《水利安全生产标准化通用规范》

2. 实施要点

（1）制度明确的培训管理部门应在培训计划下达前（或计划调整前）征求、收集各部门、各下属单位的培训需求意见，每年至少识别一次，以提高培训工作的针对性和实效性。

（2）培训管理部门每年应根据培训需求的调研结果，制定切实可行的教育培训年度计划。计划的内容应详细、具体、有可操作性，包括培训主题、培训时间、培训地点、授课人员、培训对象、培训学时等。其中培训对象主要包括：

1）单位主要负责人及安全生产管理人员。

2）其他管理人员。

3）新员工。

4）特种作业人员（含特种设备作业人员）。

5）在岗从业人员（全员）。

6）相关方。

7）被派遣劳动者、实习学生。

8）外来参观学习人员。

(3) 年度培训计划应合理可行，切合单位实际，有明确的主要培训内容。教育培训的内容通常包括：

1）法律法规规章、规范标准及其他要求。

2）安全生产责任制及其他规章制度。

3）安全生产管理知识。

4）安全生产技术、“四新”技术。

5）操作规程、岗位技能。

6）职业健康。

7）应急预案。

8）典型案例。

(4) 针对每次培训，培训管理部门应通过现场评价、考试、实际操作、检查等形式对培训效果进行评价，对存在的问题分析原因，加以必要的改进。

(5) 安全教育培训应有记录，培训记录、档案资料完整，包括培训时间、培训内容、主讲人员及参加人员，参加人员可采用签到形式形成签到表，与评价资料一起存档。

3. 参考示例

2022年度职工安全生产教育培训计划

一、总体思路

牢固树立“培训不到位是重大事故隐患”的意识，坚持依法培训，以落实持证上岗和先培训后上岗制度为核心，以落实安全培训主体责任、提高安全培训质量为着力点，严格安全培训监督检查和责任追究，扎实推进安全培训内容规范化、方式多样化、管理信息化、方法现代化和监督日常化，努力实施全覆盖、多手段、高质量的安全培训，切实杜绝“三违”行为，确保全单位安全生产形势持续稳定。

二、工作目标

(一) 各部门（单位）主要负责人、专兼职安全管理人员和特种作业人员100%持证上岗。

(二) 转岗或离岗6个月以上重新上岗操作人员、新员工、被派遣劳务者100%岗前培训合格后再上岗。

(三) 新工艺、新技术、新材料、新装备、新流程投入使用前，对有关管理、操作人员进行专门的安全技术和操作技能培训。

(四) 安全教育培训学时、记录、考核、评估、档案符合安全生产标准化管理相关要求。

三、培训重点和主要内容

(一) 培训重点

1. 加强安全生产法制教育，提高安全法制意识和依法治安的管理水平，认真贯彻执行安全生产法律法规和各项规章制度，将安全教育覆盖到全单位每个职工和相关方人员，贯穿于各项工作的全过程，做到“全员、全面、全过程”的安全教育。

2. 加强业务技能培训，通过内部培训、参观学习、取证培训等多种培训方式，采取上课、讲座、自学、观摩等多种形式开展岗前、转岗、新进职工业务培训，不断提升操作人员的业务水平和操作技能，增强履行岗位职责的能力。

3. 大力加强安全文化建设。以“2022年安全生产月”活动为总抓手，开展各项安全宣传教育活动，广泛组织多种形式的安全文化宣传活动，创新宣传教育方式，大力开展知识竞赛、讲座、安全进单位、进班组等活动，营造以人为本、生命至上的氛围。进一步提高全员安全意识，使科学发展、安全发展的理念，成为凝聚共识、汇聚力量、推动安全生产的思想动力。

（二）培训方式

1. 利用多种渠道，开展安全生产法律法规、方针政策、安全常识培训。

2. 认真组织开展“安全生产月”活动，开展安全知识网络竞赛、安全法律法规宣传、隐患排查治理、应急演练等集中宣传教育活动。

3. 组织讲坛、自学、观摩等，开展岗前、转岗、新进员工业务培训。

4. 聘请专家来单位与参加上级单位培训相结合，组织学习交流。鼓励员工参加操作技能认证培训、执业资格培训以及学历教育。

（三）落实持证上岗制度

1. 根据安全组织保障需要和相关要求，继续做好安全主要负责人、安全管理人员、特种作业人员的安全教育培训。积极组织专（兼）职安全管理人员、班组安全员参加安全知识培训，不断提高安全管理人员专业水平。

2. 结合单位安全生产状况，重点抓好新员工的“三级”安全教育培训，规范单位对复岗、转岗人员和使用新工艺、新技术、新材料、新装备、新流程人员的安全技能培训，确保培训的针对性和实效性。

3. 重点进行危险物品、设备设施检修维护、特种设备、电气设备、特种作业、危险性较大作业等的业务技能培训。主要内容包括：相关法律法规、安全规程、规章制度、应急预案等。每次培训后及时进行培训效果评估，确保培训效果。

4. 特种设备与特种作业人员学习与取证。针对特种设备、特种工种，选派员工参加特种设备管理资格培训和特种作业操作资格证书培训，达到持证上岗。

（四）做好相关方人员的安全培训

1. 劳务派遣单位要加强劳务派遣工基本安全知识培训，劳务使用单位要确保劳务派遣工与本单位职工接受同等安全培训。

2. 供方单位要落实进场服务人员的安全教育培训，验证特种作业人员安全培训合格证书。

3. 实习生来单位参加社会实践，接受部门（单位）要做好相应岗位的安全培训。外来参观人员接待单位（部门）要做好相应的安全告知。

四、培训经费

按照单位安全生产经费计划列支。如实际开支超出预算，提前向单位请示增加培训费用，以确保安全教育培训正常开展。

五、工作要求

安全培训由安全管理机构牵头，各部门、各下属单位共同组织实施，要把安全培训工作与落实安全主体责任有机结合起来，突出重点，狠抓落实，杜绝形式主义，切实让安全培训活动取得实效；岗位培训由相关职能部门牵头，各部门、各下属单位协调配合。

安全培训要按照《2022年度职工培训计划表》规定的内容有序开展，培训内容、学时、人员只能增加不得减少。培训的记录、图片、考卷、证书等档案资料及时整理归档。对培训效果进行评估，并填写《培训效果评估表》。

附件1：2022年度职工培训需求表

附件2：2022年度职工安全生产培训计划表

附件3：2022年度职工培训效果评估表

附件1

2022年度职工培训需求表

编号：

单位（部门）					
培训内容					
培训目的需求					
培训时间安排					
形式		人数		经费估算	
单位部门意见	负责人： 年 月 日				
主管部门意见	负责人： 年 月 日				
备注					

附件2

2022年度职工安全生产培训计划表

编号：

序号	项目名称	培训内容	培训对象	举办者	培训时间	学时	培训地点	培训人数
1	操作规程培训							
2	法律法规学习							

续表

序号	项目名称	培训内容	培训对象	举办者	培训时间	学时	培训地点	培训人数
3	安全生产管理制度、应急预案培训							
4	安全生产标准化调研							
5	职业健康知识培训班							
6	隐患排查治理培训							
7	安全风险辨识培训							
8	应急知识培训及应急演练							
9	消防安全知识培训							
10	新进人员岗前培训							
11	……							

附件 3

2022 年度职工培训效果评估表

课程主题：　　　　　　培训日期：　　　　　　编号：

课程评估		评分标准			
		好（10、9）	良好（8）	一般（7、6）	很差（5）
课程内容部分	1. 适合我的工作和个人发展需要				
	2. 内容深度适中、易于理解				
	3. 内容切合实际、便于应用				
培训讲师部分	1. 有充分的准备				
	2. 表达清楚、态度和蔼				
	3. 对进度与现场气氛把握很好				
	4. 培训方式生动多样				
培训效果部分	1. 获得了适用的新知识				
	2. 对思维、观念有了启发				
	3. 获得了可以在工作上应用的一些有效的技巧或技术				
	4. 其他：				
对本人工作上的帮助程度：A、较小　B、普通　C、有效　D、非常有效					
整体上，您对这次课程的满意程度是：A、不满　B、普通　C、满意　D、非常满意					
今后您还需要什么样的培训？您对培训工作有何建议？					

填表说明：本评估表评分为四个等级，“好”为：10 分、9 分，“良好”为：8 分，“一般”为：7 分、6 分，“差”为：5 分，评分标准只填分数值。

第二节　人员教育培训

【标准条文】

3.2.1　单位主要负责人、专（兼）职安全生产管理人员应经过必要的培训，具备与本单位所从事的生产经营活动相适应的安全生产知识与能力。

1. 工作依据

《中华人民共和国安全生产法》（主席令第八十八号）

《生产经营单位安全培训规定》（国家安全监管总局令第80号第二次修正）

SL/T 789—2019《水利安全生产标准化通用规范》

2. 实施要点

（1）后勤保障单位主要负责人通常是指单位法定代表人。安全生产管理人员是指单位分管安全生产的负责人、安全生产管理机构负责人及其管理人员，以及未设安全生产管理机构的专、兼职安全生产管理人员等。

（2）单位主要负责人和专（兼）职安全生产管理人员应参加安全生产教育培训，培训时间应满足相关规定，并持有相应的培训考核合格证书。单位安全生产管理机构应对证书进行登记造册，并确保证书在有效期内。

（3）单位主要负责人和专（兼）职安全生产管理人员应具备与后勤保障管理活动相适应的安全生产知识与能力，熟悉岗位安全生产职责要求，熟悉、掌握后勤保障活动中各环节的安全要求，及时发现事故隐患，避免生产安全事故的发生。

3. 参考示例

主要负责人和安全生产管理人员资格证书登记表

编号：

姓名	职务/岗位	证件类型	发证单位	证件编号	发证日期	有效期限
	董事长	资格证书或考核证书				
	总经理					
	分管安全副总经理					
	安全管理机构主任					
	专职安全员					
	兼职安全员					
	……					

【标准条文】

3.2.2　对其他管理人员进行教育培训，确保其具备正确履行岗位安全生产职责的知识与能力

1. 工作依据

SL/T 789—2019《水利安全生产标准化通用规范》

2. 实施要点

（1）其他管理人员主要是指除单位主要负责人、专（兼）职安全生产管理人员以外的

领导班子、各级管理人员，如：非安全管理机构的其他各部门管理人员、下属单位的负责人等。

（2）单位应实现其他管理人员安全教育培训全覆盖，培训合格后方可上岗，做到其他管理人员100%取得培训合格证书。归口管理部门应对其他管理人员持证情况进行登记造册。

（3）其他管理人员应熟悉后勤保障管理活动的安全生产知识，掌握岗位的安全操作技能和注意事项，正确履行岗位安全生产职责。

（4）其他管理人员在工作中发现事故隐患也应及时采取消除隐患的措施，并报告安全生产管理部门。

3. 参考示例

其他管理人员安全培训证书登记表

编号：

姓名	职务/岗位	证件类型	发证单位	证件编号	发证日期	有效期限
	其他副总经理	资格证书或考核证书				
	部门负责人					
	下属单位负责人					
	保安队长					
	供方现场负责人					
	……					

【标准条文】

3.2.3 新员工上岗前应接受三级安全教育培训，培训学时和内容应满足相关规定；在新工艺、新技术、新材料、新设备设施投入使用前，应根据技术说明书、使用说明书、操作技术要求等，对有关管理、操作人员进行培训；作业人员转岗、离岗一年以上重新上岗前，均应进行部门、班组安全教育培训，经考核合格后上岗。

1. 工作依据

《中华人民共和国安全生产法》（主席令第八十八号）

《生产经营单位安全培训规定》（国家安全监管总局令第80号第二次修正）

水利安全培训工作的实施意见（水安监〔2013〕88号）

SL/T 789—2019《水利安全生产标准化通用规范》

2. 实施要点

（1）后勤保障单位新员工三级安全教育培训是指新入职员工在正式上岗前参加单位组织的单位级安全教育、部门级安全教育、班组级安全教育。

（2）后勤保障单位所有新员工上岗前均应接受单位、部门、班组三级安全教育培训，培训总学时不得少于24学时，培训考核合格后方可上岗工作，之后每年进行至少8学时安全知识再培训。保留培训记录，建立培训档案。

（3）后勤保障单位在新工艺、新技术、新材料、新装备、新流程投入使用前，应对有关从业人员进行有针对性的安全教育培训，并建立新工艺、新技术、新材料、新装备使用前教育培训台账。

（4）后勤保障单位人员转岗、离岗一年以上重新上岗前，应对其进行部门、班组安全教育培训，并进行考核，合格后方可上岗。教育培训情况记入安全生产教育培训台账。

3. 参考示例

新职工三级安全教育登记表

编号：

姓名		性别		联系方式	
身份证号				文化程度	
入职时间	年　月　日			进部门时间	年　月　日
部门				班组/岗位	
培训学时	一级教育（　）　二级教育（　）　三级教育（　）				

三级安全教育内容		教育人	受教育人
一级教育（单位）	1. 安全生产相关法律法规； 2. 后勤保障安全生产情况及安全生产基本知识； 3. 后勤保障安全生产规章制度和劳动纪律； 4. 从业人员安全生产权利和义务； 5. 有关事故案例； 6. 事故应急救援、事故应急预案演练及防范措施等内容	签名 年　月　日	签名 年　月　日
二级教育（部门）	1. 工作环境及危险因素； 2. 工作现场安全知识及生存技能； 3. 所从事工种可能遭受的职业危害（险）和伤亡事故； 4. 所从事工种的安全职责、操作技能及强制性标准； 5. 自救互救、急救办法、疏散和现场紧急情况的处理； 6. 安全设备设施、个人防护用品的使用和维护； 7. 本部门安全生产状况及规章制度； 8. 预防事故和职业危害的措施及应注意的安全事项； 9. 有关事故案例； 10. 其他需要培训的内容	签名 年　月　日	签名 年　月　日
三级教育（班组）	1. 岗位安全操作规程； 2. 岗位之间工作衔接配合的安全与职业卫生事项； 3. 消防安全知识； 4. 有关事故案例； 5. 其他需要培训的内容	签名 年　月　日	签名 年　月　日

“四新”培训实施记录表

单位（部门）：　　　　　　编号：

培训主题			主讲人	
培训地点		培训时间		培训学时	
参加人员				
培训内容	记录人：			

续表

培训考核方式	□考试 □实际操作 ◉事后检查 □课堂评价
培训效果评估	评估人： 年 月 日

填写人： 日期：

复岗（转岗）培训记录表

编号：

<table>
<tr><td colspan="2">姓 名</td><td></td><td>性别</td><td></td><td>出生年月</td><td></td></tr>
<tr><td colspan="2">政治面貌</td><td></td><td>文化程度</td><td></td><td>专业</td><td></td></tr>
<tr><td colspan="2">入单位时间</td><td></td><td>原岗位</td><td></td><td>现岗位</td><td></td></tr>
<tr><td colspan="2">离岗时间</td><td colspan="3"></td><td>重新上岗时间</td><td></td></tr>
<tr><td rowspan="4">培训情况</td><td rowspan="2">部门培训</td><td>培训时间</td><td colspan="2"></td><td>授课人</td><td></td></tr>
<tr><td>培训内容</td><td colspan="4"></td></tr>
<tr><td rowspan="2">班组培训</td><td>培训时间</td><td colspan="2"></td><td>授课人</td><td></td></tr>
<tr><td>培训内容</td><td colspan="4"></td></tr>
<tr><td colspan="3">考试成绩</td><td>部门考试成绩</td><td></td><td>班组考试成绩</td><td></td></tr>
<tr><td colspan="3">复岗（转岗）培训成绩</td><td colspan="4"></td></tr>
<tr><td colspan="2">个人确认</td><td colspan="5">签字：
年 月 日</td></tr>
<tr><td colspan="2">所在班组
鉴定意见</td><td colspan="5">班组长签字：
年 月 日</td></tr>
<tr><td colspan="2">部 门
考评意见</td><td colspan="5">部门负责人签字：
年 月 日</td></tr>
<tr><td colspan="2">安全职能
部门意见</td><td colspan="5">安全管理机构签字：
年 月 日</td></tr>
<tr><td colspan="2">人事部门
意 见</td><td colspan="5">人事部门签字：
年 月 日</td></tr>
</table>

【标准条文】

3.2.4 特种作业人员、特种设备作业人员、爆破作业人员、浮动设施和船舶作业人员、无人机系统驾驶员等应接受规定的安全作业培训，并取得资格证后上岗作业；特种作业人员离岗6个月以上重新上岗，应经实际操作考核合格后上岗工作；建立健全特种作业人员档案。

1. 工作依据

《中华人民共和国安全生产法》(主席令第八十八号)

《中华人民共和国特种设备安全法》(主席令第四号)

《生产经营单位安全培训规定》(国家安全监管总局令第80号第二次修正)

《特种作业人员安全技术培训考核管理规定》(国家安全监管总局令第80号第二次修正)

《特种设备安全监察条例》(国务院令第373号)

《特种设备作业人员监督管理办法》(国家质检总局令第140号)

SL/T 789—2019《水利安全生产标准化通用规范》

《民用爆炸物品安全管理条例》(国务院令第466号)

《中华人民共和国内河交通安全管理条例》(国务院令第709号)

AC-61-FS-2018-20R2《民用无人机驾驶员管理规定》

2. 实施要点

(1) 特种作业指容易发生人员伤亡事故,对操作者本人、他人的生命健康及周围设施的安全可能造成重大危害的作业。特种作业的范围由特种作业目录规定。特种作业人员所持证件为特种作业操作证。与后勤相关的特种作业人员主要包括(不限于):

1) 电工作业:指对电气设备进行运行、维护、安装、检修、改造、施工、调试等作业。

2) 焊接与热切割:指运用焊接或者热切割方法对材料进行加工的作业(不含《特种设备安全监察条例》规定的有关作业)。

3) 高处作业:指专门或经常在坠落高度基准面2m及以上有可能坠落的高处进行的作业。

4) 制冷与空调作业:指对大中型制冷与空调设备运行操作、安装与修理的作业。

(2) 特种设备指涉及生命安全、危险性较大的锅炉、压力容器(含气瓶,下同)、压力管道、电梯、起重机械、客运索道、大型游乐设施和场(厂)内专用机动车辆,详见《特种设备目录》(质检总局关于修订《特种设备目录》的公告,2014年第114号)。特种设备作业人员及其相关管理人员统称特种设备作业人员,特种设备作业人员应当取得国家统一格式的特种作业人员证书。与后勤相关的特种设备主要包括(不限于):

1) 电梯:指动力驱动,利用沿刚性导轨运行的箱体或者沿固定线路运行的梯级(踏步),进行升降或者平行运送人、货物的机电设备,包括载人(货)电梯、自动扶梯、自动人行道等。

2) 压力容器:指盛装气体或者液体,承载一定压力的密闭设备,其范围规定为最高工作压力大于等于0.1MPa(表压)的气体、液化气体和最高工作温度高于等于标准沸点的液体、容积大于等于30L且内直径(非圆形截面指截面内边界最大几何尺寸)大于等于150mm的固定式容器和移动式容器;盛装公称工作压力大于等于0.2MPa(表压),且压力与容积的乘积大于等于1.0MPa·L的气体、液化气体和标准沸点等于低于60℃液体的气瓶;氧舱。例如:焊接的氧气瓶、乙炔瓶,厨房的液化气瓶。

3) 锅炉:指利用各种燃料、电或者其他能源,将所盛装的液体加热到一定的参数,并通过对外输出介质的形式提供热能的设备，其范围规定为设计正常水位容积大于等于30L，且额定蒸汽压力大于等于0.1MPa（表压）的承压蒸汽锅炉；出口水压大于等于0.1MPa（表压），且额定功率大于等于0.1MW的承压热水锅炉；额定功率大于等于0.1MW的有机热载体锅炉。

4）场（厂）内专用机动车辆：指除道路交通、农用车辆以外仅在工厂厂区、旅游景区、游乐场所等特定区域使用的专用机动车辆。例如：水库库区旅游观光车辆、仓库内的叉车等。

5）起重机械：指用于垂直升降或者垂直升降并水平移动重物的机电设备，其范围规定为额定起重量大于等于0.5t的升降机；额定起重量大于等于3t（或额定起重力矩大于等于40t·m的塔式起重机，或生产率大于等于300t/h的装卸桥），且提升高度大于等于2m的起重机；层数大于等于2层的机械式停车设备。例如：机械车库。

（3）涉及船舶、浮动设施、爆破、无人机等作业的应按照相关行业规定要求进行培训教育并持证上岗；无人机在工作中愈加普及，如果超出了《民用无人机驾驶员管理规定》4（1）款所述情况下运行或达到Ⅲ类及以上等级，驾驶员必须取得相应级别的无人机驾驶员证照。

（4）后勤保障单位应对本单位特种作业、特种设备进行梳理，确定需要培训的特种（设备）作业人员名单，并按照相关要求和办法组织特种作业人员进行安全作业培训，按规定申领证书，确保所有特种作业人员持证上岗。

（5）离开特种作业岗位6个月以上的特种作业人员，由复岗所在的部门或委托培训机构进行实际操作考试，经确认合格后方可上岗作业。

（6）后勤保障单位应当建立特种作业人员档案并及时更新，发现上岗证书有效期届满需要复审的应及时组织对特种作业操作证进行复审，确保本单位特种作业操作证均在有效期之内。

（7）后勤保障单位应当建立特种作业人员培训、操作技能考核和操作证书台账，掌握单位特种作业人员培训、考核、证书的基本信息，并及时更新。

3. 参考示例

特种作业人员证书登记表

编号：

姓名	身份证号	职务/岗位	证件类型	证件编号	有效期限

特种作业人员复岗转岗实操考核表

编号：

姓名		工种	
作业证类别		作业证号	
离岗时间		复岗时间	
考试时间		考试总成绩	
考试内容			

考核总评：

考核负责人：

年　　月　　日

【标准条文】

3.2.5　每年对在岗从业人员进行安全生产教育培训，培训学时和内容应符合有关规定。

1. 工作依据

《中华人民共和国安全生产法》（主席令第八十八号）

《安全生产培训管理办法》（国家安全生产监督管理总局令第80号）

《生产经营单位安全培训规定》（国家安全监管总局令第80号第二次修正）

水利部关于贯彻落实《国务院安委会关于进一步加强安全培训工作的决定》进一步加强水利安全培训工作的实施意见（水安监〔2013〕88号）

SL/T 789—2019《水利安全生产标准化通用规范》

2. 实施要点

（1）后勤保障单位应每年对在岗从业的本单位人员、被派遣劳动者、实习学生等人员进行安全生产教育培训。

（2）后勤保障单位主要负责人和安全生产管理人员首次安全培训不得少于32学时，每年再培训时间不得少于12学时，其他职工首次安全培训不得少于24学时，每年进行至少8学时再培训。

（3）培训内容应符合以下规定，不得缺漏。

单位负责人安全培训应当包括下列内容：

1）国家安全生产方针、政策和有关安全生产的法律、法规、规章及标准。

2）安全生产管理基本知识、安全生产技术、安全生产专业知识。

3）重大危险源管理、重大事故防范、应急管理和救援组织以及事故调查处理的有关规定。

4）职业病危害及其预防措施。

5）国内外先进的安全生产管理经验。

6）典型事故和应急救援案例分析。

7）其他需要培训的内容。

单位安全生产管理人员安全培训应当包括下列内容：

1）国家安全生产方针、政策和有关安全生产的法律、法规、规章及标准。

2）安全生产管理、安全生产技术、职业卫生等知识。

3）伤亡事故统计、报告及职业病危害的调查处理方法。

4）应急管理、应急预案编制以及应急处置的内容和要求。

5）国内外先进的安全生产管理经验。

6）典型事故和应急救援案例分析。

7）其他需要培训的内容。

单位其他从业人员安全培训应当包括下列内容：

1）安全生产法律法规和职业健康知识。

2）岗位的安全操作技能和职业病危害防护技能。

3）岗位的安全风险辨识和管控方法。

4）事故现场应急处置措施。

5）其他需要培训的内容。

（4）培训归口管理部门应做好培训记录，所有在岗从业人员均应参加培训。

（5）特种作业人员应持续保持资格证书在有效期内，按规定参加继续教育培训。

3．参考示例

在岗员工安全教育培训记录表

编号：

姓名		性别		民族		出生年月	
入职时间				岗位		职务	
参加安全教育培训记录							
培训时间	培训地点	组织单位		培训内容		培训学时	培训成绩

【标准条文】

3.2.6 督促检查相关方（服务外包单位）的作业人员进行安全生产教育培训及持证上岗情况。

1．工作依据

《中华人民共和国安全生产法》（主席令第八十八号）

SL/T 789—2019《水利安全生产标准化通用规范》

2．实施要点

（1）相关方，即与后勤保障单位的安全绩效相关联或受其影响的团体或个人。本标准所指的相关方主要包括供货方（如食堂食材、设备设施的供应商）、承包方或分包方（如需要专业资质的检修保养检测作业、危险性较大的施工作业的承包商）、服务方（如食堂、物业、绿化、保洁、保安的服务外包单位）等，这些团体或个人在开展与单位之间的业务活动的全过程中，与单位的安全绩效紧密相关。

（2）后勤保障单位应与相关方签订安全协议，明确双方安全责任与义务，并对相关方进场人员的安全教育培训、持证上岗等情况进行督促、监督检查，留存相关记录。后勤保障单位应当指定安全管理人员对相关方人员进行监督管理。

（3）对每个相关方的督促检查不能遗漏、缺失，记录要完整。

3. 参考示例

相关方负责人和安全生产管理员资格证书登记表

单位名称： 编号：

序号	姓名	职务	资格证书	证书编号	发证时间	有效期至	备注

说明：安全管理员所有证书的复印件应与本登记表一起存档。

相关方特种作业人员证书登记表

编号：

姓名	身份证号	单位/岗位	证件类型	证件编号	有效期限

说明：特种作业证书复印件应与本登记表一起存档。

相关方特种作业人员持证情况现场验证表

单位（章）： 填表日期： 年 月 日 编号：

服务（作业）项目名称：	相关方负责人：	安全监督人：
单位名称：	现场负责人：	

开始时间： 结束时间：

序号	姓名	作业类别	证件号码	身份证号码	验证人
1		焊接与热切割作业			
2		起重机械指挥 桥门式起重机司机			
3		电工			
4		……			

验证结果：

经现场验证，项目特种作业人员与所持证件相符，证件有效。

检查部门负责人：

【标准条文】

3.2.7 对外来人员进行安全教育及危险告知，主要内容应包括：安全规定、可能接触到的危险有害因素、职业病危害防护措施、应急知识等。由专人带领做好相关监护工作。

1. 工作依据

SL/T 789—2019《水利安全生产标准化通用规范》

2. 实施要点

(1) 后勤保障单位的外来人员主要指参观、检查、学习等人员及其他需要进入单位的人员。

(2) 对所有外来人员均应进行安全教育及危险告知，安全教育及风险告知内容要完整，并保存记录。

(3) 后勤保障单位应根据外来人员数量、前往场所的风险情况，配备专人监护。

3. 参考示例

外来人员安全教育及告知记录表

编号：

时　　间	年　月　日	事由	
活动地点			
劳动防护用品		带领人	

一、安全教育及危险告知

安全教育及危险告知内容：

1. 本单位有关安全规定；
2. 活动范围可能接触到的危害因素；
3. 活动范围安全要求；
4. 活动范围安全风险分析及安全控制措施；
5. 职业病危害防护措施；
6. 应急知识。

二、参观注意事项告知

为确保人身、设备安全，现对进入本单位时需要注意的事项告知如下：

1. 请在接待工作人员的陪同下有序进入工作现场，并走指定的安全通道，严格服从工作人员管理，严禁在无人陪同的情况下在生产区域活动，严禁未经准许触摸任何设备；

2. 过程中若有疑问请咨询接待陪同人员，严禁同现场作业人员交谈，主动避让作业人员及作业设备工具，以免影响作业人员正常作业；

3. 进入生产作业现场请严格遵守各种安全标识的提示，若有疑问或不明之处请及时咨询陪同人员；

4. 进入生产作业现场前应严格按照陪同人员要求正确佩戴安全防护用品，进入生产作业现场后严禁擅自解除安全防护用品，若确需解除需得到陪同人员同意并离开生产作业现场；

5. 若遇突发紧急情况，请保持镇静，请服从陪同人员的安排有序疏散至安全区域；

6. 参观学习结束后，请将安全防护用品及时归还。

以上安全告知已熟知。

外来单位（代表）：　　　　教育及告知负责人：

外来人员签到（由外来人员填写，教育及告知负责人确认）：

续表

序号	姓名	单位	联系方式

第六章　现　场　管　理

第一节　设备设施管理

【标准条文】

4.1.1　管理制度

设备设施管理制度应明确采购（租赁）、安装（拆除）、验收、检测、使用、检查、保养、维修、改造、报废等内容。

1. 工作依据

《中华人民共和国安全生产法》（主席令第八十八号）

《中华人民共和国特种设备安全法》（主席令第四号）

GB 25201—2010《建筑消防设施的维护管理》

GB/T 33000—2016《企业安全生产标准化基本规范》

2. 实施要点

（1）后勤保障单位的设备设施主要可分为：消防设备设施、电气设备、特种设备、交通设备、燃气设备等。

（2）在制定设备设施管理制度时，要充分结合对应行业的管理要求。例如：电气设备安装、维修要符合 GB/T 13869—2017《用电安全导则》；消防设施的维护要符合 GB 25201—2010《建筑消防设施的维护管理》；特种设备的安装、拆除、检验、验收要符合《中华人民共和国特种设备安全法》（主席令第四号）和《特种设备安全监察条例》（国务院令第 373 号）。

（3）设备管理制度中包含设备购置（租赁）、安装（拆除）、验收、检测、使用、检查、保养、维修、改造、报废等内容。制度制定过程中，可将相关内容分行业或领域进行编写。

（4）制度中的各项工作流程、工作要求及职责清晰，具有可操作性。

3. 参考示例

设备设施管理制度

第一章　总　　则

第一条　为规范单位设备设施在采购、使用、维护、保管、改造、报废等方面的管理要求，保证作业过程中作业人员安全，依据《中华人民共和国安全生产法》《中华人民共和国特种设备安全法》，结合单位实际，制定本规定。

第二条　本规定适用于单位管理的设备设施。

第二章 职 责

第三条 单位主要负责人

批准设备采购、报废申请。

第四条 分管领导

（一）审核设备采购、报废计划。

（二）督促检查分管部门的设备管理工作。

第五条 安全管理机构

（一）汇总设备、设施维修计划，并监督各部门实施。

（二）监督各部门设备、设施安全检测、管理工作。

第六条 其他各部门

负责所辖区域内设备设施的管理。

第三章 设备、设施投运和报废管理

第七条 设备设施采购、安装、验收管理

（一）设备需求部门按照单位采购管理规定，提出设备、设施需求申请，并提出所需求设备、设施的具体要求。

（二）设备、设施采购时，应按照单位采购管理要求及需求部门所提要求进行。

（三）采购消防设备、器材及安全防护用品用具，必须查验生产厂家资质及产品强制认证标志。

（四）采购安全设备设施（安全网、安全围栏、孔洞盖板、高处作业平台、安全标志牌等），必须查验产品合格证和检验证明。

（五）设备、设施到货后，设备申请部门参与验收。验收合格后，办理相关交接手续，按照安装使用说明组织安装。需要专业人员安装的，邀请专业单位或厂家安装人员安装。

第八条 设备、设施启用管理

（一）需求部门根据设备、设施的使用说明书和行业运行规定编制设备运行操作规程或应急预案。

（二）需求部门制定运行维护方案和检修计划。

（三）需求部门建立设备、设施台账，并根据运行情况及时更新。

（四）需求部门对运行人员进行专业培训，取得相应的操作证。

第九条 设备、设施运行管理

（一）设备设施运行管理采用分级化管理。即：岗位、班组、部门三级管理和定期维护工作。

（二）分级化管理。

1. 岗位管理

设备、设施日常运行中，应将设备、设施的管理责任明确到岗位，负责对设备、设施进行当班巡视、检查。设备巡视检查应制定相应的工作表，检查内容应符合设备规范要求及单位管理要求。当设备、设施日常运行出现异常情况时，应及时进行处理，无法处理的报班组处理，班组无法处理的报部门处理。

2. 班组管理

设备、设施日常运行中，班组应每日对各岗位设备管理情况进行抽查，但所辖设备一周内必须进行一次全面检查。设备抽查应制定相应的工作表，检查内容应符合设备规范要求和单位管理要求。

3. 部门管理

设备、设施管理部门应每月对设备、设施巡视一次。设备抽查应制定相应的工作表，检查内容应符合设备规范要求和单位管理要求。分管领导每季进入设备现场检查、指导工作，并做好相关记录，工作表使用（监督）检查记录表（见附表）。

（三）定期管理。

根据设备的运行特点，制定有针对性的定期维护计划。如消防喷淋泵，要求每半月盘泵一次，半月点动一次，以确保设备运行正常。需要定期检测的设备、设施，按照相关设备、设施要求的检测周期安排检测。如电梯、冷凝器、蒸发器、安全阀、压力表、灭火器等。

第十条 设备设施维修管理

（一）每年1月份，设备、设施管理部门制定年度维修计划。维修包括日常缺陷维修、季节性保养、性能性大修等。维修计划经分管领导审核后，交由安全管理机构汇总，经单位主要负责人批准后执行。

（二）设备发生故障需要大修（见注1）、改造（见注2）时，由部门维修人员检查，经部门负责人确认后，制定设备大修、改造方案，经分管领导审核，单位主要负责人审批后，自行维修或聘请专业维修人员进行维修。

（三）设备大修、改造方案应包括：维修时长、维修内容、维修工艺、材料消耗、维修费用等。

（四）设备、设施大修、改造时，应做好相关记录。

（五）设备大修、改造后，必须组织验收方可投入运行，并及时更新设备台账。

第十一条 设备设施报废管理

（一）基本原则

符合以下情况的设备可申请报废：

1. 国家或行业规定需要淘汰的设备；

2. 设备已过正常使用年限或经正常磨损达不到要求的；

3. 设备无法修复或修复成本过高的；

4. 设备使用时间不长，但因生产使用需要更换的；

5. 从安全、精度、效率等方面，已落后于本行业平均水平的。

（二）设备报废手续

按照单位固定资产管理规定执行。

第十二条 设备、设施档案管理

设备、设施使用管理部门应建立设备、设施台账并及时更新，并为每台设备、设施建立技术档案。设备技术档案包括：设备设计的技术规范，产品合格证，设备安装和使用维护说明，随机工器具登记表，设备运行、维修、维护保养记录，调配记录等，特种设备还须有定期检验、安拆记录、日常使用、维护保养、检查记录和运行故障、事故记录等。

第四章　特种或特殊设备管理

第十三条　特种设备管理

（一）按规定进行登记、建档、使用、维护保养、自检、定期检验、监督管理、报废等，建立特种设备技术档案。

（二）作业人员经专业机构培训取得操作证。

（三）制定特种设备运行规程并组织作业人员培训。

（四）制定特种设备事故应急预案并定期演练。

（五）规范记录设备的运行、维护台账并及时更新。

（六）按相关规定对设备进行定检。

（七）按要求配备合格消防器材。

（八）办理特种设备第三者责任保险。

（九）达到报废条件的及时申请办理注销。

（十）安全附件、安全保护装置、安全距离、安全防护措施以及与特种设备安全相关的建筑物、附属设施，应当符合有关规定。

（十一）锅炉管理

1. 制定锅炉运行规程，作业人员应熟知、掌握规程内容，并按规程要求进行日常运行管理。

2. 制定管理制度，并上墙悬挂。

3. 按消防安全要求配备消防器材，并定期检查，做好记录。

（十二）电梯管理

1. 记录电梯运行、维保工作，及时更新电梯设备台账。

2. 配备电梯安全管理人员，安全管理人员持证上岗。

3. 电梯日常运维工作按《特种设备安全监察条例》第三章相关要求执行，并制定相关规程，委托有资质单位承担。

4. 制定电梯事故应急措施和救援预案，并定期演练。

（十三）压力容器管理

1. 记录压力容器运行、维护工作，及时更新压力容器设备台账。

2. 应配备压力容器安全管理人员及操作人员，相关人员应持证上岗。

3. 按照《压力容器定期检验规则》要求进行检测。

4. 制定压力容器事故应急措施和救援预案，并定期演练。

第十四条　配电室管理

（一）按规范要求规划布设配电室相关设施。

（二）防护距离及标识样式、颜色符合规范要求。

（三）定期组织全面检查，及时消除隐患，整改形成闭环；配电室内的各种记录，各项规章制度及配电装置的一次原理接线图完整齐全。

（四）配电室要始终保持干净整洁，室内严禁存放易燃、易爆、危险品和其他杂物。

（五）配电室配备专用灭火器材，定期对灭火器材进行检验，确保全部在有效期内。

（六）门窗、防鼠板、防护网、密封条完好。

第十五条　应急电源管理

（一）按要求配备应急电源。

（二）按规程要求进行日常运行管理。

（三）按消防安全要求配备消防器材，并定期检查，做好记录。

第十六条　食堂燃气管路管理

（一）应委托具备相应资质的安装单位进行管路的敷设和维护。

（二）定期组织管路系统检查，发现裂纹或密封破损，及时更换和维护。

（三）管路检查、维护，应留存维护记录，对合规性、强制性标准规定项目进行检查。

（四）按消防安全要求配备消防器材，并定期检查，做好记录。

（五）应制定燃气泄漏、爆炸等事故应急措施和救援预案，并定期演练。

第五章　检查与考核

第十七条　安全管理机构、设备责任部门负责定期检查设备设施管理情况，按单位安全生产和考核管理制度考核。

第十八条　未按本规定执行造成事故的按相关制度追责。

第六章　附　则

第十九条　本规定由单位安全管理机构负责解释。

第二十条　本规定自印发之日起施行。

注：1. 设备、设施大修：是指对设备的全部或大部分部件解体，修复基准件、更换或修复不合格的零件、修复和调整设备的电气及液、气动系统、修复设备的附件以及翻新外观等，达到全面清除修前存在的缺陷，恢复设备的规定功能和精度。

2. 设备、设施改造：指经过技术论证，采取新技术、新材料、新的零部件能提高设备的综合安全技术水平，提高经济效益的工作。

附表

（监督）检查记录表

编号：

<table>
<tr><td>检查时间</td><td></td><td rowspan="2">被检查部门</td><td rowspan="2"></td></tr>
<tr><td>检查地点</td><td></td></tr>
<tr><td>检查内容</td><td colspan="3"></td></tr>
<tr><td>检查结果</td><td colspan="3"></td></tr>
<tr><td>整改要求</td><td colspan="3"></td></tr>
<tr><td>检查人员</td><td></td><td>被检查部门负责人：</td><td></td></tr>
<tr><td>备注</td><td colspan="3"></td></tr>
</table>

【标准条文】

4.1.2　设备设施管理机构及人员

明确设备设施管理部门，配备管理人员，明确管理职责，形成设备设施安全管理网络。

1. 工作依据

《中华人民共和国特种设备安全法》(主席令第四号)

《机关、团体、企业、事业单位消防安全管理规定》(公安部令第61号)

2. 实施要点

(1) 后勤保障单位管理的设备设施通常较多，根据所涉及的设备设施类别，应按照对应法律法规明确或设置设备设施管理部门，配置专（兼）职设备设施安全管理人员。

(2) 明确设备设施各级管理人员的安全管理职责，建立从主要负责人、分管领导、部门负责人、安全管理人员到职工的设备设施安全管理网络。

3. 参考示例

关于明确设备设施管理责任的通知

各部门、各下属单位：

为明确设备设施管理机构及责任部门，加强本单位设备设施的安全管理，根据单位《设备设施管理制度》文件，经研究决定，设备设施由物资部统筹管理，各部门、各下属单位负责本部门对应的设备设施管理，各部门（单位）尽快明确设备设施的管理人员，并上报统筹管理部门备案。各管理人员负责对应设备设施的日常检查、维护保养等工作。

特此通知

附件：设备设施管理责任表

×××

年　　月　　日

附件

设备设施管理责任表

序号	设备设施名称	统筹部门	责任部门
1	特种设备		
2	消防设施		
3	电气设备		
4	食堂专用设备		
	……		

【标准条文】

4.1.3 设备设施采购及验收

严格执行设备设施管理制度，购置合格的设备设施，验收合格后方能投入使用。

1. 工作依据

《中华人民共和国特种设备安全法》(主席令第四号)

GB/T 33000—2016《企业安全生产标准化基本规范》

2. 实施要点

(1) 后勤保障单位在购买（租赁）设备设施时应按照政策和制度规定，确定是否需要签订采购合同。合同中应当明确验收、合格标准。

（2）购置特种设备时，应当向厂家索取该设备的设计文件、产品质量合格证明、安装及使用维护保养说明、监督检验证明等相关技术资料和文件，禁止购买无生产许可的单位生产的特种设备。

（3）在特种设备投入使用前或者投入使用后30日内，内向负责特种设备安全监督管理的部门办理使用登记，取得使用登记证书。登记标志应当置于该特种设备的显著位置。

（4）设备设施归口管理部门或设备设施专（兼）职管理人员应对采购的设备设施按照合同约定标准进行验收；对于需要安装调试的设备设施，在其安装调试完成后还应组织验收，验收合格后方能投入使用。

3. 参考示例

设备设施验收单

编号：

名称		管理编号	
型号、规格、出厂编号		数量、价格	
生产厂家		安装地点	
主要技术参数：			
随机附件及数量：			
随机资料：			
安装调试情况： 签字：　　　　年　　月　　日			
设备验收结论： 签字：　　　　年　　月　　日			
备注：			

移交部门负责人签名：　　　　　　　　　　验收部门负责人签名：

【标准条文】

4.1.4　设备设施台账

建立设备设施台账并及时更新；设备设施档案资料齐全、清晰，管理规范。

1. 工作依据

GB/T 33000—2016《企业安全生产标准化基本规范》

2. 实施要点

（1）设备台账。

后勤保障单位应建立设备设施管理台账，并保证台账信息完整，一般应包括以下内容：

1）设备来源、类型、数量、技术性能、使用年限等信息；

2）设施设备进场验收信息；

3）使用地点、状态、责任人及检测检验、日常维修保养等信息；

4）采购、租赁、改造计划及实施情况等。

以上信息发生变化时应当及时更新。

（2）设备档案资料。

后勤保障单位应收集、整理相关设备设施资料，建立健全设备管理档案，每台设备应单独建立一套档案，档案内容一般包括：设备出厂合格证明、技术说明书、设备履历、维修养护、运行、检验等内容。对于特种设备的档案，按《中华人民共和国特种设备安全法》第三十五条规定，应包括以下内容：

1）特种设备的设计文件、产品质量合格证明、安装及使用维护保养说明、监督检验证明等相关技术资料和文件。

设计文件一般包括设计图纸、计算书、说明书等；产品质量合格证明是指企业内部的检验人员出具的检验合格证；安装及使用维修说明包括三部分内容，即安装说明、使用说明、维修说明。上述三部分内容并不是必须具备，要根据设备的复杂情况由安全技术规范规定；监督检验证明指国家特种设备安全监督管理部门核准的检验检测机构对制造过程、安装过程、重大维修过程进行监督检验出具的监督检验合格证书，重大维修过程一般指改变设备参数或者安全性能的修理过程。

2）特种设备的定期检验和定期自行检查记录。

3）特种设备的日常使用状况记录。

4）特种设备及其附属仪器仪表的维护保养记录。

5）特种设备的运行故障和事故记录。

（3）租赁设备和服务外包单位设备的管理。

1）租赁的设备和服务外包单位的设备，是否在租赁合同和服务外包合同中明确了双方安全责任，安全责任划分应清晰、明确、与实际相符。

2）对租赁和服务外包单位的设备是否视为自有设备进行管理。相关管理要求包括进场验收、检查、运行记录、维修保养等工作应与自有设备管理要求相同，服务外包单位应履行对自带设备的监督检查职责，并提供相关工作记录。

3. *参考示例*

设备设施台账

编号：

序号	管理编号	名称	型号	规格/性能	使用部位	制造厂	单价	出厂编号	数量	验收日期	管理人员	报废日期

续表

序号	管理编号	名称	型号	规格/性能	使用部位	制造厂	单价	出厂编号	数量	验收日期	管理人员	报废日期

说明：设备设施检测、保养、维修另建台账。

登记人：　　　　　　　　　　　　　　　　　　　　登记日期：

【标准条文】

4.1.5　设备设施的安装、拆卸、搬迁

设备设施的安装、拆卸、搬迁应符合相关安全管理规定，安装后应进行验收，并对相关过程及结果进行记录。

大中型设备设施拆除、搬迁前应制定方案，作业前进行安全技术交底，现场设置警示标志并采取隔离措施，按方案实施拆除、搬迁。

1. 工作依据

《特种设备安全监察条例》（国务院令第 373 号）

《建筑起重机械安全监督管理规定》（建设部令第 166 号）

《城镇燃气管理条例》（国务院令第 666 号修订）

GB/T 33000—2016《企业安全生产标准化基本规范》

2. 实施要点

（1）后勤保障单位涉及的大中型设备设施主要包括：特种设备（电梯、锅炉、压力容器、起重机械、叉车等）、电气设备、消防设施、燃气设备、变配电设备等。

（2）在进行设备设施安装、拆卸、搬迁时应符合行业的安全管理规定。

（3）起重机械在安装、拆除时还应制定安装、拆除方案，并履行审批手续。

（4）在安装、拆卸、搬迁过程中涉及危险性较大的作业活动，应实施作业许可管理，严格履行作业许可审批手续。作业前对相关作业人员进行培训和安全技术交底。

（5）归口管理部门应对安装、拆卸、搬迁过程进行详细记录，作业现场拉设警戒带，设置警示标志。

（6）若搬迁作业涉及大型物件运输，应按《道路大型物件运输管理办法》执行。

3. 参考示例

无。

【标准条文】

4.1.6　设备设施运行

对设备设施运行前及运行中实施必要的检查；按要求对承管范围内的房屋等建筑物进行安全鉴定。

4.1.7　设备性能及运行环境

电梯、车辆、机动船舶、安防、供水、供电、供热、制冷、水处理、消防、弱电等相关设备的结构、运转机构、电气及控制系统无缺陷，运行良好；仪表、信号、灯光等齐全、可靠、灵敏；设备醒目的位置张贴悬挂有标识牌、检验合格证及安全操作规程；设备干净整洁；运行区域无影响安全运行的障碍物，运行环境符合要求。

1. 工作依据

《中华人民共和国安全生产法》（主席令第八十八号）

《中华人民共和国特种设备安全法》（主席令第四号）

GB/T 33000—2016《企业安全生产标准化基本规范》

GB 55022—2021《既有建筑维护与改造通用规范》

GB 50292—2015《民用建筑可靠性鉴定标准》

2. 实施要点

（1）设备设施归口管理部门应安排专人对安全设备设施、监测设备、电气设备、特种设备、交通设施等进行定期的检查和维护并形成记录，确保其始终处于安全可靠的运行状态。

检查的周期可根据单位自身要求在制度中明确，但相关法律、规范有规定的设备检查周期，必须按其规定执行。例如：电梯应当至少每15日进行一次清洁、润滑、调整和检查（《特种设备安全监察条例》第三十一条）；灭火器应每月进行一次配置、外观检查（《建筑灭火器配置验收及检查规范》5.2.1条）。

（2）结合水利行业特点，设备设施归口管理部门还应对管理范围内的调度中心、监控中心、数据中心等机房部位的设备设施运行及其运行环境进行重点检查。

（3）针对此项工作，根据不同设备特点，依据相关技术标准、规范和设备技术文件编制详细的检查要求（表格），除开展定期的检查工作外，还应做好日常的动态巡视检查工作。

（4）设备运行前和运行过程中应按规定进行检查，主要检查设备有无缺陷（如设备结构、运转机构、电气及控制系统）、运行环境是否合规（如干净整洁、温度、湿度、通风、障碍物）、设备是否带病运行（如超负荷运转、外壳破损、仪表、信号显示不灵敏、漏油、漏气）、监测设施是否运行正常（如有毒有害气体监测、噪声监测、振动监测）等，并形成检查记录。

（5）特种设备和风险性较大的设备设施处应设置安全警示标志，在醒目位置张贴安全操作规程。

（6）按照GB 50292—2015《民用建筑可靠性鉴定标准》开展房屋有关鉴定工作。

3. 参考示例

机房设备运行及环境检查表

编号：

机房名称			所在部位		
检查人		（　年　月　日）	机房负责人	（　年　月　日）	
序号	检查项目	检　查　内　容		检查情况	检查周期
1	人员检查	当班人员是否在岗		是□　否□	
2		人员是否持证上岗（若有）		是□　否□	
3		是否接受岗前培训		是□　否□	

续表

序号	检查项目	检查内容	检查情况	检查周期
4	环境检查	是否有温度计、温度是否符合	是□ 否□	
5		是否有湿度计、湿度是否符合	是□ 否□	
		机柜和设备表面是否积灰	是□ 否□	
		各类设备标识张贴是否清晰、牢固	是□ 否□	
		物品码放是否整齐、是否干净整洁	是□ 否□	
		门、窗是否完好	是□ 否□	
		是否悬挂各类警示牌，如：严禁烟火、通信机架禁止攀登、机房重地非工莫入、禁止操作、接地、当心触电、消防器材严禁挪用等	是□ 否□	
		是否张贴制度、操作规程、责任部门、责任人、联系电话	是□ 否□	
		消防器材（灭火器、防毒面具、消防栓）是否符合要求	是□ 否□	
		消防通道、紧急疏散通道是否畅通	是□ 否□	
		应急照明设施是否有效	是□ 否□	
		是否有机房进出入登记	是□ 否□	
		电缆、电线沟槽是否积水、有杂物	是□ 否□	
6		机房墙体是否存在渗漏、裂缝	是□ 否□	
7	设备检查	设备示意图是否齐全准确，标注是否清晰、完整	是□ 否□	
8		各类机架是否牢固，无松动，机架接地是否牢靠、无异常，排列是否有序、整齐，摆放间隔是否符合规定	是□ 否□	
9		各类电缆是否有标签标示，标示是否齐全、规范、准确、明了，是否符合标签制作要求	是□ 否□	
10		电源插头、插座、插板、开关安装是否规范，无破损，绝缘良好	是□ 否□	
11		机房内各机架进出电缆是否绑扎平整、有序，无纽绞和交叉，走线槽内无盘绕	是□ 否□	
		各类电缆线是否有异常温升和异味现象	是□ 否□	
12		设备保护接地是否良好，接地方式、线径、颜色是否符合技术规范，是否测试接地电阻	是□ 否□	
		各类设备机架仪表显示、指示灯、告警提示是否准确、正常	是□ 否□	
		设备是否无故障且无无效告警，各种表头指示是否正常有效，各种开关按钮工作是否正常	是□ 否□	
13		机房内各种延伸设备运行情况是否正常无告警	是□ 否□	
14	其他	……	是□ 否□	

发现问题（附照片）：

整改情况（附照片）：

交通车辆检查表

编号：

车辆类型		车辆识别代码	
品牌型号		注册日期	
车牌号码		安装/大修日期	
检修保养周期		检修保养日期	
检查人	（ 年 月 日）	车辆负责人	（ 年 月 日）

序号	检查项目	检查内容	检查情况	检查周期
1	人员检查	人员配备是否满足要求	是□ 否□	
2		人员是否持证上岗	是□ 否□	
3		是否接受岗前培训	是□ 否□	
4	外观检查	车辆是有违规改装改造	是□ 否□	
5		轮胎是否磨损严重	是□ 否□	
6		各类标识张贴是否清晰、完整	是□ 否□	
7	设备检查	车辆是否按规定检修保养	是□ 否□	
8		维修工具是否备齐	是□ 否□	
9		安全应急设备是否配备、正常	是□ 否□	
10		消防器材是否配备，整齐摆放于规定位置	是□ 否□	
11		车辆各种仪表是否正常	是□ 否□	
12		车辆灯光系统是否正常	是□ 否□	
13		刹车系统是否灵敏可靠	是□ 否□	
14	其他	是否干净整洁及时清洗	是□ 否□	
		……		

发现问题（附照片）：
整改情况（附照片）：

船舶检查表

编号：

船舶类型		船舶用途	
品牌型号		注册日期	
船舶号码		安装/大修日期	
检修保养周期		检修保养日期	
检查人	（ 年 月 日）	部门负责人	（ 年 月 日）
设备配置	□绞车 □悬臂 □钢缆 □偏角指示仪 □其他________		

序号	检查项目	检查内容	检查情况	检查周期
1	人员检查	人员配备是否满足要求	是□ 否□	
2		人员是否持证上岗	是□ 否□	
3		是否接受岗前培训	是□ 否□	

续表

序号	检查项目	检 查 内 容	检查情况	检查周期
4	外观检查	船体外板、甲板、舱壁等无明显凹陷、裂痕，船壳、甲板油漆无锈蚀，船体焊缝无脱焊及松动	是□ 否□	
5		梯口、通道、栏杆等设施安全可靠	是□ 否□	
6		载重线或水线标志符号清晰准确	是□ 否□	
7		系缆桩与甲板连接处无脱焊、锈蚀、撕裂	是□ 否□	
8	动力系统	各部分运转正常，无故障或不正常现象	是□ 否□	
9		各紧固件、连接件、轴带发电机传动皮带紧密牢固，喷油泵机油存量充足，蓄电池电压正常、电解液比重正常	是□ 否□	
10		喷油系统、配气系统、冷却系统清洁、运行正常	是□ 否□	
11		所有运动组件是否出现磨损	是□ 否□	
12		轴系法兰的跳动量及轴颈与轴承间隙满足规定，尾管密封装置正常	是□ 否□	
13		螺旋桨各叶片及桨毂（包括键槽）表面无裂纹、缺损、弯曲、腐蚀，螺旋桨的紧固螺母、固定销及导流帽安装牢固	是□ 否□	
14		舷外机完好	是□ 否□	
15	操作系统	舵角指示器符合要求	是□ 否□	
16		机械人力式舵机的舵杆、舵叶、舵柄、舵扇、舵链等部件无裂纹、扭曲、弯曲等缺陷，无松动、脱落、漏水和严重腐蚀	是□ 否□	
17		锚链环、转环、卸扣蚀耗后的平均直径符合要求	是□ 否□	
18		锚设备刹车效能和起锚速度、止倒转的棘齿及制链器的工况满足要求	是□ 否□	
19	救生系统	救生衣、救生圈、救生带配备数量达到规定要求	是□ 否□	
20		救生衣、救生圈无腐烂、破损、老化及其他引起浮力减小的缺陷	是□ 否□	
21		救生带牢固，无腐烂、断裂	是□ 否□	
22	消防系统	消防水系统配备情况符合相应型号测船标准要求，其他消防设施按相关标准配备	是□ 否□	
23		消防栓启闭灵活，消防栓、水龙带、喷嘴的啮合紧密牢靠，消防枪喷水射程不低于12m	是□ 否□	
24		手提式灭火器药物有效，储气装置压力正常	是□ 否□	
25		消防管系外壁、接头无裂纹、腐蚀、变形及其他机械损伤，无漏水或堵塞	是□ 否□	
26	其他设备	设备安装位置符合相关要求	是□ 否□	
27		设备完整，辅助装置配备齐全，满足使用需求	是□ 否□	
28		无破损、锈蚀、断裂等现象，连接螺母螺丝接线紧固	是□ 否□	

续表

序号	检查项目	检查内容	检查情况	检查周期
29	辅助系统	船舶声响信号及扩音机工作正常	是□ 否□	
30		航行灯、信号灯工作正常	是□ 否□	
31		甚高频电话通电后1min内能正常工作	是□ 否□	
32		雷达正常	是□ 否□	
33	其他	标识牌、警示牌干净牢固，无缺失、破损	是□ 否□	
34		操作规程张贴干净牢固，无缺失、破损	是□ 否□	

发现问题（附照片）：
整改情况（附照片）：

【标准条文】

4.1.8　设备设施检查、维修及保养

制定设备设施检查、维修及保养计划或方案，及时对设备设施进行检查、维修及保养，确保设备设施始终处于安全可靠的运行状态。维修及保养作业应落实安全风险控制措施，并明确专人监护；维修结束后应组织验收；应保留设备设施运行检查、维修及保养记录；大修工程应有设计、批复文件，有竣工验收资料。

1. 工作依据

《中华人民共和国安全生产法》（主席令第八十八号）

《中华人民共和国特种设备安全法》（主席令第四号）

TSG 08—2017《特种设备使用管理规则》

《机关、团体、企业、事业单位消防安全管理规定》（公安部令第61号）

《高层民用建筑消防安全管理规定》（应急管理部令第5号）

GB 55036—2022《消防设施通用规范》

GB/T 13869—2017《用电安全导则》

GB 55022—2021《既有建筑维护与改造通用规范》

GB 50292—2015《民用建筑可靠性鉴定标准》

GB/T 33000—2016《企业安全生产标准化基本规范》

2. 实施要点

（1）编制设备维修保养计划（方案）。后勤保障单位的设备维修保养计划应详细、具体、有可操作性，针对有特殊要求的设备，还应符合相关技术标准、规范及设备自身的技术要求，必要时还应制定维修保养安全措施。内容应具体到每台设备维修保养时间、维修保养项目、责任人等。特种设备和专业设备的维护、保养可以委托有资质的单位进行。

（2）依据设备维修保养计划，开展维护保养工作，对于在维修保养过程中涉及风险较大的作业时（如有限空间作业、高处作业、动火作业等），应及时办理作业许可，安排专人进行监护，严格落实各项安全措施，并形成工作记录。

（3）验收。检查维修保养工作结束后，设备设施归口管理部门应组织维修、设备管理等人员进行验收，对维修保养过程进行验证，确认维修保养工作满足相关要求，杜绝维修保养后未经验收或验收不合格的设备投入使用。

（4）维修保养记录。设备使用单位应对维修保养工作进行详细记录，内容应齐全、完整、保证真实。记录的内容，一般应当包括经常性维护、保养和定期检测的时间、地点、人员、安全设备的名称，维护、保养、检测的结果，发现的问题以及问题的处理情况等。记录是相关工作开展的见证，是重要的追溯资料，也是单位履行义务的凭证。需要在记录上签字的有关人员，包括直接从事维护、保养、检测的技术人员以及相关的安全生产管理人员。必要时，后勤保障单位的主要负责人也要签字确认。

（5）后勤保障单位涉及的大修工程主要是管理范围内的房屋结构和共用设施进行大修的工程。一般不涉及大修设备。建筑物大修主要是指建筑物经一定年限使用后，对其已老化、受损的结构和设施进行的全面修复，包括大范围的结构加固、改造和装饰装修的修缮、更新，以及各种设施的改装、扩容与更新等。后勤保障单位对既有房屋的修缮、维护和改造必须按照 GB 55022—2021《既有建筑维护与改造通用规范》的规定执行。

3. 参考示例

设备设施维修申请表

编号：

名称		管理编号	
制造厂家		型号规格	
出厂编号		购置日期	

申请维修原因：

设备设施管理员或授权使用者：　　　　日期：

部门意见：

签名：　　　　日期：

分管领导意见：

签名：　　　　日期：

单位负责人意见：

签名：　　　　日期：

设备设施维修记录

编号：

设备设施名称：		型号：		
生产厂家：		出厂编号：	管理编号：	
日期	故障及检修详细情况	检修鉴定情况	维修人	备注

【标准条文】

4.1.9 租赁设备和服务外包单位的设备管理

设备租赁或服务外包合同应明确双方的设备管理安全责任和设备技术状况要求等内容；租赁设备或外包单位的设备应符合国家有关法规规定，满足安全性能要求，应经验收合格后投入使用；租赁设备或外包单位的设备应纳入本单位管理范围。

1. 工作依据

《中华人民共和国安全生产法》（主席令第八十八号）

2. 实施要点

（1）后勤保障单位对租赁的设备和服务外包方的设备，应在租赁合同和外包合同中明确双方安全责任以及设备的安全技术要求，安全责任划分应清晰、明确、与实际相符。

（2）设备应当具有生产（制造）许可证、产品合格证，并在进入现场前进行查验。需要进行法定检验的设备应委托具有相应资质的检测检验机构进行检验，投入使用前由后勤保障单位、租赁单位（服务外包单位）和安装单位（若有）共同进行验收，验收合格的方可使用。

（3）对租赁和外包单位的设备视为自有设备进行管理。相关管理要求包括进场验收、检查、运行记录、维修保养等，应与自有设备管理要求相同，后勤保障单位还应监督检查租赁和外包单位是否履行合同内的安全管理职责。

3. 参考示例

无。

【标准条文】

4.1.10 安全设施管理

安全设施必须执行“三同时”制度。

应有专人负责管理各种安全设施及重大危险源安全监测监控系统，定期检查维护并做好记录。

承管范围内的临边、沟、坑、孔洞、交通梯道等危险部位的栏杆、盖板等设施齐全、牢固可靠；高处作业等危险作业部位按规定设置安全网等设施；作业通道稳固、畅通；垂直交叉作业等危险作业场所设置安全隔离棚；机械、传送装置等的转动部位安装可靠的防护栏、罩等安全防护设施；临水和水上作业护栏等设施可靠，救生设施完备；临时房屋及仓储等设施的排水、挡墙、防护网、涵洞、大门等防护设施正常、完好，配置的消防器材、防雷装置、门卫值班、应急物资等状态良好。暴雨、台风、暴风雪等极端天气前后组织有关人员对安全设施进行检查或重新验收。

安全设施和职业病防护设施不应随意拆除、挪用或弃置不用；确因检维修拆除的，应经审批并采取临时安全措施，检维修完毕后立即复原。

1. 工作依据

《中华人民共和国安全生产法》（主席令第八十八号）

2. 实施要点

（1）后勤保障单位管理范围内的所有安全设施都必须执行“三同时”制度。

（2）安全设施主要包括以下几方面内容：

1）预防事故设施。

A. 检测、报警设施：压力、温度、液位、流量、组分等报警设施，可燃气体、有毒有害气体、氧气等检测和报警设施，用于安全检查和安全数据分析等检验检测设备、仪器。

B. 设备安全防护设施：防护罩、防护屏、负荷限制器、行程限制器，制动、限速、防雷、防潮、防晒、防冻、防腐、防渗漏等设施，传动设备安全锁闭设施，电器过载保护设施，静电接地设施。

C. 防爆设施：各种电气、仪表的防爆设施，抑制助燃物品混入（如氮封）、易燃易爆气体和粉尘形成等设施，阻隔防爆器材，防爆工器具。

D. 作业场所防护设施：作业场所的防辐射、防静电、防噪声、通风（除尘、排毒）、防护栏（网）、防滑、防灼烫等设施。

E. 安全警示标识：包括各种指示、警示作业安全和逃生避难及风向等警示标识。

2）控制事故设施。

F. 泄压和止逆设施：用于泄压的阀门、爆破片、放空管等设施，用于止逆的阀门等设施，真空系统的密封设施。

G. 紧急处理设施：紧急备用电源，紧急切断、分流、排放（火炬）、吸收、中和、冷却等设施，通入或者加入惰性气体、反应抑制剂等设施，紧急停车、仪表联锁等设施。

3）减少与消除事故影响设施。

H. 防止火灾蔓延设施：阻火器、安全水封、回火防止器、防油（火）堤，防爆墙、防爆门等隔爆设施，防火墙、防火门、蒸汽幕、水幕等设施，防火材料涂层。

I. 灭火设施：水喷淋、惰性气体、蒸气、泡沫释放等灭火设施，消火栓、高压水枪（炮）、消防车、消防水管网、消防站等。

J. 紧急个体处置设施：洗眼器、喷淋器、逃生器、逃生索、应急照明等设施。

K. 应急救援设施：堵漏、工程抢险装备和现场受伤人员医疗抢救装备。

L. 逃生避难设施：逃生和避难的安全通道（梯）、安全避难所（带空气呼吸系统）、避难信号等。

M. 劳动防护用品和装备：包括头部、面部、视觉、呼吸、听觉器官、四肢、躯干防火、防毒、防灼烫、防腐蚀、防噪声、防光射、防高处坠落、防砸击、防刺伤等免受作业场所物理、化学因素伤害的劳动防护用品和装备。

（3）后勤保障单位应在相关的场所和部位正确放置或安装安全设施，保证设施的正常运转。

1）高处作业部位安全网的设置。

国家标准GB/T 3608—2008《高处作业分级》将高处作业高度划分为2～5m、5～15m、15～30m和30m以上四个区段。安全网材质、规格、物理性能、耐火性、阻燃性应满足现行国家标准GB 5725《安全网》的规定。密目式安全立网的网目密度应为10cm×10cm面积上大于等于2000目。采用平网防护时，严禁使用密目式安全立网代替平网使用。密目式安全立网使用前，应检查产品分类标记、产品合格证、网目数及网体重量，确认合格方可使用。

安全网搭设应绑扎牢固、网间严密。安全网的支撑架应具有足够的强度和稳定性。密目式安全立网搭设时，每个开眼环扣应穿入系绳，系绳应绑扎在支撑架上，间距不得大于450mm。相邻密目网间应紧密结合或重叠。当立网用于龙门架、物料提升架及井架的封闭防护时，四周边绳应与支撑架贴紧，边绳的断裂张力不得小于3kN，系绳应绑在支撑架上，间距不得大于750mm。用于电梯井、钢结构和框架结构及构筑物封闭防护的平网，应符合下列规定：平网每个系结点上的边绳应与支撑架靠紧，边绳的断裂张力不得小于7kN，系绳沿网边应均匀分布，间距不得大于750mm；电梯井内平网网体与井壁的空隙不得大于25mm，安全网拉结应牢固。

2）垂直交叉作业等危险作业场所设置安全隔离棚。

垂直交叉作业时，下层作业位置应处于上层作业的坠落半径之外，高空作业坠落半径应按下表确定。

序号	上层作业高度/m	坠落半径/m	序号	上层作业高度/m	坠落半径/m
1	$2 \leqslant h \leqslant 5$	3	3	$15 < h \leqslant 30$	5
2	$5 < h \leqslant 15$	4	4	$h > 30$	6

安全防护棚和警戒隔离区范围的设置应视上层作业高度确定，并应大于坠落半径。

交叉作业时，坠落半径内应设置安全防护棚或安全防护网等安全隔离措施。当尚未设置安全隔离措施时，应设置警戒隔离区，人员严禁进入隔离区。处于起重机臂架回转范围内的通道，应搭设安全防护棚。施工现场人员进出的通道口，应搭设安全防护棚。不得在安全防护棚棚顶堆放物料。当采用脚手架搭设安全防护棚架构时，应符合国家现行相关脚手架标准的规定。对不搭设脚手架和设置安全防护棚时的交叉作业，应设置安全防护网，当在多层、高层建筑外立面施工时，应在二层及每隔四层设一道固定的安全防护网，同时设一道随施工高度提升的安全防护网。

3）防护栏杆的设置。

防护栏杆应由横杆、立杆及挡板组成。

栏杆的横杆由上、中、下三道组成，上杆离地高度宜为1.0～1.2m，下杆离地高度宜为0.3m。栏杆的柱杆间距不宜大于2m；临空（2m高度以上）、临水边缘应设有高度不低于1.2m的安全防护栏杆，临空下方有人施工作业或人员通行时，沿栏杆下侧应设有高度不低于0.2m的挡板；防护栏杆立杆底端应固定牢固，当在土体上固定时，应采用预埋或打入方式固定；当在混凝土楼面、地面、屋面或墙面固定时，应将预埋件与立杆连接牢固；当在砌体上固定时，应预先砌入相应规格含有预埋件的混凝土块，预埋件应与立杆连接牢固。

当采用钢管作为防护栏杆杆件时，横杆及栏杆立杆应采用脚手钢管，并应采用扣件、焊接、定型套管等方式进行连接固定；当采用其他材料作防护栏杆杆件时，应选用与钢管材质强度相当的材料，并应采用螺栓、销轴或焊接等方式进行连接固定。

防护栏杆的立杆和横杆的设置、固定及连接，应确保防护栏杆在上下横杆和立杆任何部位处，均能承受任何方向1kN的外力作用。当栏杆所处位置有发生人群拥挤、物件碰撞等可能时，应加大横杆截面或加密立杆间距。

防护栏杆应张挂密目式安全立网或其他材料封闭。

(4) 后勤保障单位应安排专人负责安全设施，对安全设施进行经常性维护、保养，并定期检测，记录的内容，一般应当包括经常性维护、保养和定期检测的时间、地点、人员、安全设备的名称，维护、保养、检测的结果，发现的问题以及问题的处理情况等。记录是相关工作开展的见证，是重要的追溯资料，也是单位履行义务的凭证。需要在记录上签字的有关人员，包括直接从事维护、保养、检测的技术人员以及相关的安全生产管理人员。必要时，后勤保障单位的主要负责人也要签字确认。

(5) 出现极端天气等可能造成安全设施无法正常使用的情况，应当及时进行检查，验收确认其是否完好。

(6) 安全设施和职业病防护设施禁止随意拆除、挪用、弃置不用，确需要维修拆除的，应经过审批手续并采取临时安全措施，检修完毕后立即恢复使用，保留相关记录。

与生产安全存在直接关系的监控、报警、防护、救生设备、设施及相关数据、信息，是有效防止生产安全事故发生的重要保障。实践中，有些生产经营单位和责任人员出于节省运营成本、逃避监管等方面的考虑，关闭、破坏相关设施或者篡改、隐瞒销毁相关数据、信息的行为，致使相关设备设施不能发挥应有的预防和保护功能，导致生产安全事故发生或者扩大事故后果，有关人员将会被判处危险作业罪。

3. 参考示例

安全设施一览表

序号	设施类别	名称	规格型号	数量	位置	备注
一、预防事故设施						
1	检测报警装置	可燃气体报警仪	XP3110	2	食堂	
2	设备安全防护设施	电路过载保护器	ARD3T K1 A25/C+60L	30	各楼层强电柜	
3	防爆设施	防爆气瓶柜	XC-QP-0113 1900×900×450	3	地下室气瓶间	
4	作业场所防护设施	防护栏、安全网	钢管、密目网	4	某作业点	
5	安全警示标识	当心触电、禁止烟火等警示标识一套	PVC	40	各楼层楼梯间、配电室	
	……					

续表

序号	设施类别	名称	规格型号	数量	位置	备注
二、控制事故设施						
6	泄压和止逆设施	安全阀	A21H－16C	2	地下室水泵房	
7	紧急处理设施	应急备用电源	UPS ET1100 220V	2	地下室配电房	
	……					
三、减少和消除事故影响设施						
8	防止火灾蔓延设施	防火门	MFM1021－bd lk5A1.50－2	10	各楼层入口	
9	灭火设施	手持式干粉灭火器	MFZ/ABC4A 2kg	60	各楼层东、西两侧灭火器柜	
10	紧急个体处置设施	应急照明灯	YA9 300W	25	各楼层消防通道	
11	应急救援设施	手持式探照灯	KM2623 1W	4	工程组办公室	
12	逃生逃难设施	安全通道	—	20	大楼东、西两侧	
13	劳动防护用品和装备	安全帽	ABS 大号	20	工程组办公室	
	……					

【标准条文】

4.1.11　特种设备管理

按规定进行登记、建档、使用、维护保养、自检、定期检验以及报废；有关记录规范；制定特种设备事故应急措施和救援预案；达到报废条件的及时向有关部门申请办理注销；建立特种设备技术档案（包括设计文件、制造单位、产品质量合格证明、使用维护说明等文件以及安装技术文件和资料；定期检验和定期自行检查的记录；日常使用状况记录；特种设备及其安全附件、安全保护装置、测量调控装置及有关附属仪器仪表的日常维护保养记录；运行故障和事故记录；高耗能特种设备的能效测试报告、能耗状况记录以及节能改造技术资料）；安全附件、安全保护装置、安全距离、安全防护措施以及与特种设备安全相关的建筑物、附属设施，应当符合有关规定。

1. 工作依据

《中华人民共和国安全生产法》（主席令第八十八号）

《中华人民共和国特种设备安全法》（主席令第四号）

《特种设备安全监察条例》（国务院令第 549 号）

2. 实施要点

（1）梳理单位内部特种设备情况。

做好特种设备的前提是要明确单位内现存有哪些特种设备。《中华人民共和国特种设备安全法》第二条规定：特种设备指对人身和财产安全有较大危险性的锅炉、压力容器（含气瓶）、压力管道、电梯、起重机械、客运索道、大型游乐设施、场（厂）内专用机动车辆，以及法律、行政法规规定适用本法的其他特种设备。国家对特种设备实行目录管理。特种设备目录由国务院负责特种设备安全监督管理的部门制定，报国务院批准后执行。国务院决定将哪些设备和设施纳入特种设备范围，以目录的形式明确实施监督管理的特种设备具体种类、品种范围，是为了明确各部门的责任，规范国家实施安全监督管理工作。

原国家质检总局于2014年发布的《关于修订〈特种设备目录〉的公告》（2014年第114号），将《中华人民共和国特种设备安全法》明确规定的锅炉、压力容器（含气瓶）、压力管道、电梯、起重机械、客运索道、大型游乐设施、场（厂）内专用机动车辆这8类设备和其他法律、行政法规规定适用本法的其他特种设备列入目录。根据《特种设备目录》，下表给出了后勤保障单位在日常工作中经常使用到的特种设备。要对这些设备进行登记造册，按照上述标准条文内容建立技术档案。

代码	种　类	具体类别与要求
3000	电梯（第一条）	指动力驱动，利用沿刚性导轨运行的箱体或者沿固定线路运行的梯级（踏步），进行升降或者平行运送人、货物的机电设备，包括载人（货）电梯、自动扶梯、自动人行道等。非公共场所安装且仅供单一家庭使用的电梯除外
4000	起重机械（第二条）	指用于垂直升降或者垂直升降并水平移动重物的机电设备，其范围规定为额定起重量大于等于0.5t的升降机；额定起重量大于等于3t（或额定起重力矩大于等于40t·m的塔式起重机，或生产率大于等于300t/h的装卸桥），且提升高度大于等于2m的起重机；层数大于等于2层的机械式停车设备
1000	锅炉	指利用各种燃料、电或者其他能源，将所盛装的液体加热到一定的参数，并通过对外输出介质的形式提供热能的设备，其范围规定为设计正常水位容积大于等于30L，且额定蒸汽压力大于等于0.1MPa（表压）的承压蒸汽锅炉；出口水压大于等于0.1MPa（表压），且额定功率大于等于0.1MW的承压热水锅炉；额定功率大于等于0.1MW的有机热载体锅炉
2000	压力容器	指盛装气体或者液体，承载一定压力的密闭设备，其范围规定为最高工作压力大于等于0.1MPa（表压）的气体、液化气体和最高工作温度高于等于标准沸点的液体、容积大于等于30L且内直径（非圆形截面指截面内边界最大几何尺寸）大于等于150mm的固定式容器和移动式容器；盛装公称工作压力大于等于0.2MPa（表压），且压力与容积的乘积大于等于1.0MPa·L的气体、液化气体和标准沸点等于低于60℃液体的气瓶；氧舱
8000	压力管道	指利用一定的压力，用于输送气体或者液体的管状设备，其范围规定为最高工作压力大于等于0.1MPa（表压），介质为气体、液化气体、蒸汽可燃、易爆、有毒、有腐蚀性、最高工作温度高于等于标准沸点的液体，且公称直径大于等于50mm的管道。公称直径小于150mm，且其最高工作压力小于1.6MPa（表压）的输送无毒、不可燃、无腐蚀性气体的管道和设备本体所属管道除外

（2）特种设备的采购和使用。

应从源头保证特种设备合格合规，在设备采购、交付环节做好严格把控。在采购的特种设备交付验收时，后勤保障单位应检查所采购的特种设备是否具备：安全技术规范要求的设计文件、产品质量合格证明、安装及使用维修说明、监督检验证明等文件。

（3）特种设备的检验、维护、保养和报废。

首先，使用中的特种设备应定期向设备所在地的市场监督管理部门申报技术检验，未做定期检验和检验不合格的设备不得投入使用。

其次，要做好特种设备的经常性维护保养。《中华人民共和国特种设备安全法》对特种设备的维护保养单位有专门资质要求的。如后勤保障单位不具备电梯制造、安装、改造、修理、维保资质的，可以根据设备特点和使用状况，选择具有相应资质的第三方专业单位，与其签订服务协议，对特种设备进行经常性维护保养，维护保养应当符合有关安全技术规范和产品使用维护保养说明的要求。对发现的异常情况及时处理，并且做好记录，保证在用特种设备始终处于正常使用状态。

再次，要定期对特种设备进行自我检查，发现设备存在异响、异味、异常振动等异常现象的，应立即停用设备并联系设备维保单位前来检修。定期自行检查的时间、内容和要求应当符合不同特种设备的安全技术规范的规定及具体产品的使用维护保养说明的要求。

最后，达到报废条件的，应及时办理报废手续（向原登记的负责特种设备安全监督管理的部门办理使用登记证书注销手续）。若达到设计使用年限可以继续使用的，应当按照安全技术规范的要求通过检验或者安全评估，并办理使用登记证书变更，方可继续使用。允许继续使用的，应当采取加强检验、检测和维护保养等措施，确保使用安全。

（4）特种设备使用单位应当制定特种设备事故应急专项预案，并定期进行应急演练。

3. 参考示例

以电梯为例说明特种设备维护、保养、应急的有关管理内容。

《特种设备安全监察条例》第三十一条、第三十二条有如下规定：

第三十一条　电梯的日常维护保养必须由依照本条例取得许可的安装、改造、维修单位或者电梯制造单位进行。电梯应当至少每15日进行一次清洁、润滑、调整和检查。

第三十二条　电梯的日常维护保养单位应当在维护保养中严格执行国家安全技术规范的要求，保证其维护保养的电梯的安全技术性能，并负责落实现场安全防护措施，保证施工安全。电梯的日常维护保养单位，应当对其维护保养的电梯的安全性能负责。接到故障通知后，应当立即赶赴现场，并采取必要的应急救援措施。

基于以上规定，后勤保障单位首先应与取得安装、改造、维修许可资质的单位或者电梯制造单位签订电梯维保协议。只有电梯维保单位人员可以对电梯进行维修作业，其他人员不得维修电梯及电梯机房内任何设备、部件。如发生电梯故障，应第一时间停止电梯运行，在需要暂停使用的电梯出入口张贴停用告示，同时立即联系电梯维保单位。电梯管理人员、电梯司机不得自行维修。

在日常使用过程中，电梯轿厢内的求救警铃、电话必须保持畅通。机房内保持空气流通、有足够的照明，应配备消防器材。每天应做好电梯轿厢保洁工作，做到电梯内部无污渍、无积灰，保持轿厢内外及门槛槽内的清洁。

电梯机房钥匙应由专人保管，机房门口应张贴“机房重地 闲人免进”标识。严禁非工作人员进入机房。其他人员确因工作需要进入机房的，必须办理登记手续。电梯机房内应保持良好通风和照明，电线敷设规范，室温控制在5～40℃。应配备七氟丙烷或干粉灭火器，严禁使用泡沫灭火器。

后勤保障单位相关人员在接到电梯故障通知后，应切断电梯动力电源，防止电梯再次启动，并立即联系电梯维保单位进行抢修，同时报告单位上级领导。对于现场被困人员，应通过电梯内对讲机了解被困人员所处的楼层位置、人数、身体状态等情况，安抚其情绪，告知其冷静等待救援；如被困人员有身体不适、就医需求的，还应联系120救援。在专业维保人员到达现场之前，现场任何人员不得采取打开电梯层门、进入电梯井道、尝试维修电梯机房内设备等任何措施。专业维保人员到达后，单位相关人员应配合维保人员指挥，做好协助工作。故障电梯经维修、确认故障排除后，方可再次投入使用。

特种设备台账

序号	特种设备名称	设备品牌/型号	购入/投运时间	安装/存放地点	检验情况	专管人员	设备检验证书编号	检验日期	最近一次维保日期
1	电梯1				已检验				
2	电梯2				已检验				
3	机械车库				已检验				
4	⋮								

电梯维保通知表

品牌型号	安装位置	最近一次需维保时间	维保单位	是否已通知维保	记录人

电梯日常巡查表

电梯编号：001　　　　2022年7月

项　目	1日	2日	3日	4日	5日	6日	7日	8日	…	27日	28日	29日	30日	31日
轿厢照明、风扇														
轿厢异常声响														
轿厢应急照明														
轿厢平整度														
对讲机系统														
轿厢按钮、显示														
轿厢警铃														
轿厢运行情况														
轿厢开关门情况														
层门无碰撞														
层门无渗水														
⋮														
巡查人														

【标准条文】

4.1.12　变配电设备与电气线路管理

按规范要求布设变配电设备设施，防护距离、样式及颜色符合规范要求；电气线路符合规定；定期组织全面检查，及时消除隐患，形成资料闭合。

1. 工作依据

GB 50053—2013《20kV及以下变电所设计规范》

GB 50054—2011《低压配电设计规范》

GB 50060—2008《3～110kV高压配电装置设计规范》

GB 51348—2019《民用建筑电气设计标准》

GB/T 4026—2019《人机界面标志标识的基本和安全规则　设备端子、导体终端和导体的标识》

《国家电网公司电力安全工作规程（配电部分）》

GB/T 13869—2017《用电安全导则》

2. 实施要点

（1）变配电设施布设。

后勤保障单位用于新建、改建和扩建工程中变配电设施的布置设计，应符合国家标准的要求。其中：

交流、工频1000V及以下的低压配电设计，包括电器和导体的选择、配电设备的布置、电气装置的电击防护、配电线路的保护、配电线路的敷设等技术规定，均应符合《低压配电设计规范》的要求。20kV以下的变配电设备的布置还应符合《20kV及以下变电所设计规范》的要求。

3～110kV高压配电装置工程的设计，包括环境条件、导体和电器的选择、配电装置、气体绝缘金属封闭开关设备配电装置、配电装置对建筑物及构筑物的要求等技术规定，均应符合《3～110kV高压配电装置设计规范》的要求。

民用配电系统和电气线路的布设还应符合《民用建筑电气设计标准》的要求。

（2）防护距离。

为了防止人体触及或过分接近带电体，或防止车辆和其他物体碰撞带电体，以及避免发生各种短路、火灾和爆炸事故，在人体与带电体之间、带电体与地面之间、带电体与带电体之间、带电体与其他物体和设施之间，都必须保持一定的距离。

高压配电（含相关场所及二次系统）工作，与邻近带电高压线路或设备的距离大于下表规定，不需要将高压线路、设备停电或做安全措施者。

危险电压带电体的电压等级/kV	安全距离/m	危险电压带电体的电压等级/kV	安全距离/m
≤10	0.7	330	4.0
≤35	1.0	500	5.0
63～110	1.5	…	
220	3.0		

（3）电线电缆颜色。

电阻器、熔断器、继电器、接触器、变压器、旋转电机及类似电气设备组合（例如成套设备）端子的标识与标志，以及用于电缆或芯线、母线、电气设备和装置的导体颜色或字母数字，应符合《人机界面标志标识的基本和安全规则 设备端子、导体终端和导体的标识》的要求。

（4）设备定期检查管理。

后勤保障单位应完善生产设备全生命周期的技术档案管理，分类建立主要设备台账，组织制定并落实设备管理制度和设备作业指导文件，健全设备的备品备件管理，备品备件应满足安全运行需求，完善设备的本质安全化功能和防止误操作措施，安全自动装置和继电器保护应正确投入运行。应对设备的运行进行监测，对设备的检修、维护的质量进行监督并开展技术监督管理工作，定期开展设备完好性评价或状态评估，掌握设备状况，及时发现并消除事故隐患。设备检维修应编制检维修方案，进行危险点分析，完善安全技术措施并进行监督检查，做好检维修许可、监护、验收等工作。设备检维修应严格执行工作票、操作票制度，落实各项安全措施，严格工艺要求和质量标准，实行检维修质量控制和监督验收制度。

3. 参考示例

配电房日巡检查表

检查人： 检查时间：2022 年 7 月 1 日 10 时 10 分

分类	检查项目	检查结果	正常值	备注
D01 低压抽出式开关柜	电源灯	☑亮 □不亮	点亮	
	ALARM	□亮 ☑闪亮 □不亮	闪亮	
	总进线开关	☑I □O	I/O	
	合闸指示	☑点亮 □熄灭	点亮	
	报警指示	□点亮 ☑熄灭	熄灭	
	分闸指示	□点亮 ☑熄灭	熄灭	
	电铃解除	□左 ☑右	右	
D02 低压抽出式开关柜	倒闸	□上 ☑下	下	
	A 相电流表读数	50A	50A	
	B 相电流表读数	50A	50A	
	C 相电流表读数	50A	50A	
	功率系数表	COS 0.5	超前 0.9～滞后 0.9	
	切换开关位置	□中间位 ☑其他位	其他位	
	功率指示灯	□点亮 ☑熄灭	熄灭	
D03 低压抽出式开关柜	电铃解除	□左 ☑右	右	
	备用交流电流表	100A	0～200A	

续表

分类	检查项目	检查结果	正常值	备注
D03 低压抽出式开关柜	报警指示	□点亮 ☑熄灭	熄灭	
	I/O 开关	☑I □O	I/O	
	照明（二）交流电流表	200A	0～400A	
	报警指示	□点亮 ☑熄灭	熄灭	
	I/O 开关	☑I □O	I/O	
	空调外机组（一）交流电流表	300A	0～600A	
	报警指示	□点亮 ☑熄灭	熄灭	
	I/O 开关	☑I □O	I/O	
	空调外机组（二）（备用）交流电流表	300A	0～750A	
	报警指示	□点亮 ☑熄灭	熄灭	
	I/O 开关	☑I □O	I/O	
D04 低压抽出式开关柜	电铃解除	□左 ☑右	右	
	102 配电箱（备用）交流电流表	50A	0～200A	
	报警指示	□点亮 ☑熄灭	熄灭	
	I/O 开关	☑I □O	I/O	
	2UPS（常用）交流电流表	150A	0～250A	
	报警指示	□点亮 ☑熄灭	熄灭	
	I/O 开关	☑I □O	I/O	
	1～8 层动力（常用）交流电流表	100A	0～300A	
	报警指示	□点亮 ☑熄灭	熄灭	
	I/O 开关	☑I □O	I/O	
	应急照明（常用）交流电流表	100A	0～300A	
	报警指示	□点亮 ☑熄灭	熄灭	
	I/O 开关	☑I □O	I/O	
	消防泵等（常用）交流电流表	200A	0～400A	
	报警指示	□点亮 ☑熄灭	熄灭	
	I/O 开关	☑I □O	I/O	
D05 低压抽出式开关柜	电铃解除	□左 ☑右	右	
	喷淋增压泵（常用）交流电流表	10A	0～40A	
	报警指示	□点亮 ☑熄灭	熄灭	
	I/O 开关	☑I □O	I/O	
	电话机房（常用）交流电流表	10A	0～50A	
	报警指示	□点亮 ☑熄灭	熄灭	

续表

分类	检查项目	检查结果	正常值	备注
D05低压抽出式开关柜	I/O开关	□I ☑O	I/O	
	生活泵（常用）交流电流表	20A	0～75A	
	报警指示	□点亮 ☑熄灭	熄灭	
	I/O开关	□I ☑O	I/O	
	消防电梯（常用）交流电流表	20A	0～75A	
	报警指示	□点亮 ☑熄灭	熄灭	
	I/O开关	☑I □O	I/O	
	泛光照明（二）（备用）交流电流表	10A	0～75A	
	报警指示	□点亮 ☑熄灭	熄灭	
	I/O开关	☑I □O	I/O	
	预留门卫电源交流电流表	100A	0～150A	
	报警指示	□点亮 ☑熄灭	熄灭	
	I/O开关	☑I □O	I/O	
	备用交流电流表	100A	0～200A	
	报警指示	□点亮 ☑熄灭	熄灭	
	I/O开关	☑I □O	I/O	
	备用交流电流表	100A	0～200A	
	报警指示	□点亮 ☑熄灭	熄灭	
	I/O开关	☑I □O	I/O	
	备用交流电流表	50 A	0～200A	
	报警指示	□点亮 ☑熄灭	熄灭	
	I/O开关	☑I □O	I/O	

注：
1. 当检查结果出现异常时，做好检查结果记录，查出原因，消除故障，做好维修记录。
2. 每日填写1次。

【标准条文】

4.1.13　应急电源管理

按要求配备应急电源；定期进行负荷运行，保留运行记录；按规定做好维护保养，排除运行故障，确保在突发情况下正常运转。

1. 工作依据

GB/T 29328—2018《重要电力用户供电电源及自备应急电源配置技术规范》

DL/T 268—2012《工商业电力用户应急电源配置技术导则》

2. 实施要点

(1) 电力用户类型确定。

后勤保障单位在配备应急电源前应按照GB/T 29328—2018《重要电力用户供电电源

及自备应急电源配置技术规范》附录B表B.1来界定是否属于重要电力用户，后勤保障单位易涉及的有［B］社会类重要电力用户，包括：重要水利大坝、防汛防灾应急指挥中心、重要的防汛防洪闸门、排涝站等。其他电力用户的应急电源可参照该技术规范配置应急电源。

属于工商业电力用户的应参照DL/T 268—2012《工商业电力用户应急电源配置技术导则》执行。

（2）自备应急电源的配置。

应根据重要负荷的允许断电时间、容量、停电影响的负荷特性，按照各类应急电源在启动时间、切换方式、容量大小、持续供电时间、电能质量、节能环保、适用场所等方面的技术性能，选取合理的应急电源。

（3）自备应急电源的管理。

按要求做好自备应急电源的运行、维护和保养，保存有关记录。并网运行的单位在新装、更换接线方式、拆除或者移动闭锁装置时，应与电力调度部门签订或修订并网调度协议后再行并入公共电网运行。应有可靠的电气或机械闭锁装置，防止反送电，不应自行拆除闭锁装置或者使其失效。不应自行变更自备发电机接线方式，不应擅自将自备应急电源引入、转供其他单位。

3. 参考示例

应急电源管理台账

序号	电源类型	型号规格	设备位置	最近次维保时间及记录人	最近次试机时间及记录人	设备管理人员
1	UPS	SK1000A/600W	1楼配电房			
2	EPS	SBC-A16/800W	1楼配电房			
3	蓄电池	EFB H6/12V	工程部办公室			
4	柴油发电机	200kW	副楼配电房			

【标准条文】

4.1.14 厨房燃气管路管理

应制定应急处置预案和安全操作规程；委托具备相应资质的安装（检修）单位进行管路的检修和维护；定期组织管路系统检查，发现裂纹或密封破损，及时更换、维护；管路维护，应留存维护记录。

1. 工作依据

《城镇燃气管理条例》（国务院令第666号）

2. 实施要点

（1）后勤保障单位主要涉及户内燃气设施和燃气燃烧器具的管理，本条所指的操作规程主要是针对燃气燃烧器具。燃气燃烧器具指以燃气为燃料的燃烧器具，包括居民家庭和商业用户所使用的燃气灶、热水器、沸水器、采暖器、空调器等器具。

（2）应急预案。后勤保障单位的业务中涉及食堂管理的，应制定食堂燃气泄漏应急处置预案，食堂内必须安装可燃气体报警装置。相关人员在发现食堂厨房燃气存在泄漏现象的，应立刻关闭食堂燃气总阀，并迅速打开所有门窗，撤离所有人员。此时严禁开关电器，严禁穿脱衣物，以防静电火花引发爆炸。食堂内全部人员撤离后，迅速联系燃气单位进行抢修。若有人受伤，应立即拨打120，送往医院救治。若发生人员现场中毒，无法撤离时，立刻拨打119施救。

(3) 安全操作规程。食堂所有工作人员要明确厨房燃气阀门、开关位置和燃气管道走线、位置。不得对食堂燃气管道、阀门、开关、计量表私自拆改；如有需要必须上报燃气管理部门，由专业人员上门进行改装。不得将重物堆放、压靠、挂吊在燃气输气管上。

使用燃气炉灶操作前应通过看、嗅、听检查煤气管道是否有泄漏；发现有漏气情况的，应立即关闭煤气阀门，开启通风设备。使用燃气炉灶时，应按先点火、后开气的顺序操作；同时应在炉灶附近醒目位置设置“先点火、后开气”等提示语标识。点火时应先打开总气阀及点火棒气阀，点燃点火棒，把点火棒放到炉头位置点燃火种时，操作人员严禁正对炉门，防止火苗喷出伤人。再调节风门阀门、气阀门至所需火力。使用炉灶时，操作者不得离开现场。炉灶点火后操作人员不得离开；如需离开时应有人看管。使用结束后，关闭燃气阀门，待炉火熄灭后，关闭煤气管道总阀门，关闭风阀门，关闭风机，关闭风机电源。

(4) 安全管理。对于食堂燃气管道安全管理，应该以人防、技防为主。人防，主要是要做好定期检查，日常巡查。应定期组织操作人员参加安全教育培训，掌握燃气的危害性、防爆措施及应急处置常识，熟悉燃气设施和消防设施的使用方法，熟知有关安全规定和应急处置流程。指定专人负责燃气设备的日常安全检查，每日工作之前和结束后要对工作区域燃气设施进行一次全面安全检查。定期组织管路系统检查，发现裂纹或密封破损，及时联系燃气部门上门维修。在工作之中也要随时注意燃气阀门、开关有无异响，燃气管道周围有无异味。当发现燃气泄漏时应立即采取应急处置措施。对于技防，首先食堂厨房的燃气管路设计、施工及燃气用具的安装应委托具有相应资质的单位进行，设计安装需满足《城镇燃气设计规范》等技术标准的要求；其次，根据《中华人民共和国安全生产法》第三十六条规定：餐饮等行业的生产经营单位使用燃气的，应当安装可燃气体报警装置，并保障其正常使用；再次，户内燃气设施的安装、改装、拆除必须具有相应资质的安装单位进行。如食堂遇装修、扩建、改建等工程时，不得影响燃气设施安全。建设单位在开工前，应当查明建设工程施工范围内地下燃气管线的相关情况。

3. 参考示例

食堂燃气设施维护检查记录

2022年8月

每天检查、操作项目		
内　容	清洁维护记录	记录人
燃气灶1	日期： 1√ 2√ 3√ 4√ 5√ 6√ 7√ 8√ 9√ 10√ 11√ 12√ 13√ 14√ 15√ 16√ 17√ 18√ 19√ 20√ 21√ 22√ 23√ 24√ 25√ 26√ 27√ 28√ 29√ 30√ 31√	张三

续表

内 容	清洁维护记录	记录人
燃气灶 2	日期： 1√ 2√ 3√ 4√ 5√ 6√ 7√ 8√ 9√ 10√ 11√ 12√ 13√ 14√ 15√16√ 17√ 18√ 19√ 20√ 21√ 22√ 23√ 24√ 25√ 26√ 27√28√ 29√ 30√ 31√	张三
燃气热水器	日期： 1√ 2√ 3√ 4√ 5√ 6√ 7√ 8√ 9√ 10√ 11√ 12√ 13√ 14√ 15√16√ 17√ 18√ 19√ 20√ 21√ 22√ 23√ 24√ 25√ 26√ 27√28√ 29√ 30√ 31√	张三
……		

每周检查、操作项目					
室内燃气管路是否破损、裂纹、异常	第一周	第二周	第三周	第四周	记录人
	√	√	√	√	赵六
可燃气体报警装备是否正常运行	第一周	第二周	第三周	第四周	记录人
	√	√	√	√	赵六
发现问题处置记录 1				隐患消除验证人	
……					

填写方式：每次检查维护完成后，如没有问题的在该天日期或空格处打“√”，如有问题则注明问题内容。

【标准条文】

4.1.15 设备设施报废

设备设施存在严重安全隐患，无改造、维修价值，或者超过规定使用年限，应及时报废。

1. 工作依据

《中华人民共和国特种设备安全法》（主席令第四号）

《特种设备安全监察条例》（国务院令第 549 号）

GB/T 33000—2016《企业安全生产标准化基本规范》

2. 实施要点

（1）报废条件。

在实际操作中，对于达到规定使用年限，存在严重事故隐患，已不能继续使用或性能技术指标无法满足工作要求的设备设施，应当办理报废处置手续。相关设备、设施的使用年限、技术性能要求等信息，可以在该产品的铭牌、说明书、产品执行标准，或国家公布的具体目录等资料中查阅获得；无法获得的，可以联系该设备设施生产单位协助提供。对于产品技术性能情况的判断，可以委托相关有资质的第三方鉴定机构鉴定，出具书面鉴定意见。对于没有规定使用年限或未达到规定使用年限，但严重损坏、无法修复，或虽能修复但性能技术指标无法满足使用要求，无改造、维修价值，以及技术严重落后，必须用新的、先进的产品替换的设备设施，经单位组织专家组审核鉴定后可以办理报废处置手续。

（2）拆除。

报废设备、设施拆除前应制定方案，并在现场设定明显的报废设备设施标志。对于临近高压输电线路作业、危险场所动火作业、有（受）限空间作业、临时用电作业、爆破作业、封道作业等危险性较大的作业活动时，应实施作业许可管理，严格履行作业许可审批手续。作业许可应包括安全风险分析、安全及职业病危害防护措施、应急处置管理等，并在作业前对相关作业人员进行培训和安全技术交底。报废、拆除应按方案和许可内容实施。

特种设备的安装、拆除企业应当经国务院特种设备安全监督管理部门许可，方可从事相应的活动。特种设备的安装、拆除企业应当具备下列条件：

1）有与特种设备制造、安装、改造相适应的专业技术人员和技术工人。

2）有与特种设备制造、安装、改造相适应的生产条件和检测手段。

3）有健全的质量管理制度和责任制度。

3. 参考示例

设备设施报废申请单

编号：

申请部门			申请日期		
设备名称		型号		管理编号 出厂编号	
生产厂家		购置日期		使用年限	
数量		购置价格/元			
报废后 暂存地点					

报废具体理由：

申请人签字：

年　月　日

资产管理部门意见：

签字：

年　月　日

分管领导意见：

签字：

年　月　日

单位负责人意见：

签字：

年　月　日

备注：

第二节 作 业 安 全

【标准条文】

4.2.1 现场布置与管理现场作业布局与分区合理，规范有序，符合安全文明作业、交通、消防、职业健康、环境保护等有关规定。作业现场应实行定置管理，保持作业环境整洁。作业现场应配备相应的安全、职业病防护用品（具）及消防设施与器材，按照有关规定设置应急照明、安全通道，并确保安全通道畅通。

1. 工作依据

《中华人民共和国安全生产法》（主席令第八十八号）

GB/T 33000—2016《企业安全生产标准化基本规范》

2. 实施要点

（1）根据后勤保障单位工作特点，本条所指的作业现场通常指后勤管理范围内的办公楼、集体宿舍、餐厅等场所；设备设施检修、安装、拆卸、搬迁现场；建筑物装修、改造现场等。由后勤保障单位作为项目法人管理的建设项目施工现场应按《水利工程项目法人安全生产标准化评审标准》的要求执行，其作业现场的布置按照《建设工程安全生产管理条例》（国务院令第393号）和SL 398—2007《水利水电工程施工通用安全技术规程》的有关规定执行。

（2）作业现场定置管理主要是指办公、生活、仓储等区域的通道顺畅、设备设施摆放合规、作业现场环境整洁等。后勤保障单位应将消防设施、应急设施、安全通道、各种设备等结合单位布局划定出明确固定的位置，并始终保持其环境的干净整洁。

（3）涉及危险作业的施工现场，应当按相关规定配备安全防护设施、职业病防护用品。

3. 参考示例

定置管理的物资仓库

定置管理的灭火器

【标准条文】

4.2.2 安全技术交底

应对作业人员进行进场安全教育和安全技术交底，如实告知作业人员作业场所和工作岗位存在的危险源、安全生产防护措施和安全生产事故应急救援预案。

1. 工作依据

《中华人民共和国安全生产法》（主席令第八十八号）

2. 实施要点

(1) 知情权是从业人员重要的安全生产权利，是保护从业人员生命健康权的重要前提，在《中华人民共和国安全生产法》中做出了明确规定。生产经营单位从业人员的有关知情权依照第五十三条规定，生产经营单位的从业人员有权了解其作业场所和工作岗位与安全生产有关的三方面情况：一是存在的危险因素；二是防范措施；三是事故应急措施。

(2) 后勤保障单位应当对作业人员进行安全教育和安全技术交底。

1) 项目作业前，单位技术负责人员应就工作概况、作业方法、作业工艺、作业程序、安全技术措施或专项方案，向作业管理人员、作业人员（服务外包方相关人员）全员进行安全教育和交底。

2) 每天作业前，作业管理人员（或班组长）应向作业人员进行班前的安全技术交底。

3) 作业过程中，当作业条件或作业环境发生变化的，应补充交底；相同作业内容连续作业超过一个月或不连续重复施工的，单位技术负责人应重新交底。

4) 安全技术交底应填写安全交底单，由交底人与被交底人签字确认。安全交底单应及时归档。

5) 安全技术交底必须在作业前进行，任何作业项目在没有交底前不得进行作业。

3. 参考示例

作业安全交底记录

工作名称		作业部门（单位）	
被交底人员		作业内容、地点	
主持人/交底人		时间/地点	

一、安全交底依据文件清单：

(1) 安全生产法；

(2) 目标责任书；

(3) 安全管理制度；

(4) 应急预案；

(5) 风险评估报告；

(6) 操作规程；

(7) 技术标准；

(8) 防护规范；

(9) ……

二、安全交底内容：

1. 作业风险、危险源

(1) 高处作业；

(2) 触电伤害；

(3) 机械伤害；

……

2. 针对风险点的具体预防方案和技术措施

2.1 针对高处作业预防及处置措施

(1) 凡在高地面 2m 及以上并存在坠落风险的地点进行作业，都应视作高处作业。凡能在地面上预先做好的工作，都必须在地面上做，尽量减少高处作业。

(2) 担任高空作业人员必须身体健康。患有精神病、癫痫病及经医师鉴定患有高血压、心脏病等不宜从事高空安装病症的人员，不准参加高空作业。凡发现工作人员有饮酒、精神不振时，禁止高空作业。

续表

(3) 高空作业均必须先搭建脚手架或采取防止坠落措施，方可进行。

(4) 在超过 2m 或 2m 以上的高空作业时必须装设防护栏杆、安全网，安装工作平台。

(5) 在没有脚手架或者在没有栏杆的脚手架上工作，高度超过 1.5m，必须使用安全带，或采取其他可靠的安全措施。

(6) 安全带在使用前应进行检查，并应定期（每隔 6 个月）进行静荷重试验；试验荷重为 225kg，试验时间为 5min，试验后检查是否有变形、破裂等情况，并做好试验记录。不合格的安全带应及时处理。

(7) 安全带的挂钩或绳子应挂在结实牢固的构件上，或专为挂安全带用的钢丝绳上。禁止挂在移动或不牢固的物件上。

(8) 高处工作应一律使用工具袋。较大的工具应用绳拴在牢固的构件上，不准随便乱放，以防止从高空坠落发生事故。

(9) 在进行高处工作时，除有关人员外，不准他人在工作地点的下面通行或逗留，工作地点下面应有围栏，防止落物伤人。

(10) 不准将工具及材料上下投掷，要用绳系牢后往下或往上吊送，以免打伤下方工作人员或击毁脚手架。

(11) 上下层同时进行工作时，中间必须搭设严密牢固的防护隔板、工作人员必须戴安全帽。

(12) 在 6 级及以上的大风以及暴雨、打雷、大雾等恶劣天气，应停止露天高空安装业。

(13) 禁止登在不坚固的结构上进行工作。为了防止误登，应在这种结构的必要地点挂上警告牌。

2.2 针对触电伤害预防及处置措施

(1) 现场内电线与其所经过的工作地点保持安全距离，现场架空线与工作地点水平距离不小于 10cm，跨越临时设施时垂直距离不小于 2.5m。同时，加大电线的安全系数，施工现场内不架设裸线。

(2) 使用高温灯具时，其与易燃物的距离不得小于 1m，一般电灯泡距易燃物品的距离不得小于 50cm。

(3) 电气设备的传动轮、转轮、飞轮等外露部位安设防护罩。

(4) 施工用电符合用电安全规程。各种电动机械设备，均有可靠有效的安全接地和防雷装置，非专业人员不允许操作机电设备。

(5) 每台电气设备设开关和熔断保险，各种电气设备采取接零或接地保护；凡是移动式设备和手持电动工具均在配电箱内装设漏电保护装置。

(6) 照明线路按标准架设，不准采用一根火线与一根地线的做法，不得用保护接地做照明零线。

(7) 各类电焊机的机壳设有良好的接地保护；电焊钳设有可靠的绝缘，不准使用无绝缘的简易焊钳和绝缘把损坏的焊钳。

(8) 加强用电安全意识，施工用电必须做到一机一闸，做好各种防漏电保护护措施。

2.3 针对机械伤害预防措施

(1) 严格执行机械操作规程。

(2) 定期做好保养，严禁在机械操作旋转区域站人。

(3) 加强现场作业人员培训教育，培训不合格不得进入施工现场，对违章作业要及时制止。

(4) 加强施工现场安全防护和监督检查，设备进场前要进行检查验证，保证设备状态良好，操作人员持证上岗。

3. 安全保证措施

(1) 配备安全专职人员，正确履行安全监管职责，对施工人员进行安全教育培训，日常监督检查及管理痕迹留存等。

(2) 高空作业必须规范佩戴安全防护用品。

(3) 起重作业监护人员全程旁站。

(4) 进入作业现场必须戴好安全帽，正确使用劳保用品。

(5) 加强现场作业人员培训考核，考核不合格不得进入作业现场，对违章作业要及时制止、禁止强令冒险作业。

(6) 加强作业现场安全防护和监督检查，设备进场前要进行检查验证，保证设备状态良好，操作人员持证上岗。

4. 应急措施

为了保证起重施工过程中各类突发事故应急预案有效顺利实施，避免事故施救过程中的无序性，各部门必须根据应急预案所列救援职责，做到职权统一，无条件服从应急救援指挥部的安排，提供所需的人员、设备、物资，积

续表

极参与事故救援抢险，各应急救援小组是重大事故救援的骨干力量，其任务是起重施工期间各类事故的救援和处理。 应急指挥部： 重大事故应急救援指挥部（下称：应急指挥部），指挥、组织、协调重大事故应急救援工作及其事故上报、通告、调查、善后工作。 应急指挥部架构： 总指挥：单位负责人 副总指挥：技术负责人、安全分管领导、部门负责人 成员：专（兼）职安全管理人员、应急救援队伍人员 具体应急处置方法…… 5. 文明施工保证措施 (1) 作业地点和周围必须清洁整齐，做到工完料整场地清。 (2) 材料分类堆放整齐，并标示清晰。 (3) 作业人员统一着装，佩戴安全帽，佩戴上岗证。 …… 事故案例 (1)： 发生时间： 发生地点： 事件经过： 事故主要原因分析： 直接原因： 间接原因： 事故案例 (2)： 作业安全交底记录： 2022年8月7日19：30，在主楼1号会议室召开了危险作业安全交底会，会议由××主持和交底，参会人员包括安全管理人员（含专兼职安全人员、监护人员）、物资设备人员（含维修保养、材料供应、应急物资供应等）、作业人员（含服务外包人员、班组组长、司机、安装工、电焊工等）、作业区值班人员（安保人员）。 会议主持人兼交底人首先对作业概况进行了介绍，并从作业风险、安全技术措施、文明施工、应急处置、案例警示等方面进行叙述，使得参会人员均对危险作业安全控制方面有了全面的认识。 记录人：
与会人员签名：可见附页

【标准条文】

4.2.3　危险性较大作业

对水上水下作业、临近带电体作业、危险场所动火作业、有（受）限空间作业、爆破作业、封道作业等危险性较大的作业活动应编制专项方案，按规定实施作业许可管理，严格履行作业许可审批手续。专项方案应包含安全风险分析、安全及职业病危害防护措施、应急处置等内容。

超过一定规模的危险性较大作业的专项方案，应组织专家论证。

1. 工作依据

GB/T 33000—2016《企业安全生产标准化基本规范》

2. 实施要点

(1) 后勤保障单位应执行作业许可管理制度，作业前进行安全风险分析，配备劳动防护用品，落实安全及职业病危害防护措施、进行应急处置等内容的宣贯培训。严格履行作业许可审批手续，根据作业危险等级的不同，可分级别审批作业许可证（作业票）。作业完成后应对作业内容进行完工验收。

（2）作业票内容参考 GB 30871—2022《危险化学品企业特殊作业安全规范》附录 A。其中监护人和作业审批人职责要求分别如下。

1）监护人的通用职责要求。

A. 作业前检查安全作业票。安全作业票应与作业内容相符并在有效期内；核查安全作业票中各项安全措施已得到落实。

B. 确认相关作业人员持有效资格证书上岗。

C. 核查作业人员配备和使用的个体防护装备满足作业要求。

D. 对作业人员的行为和现场安全作业条件进行检查与监督，负责作业现场的安全协调与联系。

E. 当作业现场出现异常情况时应中止作业，并采取安全有效措施进行应急处置；当作业人员违章时，应及时制止违章，情节严重时，应收回安全作业票、中止作业。

F. 作业期间，监护人不应擅自离开作业现场且不应从事与监护无关的事。确需离开作业现场时，应收回安全作业票，中止作业。

2）作业审批人的职责要求。

A. 应在作业现场完成审批工作。

B. 应核查安全作业票审批级别与企业管理制度中规定级别一致情况，各项审批环节符合企业管理要求情况。

C. 应核查安全作业票中各项风险识别及管控措施落实情况。

（3）根据《水利工程建设安全生产管理规定》和《水利水电工程施工安全管理导则》规定，后勤保障单位在进行含有以下内容的工程作业时应编制专项方案并组织专家论证。

水利行业超过一定规模的危险性较大的单项工程如下：

1）深基坑工程。

A. 开挖深度超过 5m（含 5m）的基坑（槽）的土方开挖、支护、降水工程。

B. 开挖深度虽未超过 5m，但地质条件、周围环境和地下管线复杂，或影响毗邻建筑（构筑）物安全的基坑（槽）的土方开挖、支护、降水工程。

2）模板工程及支撑体系。

A. 工具式模板工程：包括滑模、爬模、飞模工程。

B. 混凝土模板支撑工程：搭设高度 8m 及以上；搭设跨度 18m 及以上；施工总荷载 $15kN/m^2$ 及以上；集中线荷载 20kN/m 及以上。

C. 承重支撑体系：用于钢结构安装等满堂支撑体系，承受单点集中荷载 700kg 以上。

3）起重吊装及安装拆卸工程。

A. 采用非常规起重设备、方法，且单件起吊重量在 100kN 及以上的起重吊装工程。

B. 起重量 300kN 及以上的起重设备安装工程；高度 200m 及以上内爬起重设备的拆除工程。

4）脚手架工程。

A. 搭设高度 50m 及以上落地式钢管脚手架工程。

B. 提升高度150m及以上附着式整体和分片提升脚手架工程。

C. 架体高度20m及以上悬挑式脚手架工程。

5）拆除、爆破工程。

A. 采用爆破拆除的工程。

B. 可能影响行人、交通、电力设施、通信设施或其他建、构筑物安全的拆除工程。

C. 文物保护建筑、优秀历史建筑或历史文化风貌区控制范围的拆除工程。

6）其他。

A. 开挖深度超过16m的人工挖孔桩工程。

B. 地下暗挖工程、顶管工程、水下作业工程。

C. 采用新技术、新工艺、新材料、新设备及尚无相关技术标准的危险性较大的单项工程。

（4）住房和城乡建设部2018年发布了《危险性较大的分部分项工程安全管理规定》和《住房和城乡建设部办公厅关于实施〈危险性较大的分部分项工程安全管理规定〉有关问题的通知》（建办质〔2018〕31号），对于房屋建筑和市政工程中的危险性较大工程的管理提出了明确、具体的要求，可供后勤保障单位安全管理的相关工作参考。

（5）后勤保障单位涉及可能影响通航安全的水上水下作业或者活动时，作业单位和作业人员在水上水下活动过程中应当遵守以下规定：

1）按照海事管理机构批准的作业内容、核定的水域范围和使用核准的船舶进行作业，不得妨碍其他船舶的正常航行。

2）及时向海事管理机构通报施工进度及计划，并保持工程水域良好的通航环境。

3）使船舶、浮动设施保持在适于安全航行、停泊或者从事有关活动的状态。

4）实施施工作业或者活动的船舶、设施应当按照有关规定在明显处昼夜显示规定的号灯号型。在现场作业船舶或者警戒船上配备有效的通信设备，施工作业或者活动期间指派专人警戒，并在指定的频道上守听。

（6）各类危险性较大作业安全措施。

1）有（受）限空间作业。

A. 盛装过有毒、可燃物料的受限空间，所有与受限空间有联系的阀门、管线已加盲板隔离，并落实盲板责任人，未采用水封或关闭阀门代盲板。

B. 盛装过有毒、可燃物料的受限空间，设备已经过置换、吹扫或蒸煮。

C. 设备通风孔已打开进行自然通风，温度适宜人员作业；必要时采用强制通风或佩戴隔绝式呼吸防护装备，不应采用直接通入氧气或富氧空气的方补充氧。

D. 转动设备已切断电源，电源开关处已加锁并挂“禁止合闸”标识牌。

E. 受限空间内部已具备进入作业条件，易燃易爆物料容器内作业，作业人员未采用非防爆工具，手持电动工具符合作业安全要求。

F. 受限空间进出口通道畅通，无阻碍人员进出的障碍物。

G. 盛装过可燃有毒液体、气体的受限空间，已分析其中的可燃、有毒有害气体和氧气含量，且在安全范围内。

H. 存在大量扬尘的设备停止扬尘。

I. 用于连续检测的移动式可燃有毒气体气检测仪已配备到位。

J. 作业人员已佩戴必要的个体防护装备，清楚受限空间内存在的危险因素。

K. 已配备作业应急设施：消防器材、救生绳、气防装备，盛有腐蚀性介质的容器作业现场已配备应急用冲洗水。

L. 受限空间内作业已配备通信设备。

M. 受限空间出入口四周已设立警戒区。

N. 其他相关特殊作业已办相应安全作业票。

2）动火作业。

A. 动火设备内部构件清洗干净，蒸汽吹扫或水洗置换合格，达到动火条件。

B. 与动火设备相连接的所有管线已断开，加盲板块，未采取水封或关门的方式代替盲板。

C. 动火点周围及附近的孔洞、窨井、地沟、水封设施、污水井等已清除易燃物，并已采取覆盖、铺沙等手段进行隔离。

D. 油气罐区动火点同一防火堤内和防火间距的油品储罐未进行脱水和取样作业。

E. 高处作业已采取防火花飞溅措施，作业人员佩戴必要的个体防护装备。

F. 在有可燃物构件和使用可燃物做防腐内衬的设备内部动火作业，已采取防火隔绝措施。

G. 乙炔气瓶直立放置，已采取防倾倒措施并安装防回火装置，乙炔气瓶、氧气瓶与火源间的距离不应小于 10m，两气瓶相互距离不应小于 5m。

H. 现场配备灭火器、灭火毯，消防蒸气带或消防水带。

I. 电焊机所处位置已考虑防火防爆要求，且已可靠接地。

J. 动火点周围规定距离内没有易燃易爆化学品的装卸、排放、喷漆等可能引起火灾爆炸的危险作业。

K. 动火点 30m 内垂直空间未排放可燃气体；15m 内垂直空间未排放可燃液体；10m 范内及动火点下方未同时进行可燃溶剂清洗或喷漆等作业；10m 范围内未见有可燃性粉尘清扫作业。

L. 已开展作业危害分析，制定相应的安全风险管控措施，交叉作业已明确协调人。

M. 用于连续检测的移动式可燃气体检测仪已配备到位。

N. 配备的摄录设备已到位，且防爆级别满足安全要求。

O. 其他相关特殊作业已办相应安全作业票，作业现场四周已设立警戒区。

3）吊装作业。

A. 一、二级吊装作业已编制吊装作业方案，已经审查批准；吊装体形状复杂、刚度小、长径比大、精密贵重，作业条件特殊的三级吊装作业，已编制吊装作业方案，已经审查批准。

B. 吊装场所如有含危险物料的设备、管道时，应制定详细吊装方案，并对设备管道采取有效防护措施，必要时停车，放空物料，置换后再进行吊装作业。

C. 作业人员已按规定佩戴个体防护装备。

D. 已对起重吊装设备、钢丝绳、缆风绳、链条、吊钩等各种机具进行检查，安全可靠。

E. 已明确各自分工、坚守岗位，并统一规定联络信号。

F. 将建筑物、构筑物作为锚点，应经所属单位工程管理部门审查核算并批准。

G. 吊装绳索、缆风绳、拖拉绳等不应与带电线路接触，并保持安全距离。

H. 不应利用管道、管架、电杆、机电设备等作吊装锚点。

I. 吊物捆扎坚固，未见绳打结、绳不齐现象，棱角吊物已采取衬垫措施。

J. 起重机安全装置灵活好用。

K. 吊装作业人员持有有效的法定资格证书。

L. 地下通信电（光）缆、局域网络电（光）缆、排水沟的盖板，承重吊装机械的负重量已确认，保护措施已落实。

M. 起吊物的质量经确认，在吊装机械的承重范围内。

N. 在吊装高度的管线、电缆桥架已做好防护措施。

O. 作业现场围栏、警戒线、警告牌、夜间警示灯已按要求设置。

P. 作业高度和转臂范围内无架空线路。

Q. 在爆炸危险场所内的作业，机动车排气管已装阻火器。

R. 露天作业，环境风力满足作业安全要求。

S. 其他相关特殊作业已办相应安全作业票。

4）高处作业。

A. 作业人员身体条件符合要求。

B. 作业人员着装符合作业要求。

C. 作业人员佩戴符合标准要求的安全帽、安全带，有可能散发有毒气体的场所携带正压式空气呼吸器或面罩备用。

D. 作业人员携带有工具袋及安全绳。

E. 现场搭设的脚手架、防护网、围栏符合安全规定。

F. 垂直分层作业中间有隔离设施。

G. 梯子、绳子符合安全规定。

H. 轻型棚的承重梁、柱能承重作业过程最大负荷的要求。

I. 作业人员在不承重物处作业所搭设的承重板稳定牢固。

J. 采光、夜间作业照明符合作业要求。

K. 30m 以上高处作业时，作业人员已配备通信、联络工具。

L. 作业现场四周已设警戒区。

M. 露天作业，风力满足作业安全要求。

N. 其他相关特殊作业已办理相应安全作业票。

5）临时用电作业。

A. 作业人员持有电工作业操作证。

B. 在防爆场所使用的临时电源、元器件和线路达到相应的防爆等级要求。

C. 上级开关已断电、加锁，并挂安全警示牌。

D. 临时用电的单相和混用线路要求按照 TN－S 三相五线制方式接线。

E. 临时用电线路如架高敷设，在作业现场敷设高度应不低于 2.5m，跨越道路高度应不低于 5m。

F. 临时用电线路如沿墙面或地面敷设，已沿建筑物墙体根部敷设，穿越道路或其他易受机械损伤的区域，已采取防机械损伤的措施；在电缆敷设路径附近，已采取防止火花损伤电缆的措施。

G. 临时用电线路架空进线不应采用裸线。

H. 暗管埋设及地下电缆线路敷设时，已备好“走向标志”和“安全标志”等标识桩，电缆埋深要求大于 0.7m。

I. 现场临时用电配电盘、箱配备有防雨措施，并可靠接地。

J. 临时用电设施已装配漏电保护器，移动工具、手持工具已采取防漏电的安全措施（一机一闸一保护）。

K. 用电设备、线路容量、负荷符合要求。

L. 其他相关特殊作业已办理相应安全作业票。

M. 作业场所已进行气体检测且符合作业安全要求。

6）封道作业。

A. 作业前，制定交通组织方案，并已通知相关部门或单位。

B. 作业前，在断路的路口和相关道路上设置交通警示标识，在作业区域附近设置路栏、道路作业警示灯、导向标等交通警示设施。

C. 夜间作业设置警示灯。

3. 参考示例

临近带电体作业许可证

作业名称		工作地点	
作业申请部门（单位）		作业人	
作业负责人		作业资格	
监护人员		带电体电压等级	
作业内容			
作业申请时间	自　年　月　日　时　分至　年　月　日　时　分		

序号	主要安全措施	打√
1	作业人员的防护用品配备符合有关要求并且按规定穿戴和使用	
2	带电作业所使用工具、装置和设备经检验合格	
3	有批准的安全施工作业票	
4	现场搭设的脚手架、防护围栏符合安全规程，划定警戒区域，设置警示标识	
5	现场有负责人和监护人	
6	对作业人员进行风险告知、技术交底等	
7	组织现场查勘，做出是否停电的判断	
8	临近带电体作业设备有接地装置	

续表

序号	主要安全措施	打√
9	带电作业应在良好天气下进行	
10	复杂、难度大的带电作业项目应编制操作工艺方案和安全措施，经批准后执行	
11	30m以上进行高处作业应配备通信联络工具	
12	当与带电线路和设备的作业距离不能满足最小安全距离的要求时，向有关电力部门申请停电，否则严禁作业	
13	其他	
风险辨识结果 高处坠落、物品打击、机械伤害、触电、火灾……		
作业负责人： 年 月 日 时 分		
所在单位意见： 年 月 日 时 分		
完工验收： 年 月 日 时 分		

【标准条文】

4.2.4 作业安全检查

对作业人员的上岗资格、条件等进行作业前安全检查，并安排专人进行现场安全管理，确保作业人员遵守岗位操作规程和落实安全及职业病危害防护措施。

1. 工作依据

《中华人民共和国安全生产法》(主席令第八十八号)

GB/T 33000—2016《企业安全生产标准化基本规范》

2. 实施要点

考虑到爆破、吊装、动火、临时用电等作业的危险性，在事故防范措施中，很重要的一项就是安排专门的人员进行作业场所的安全管理。现场安全管理人员，一方面可以检查作业场所的各项安全措施是否得到落实，另一方面可以监督从事危险作业的人员是否持证上岗、严格按有关操作规程进行操作。同时，现场安全管理人员可以对作业场所的各种情况进行及时协调，发现事故隐患及时采取措施进行紧急排除。现行的《爆破安全规程》《建筑安装工人安全技术操作规程》《建筑机械使用安全技术规程》等专门的操作规程，对爆破、吊装作业应当遵守的具体程序和要求做了具体规定。

3. 参考示例

临近带电体作业安全检查和监护记录

工作内容：
作业部门（单位）：
作业人员：

续表

监护人： 监护时段：　　年　月　日　时　分至　　年　月　日　时　分		
序号	检查（监护）内容	检查情况
1	作业人员的防护用品配备符合有关要求并且已按规定穿戴和使用	
2	带电作业所使用工具、装置和设备经检验合格	
3	办理作业票	
4	现场搭设的脚手架、防护围栏符合安全规程，已划定警戒区域，且设置警示标识	
5	已对作业人员进行风险告知、安全技术交底、应急知识培训等	
6	已组织现场查勘，做出是否停电的判断	
7	带电作业时天气状况良好	
8	复杂、难度大的带电作业项目已编制操作工艺方案和安全措施，经批准后执行	
9	30m 以上进行高处作业已配备通信联络工具	
10	当与带电线路和设备的作业距离不能满足最小安全距离的要求时，已向有关电力部门申请停电，否则严禁作业	
11	作业人员资格	
12	按操作规程进行作业	
备注：		
填表日期：　　年　月　日　时　分 检查情况：是（√）否（×）无（O）		

1. 作业前，由监护人检查一次，作业过程中，监护人员发现情况应及时做好记录。作业结束后，补全该记录。监护人需佩戴好监护标志。
2. 本监护记录必须如实填写，出现“×”的情况必须停止施工，整改完成后，才能继续施工。
3. 本监护记录应由监护人随身携带。

【标准条文】

4.2.5　交叉作业

两个以上作业队伍在同一作业区域内进行作业活动时，不同作业队伍相互之间应签订安全管理协议，明确各自的安全生产、职业健康管理职责和采取的有效措施，并指定专人进行检查与协调。

1. 工作依据

《中华人民共和国安全生产法》（主席令第八十八号）

GB/T 33000—2016《企业安全生产标准化基本规范》

2. 实施要点

（1）在同一作业区域内进行生产经营活动的不同作业队（服务外包单位），如果一个作业队（服务外包单位）发生了生产安全事故，会直接威胁着其他作业队（服务外包单位）的安全生产。要求在同一作业区域内进行生产经营活动、可能危及对方生产安全的作业队（服务外包单位）进行安全生产方面的协作，是安全生产管理中的一项重要制度。在同一作业区域内进行作业的作业队（服务外包单位），进行安全生产方面的协作的主要形式是签订并执行安全生产管理协议。

（2）各作业队（服务外包单位）应当通过安全生产管理协议互相告知本作业队（服务外包单位）生产的特点、作业场所存在的危险因素、防范措施以及事故应急措施，以使各个作业队（服务外包单位）对该作业区域的安全生产状况有一个整体上的把握。同时，各作业队（服务外包单位）还应当在安全生产管理协议中明确各自的安全生产管理职责和应当采取的安全措施，做到职责清楚，分工明确。

（3）为了使安全生产管理协议真正得到贯彻，保证作业区域内的生产安全，各作业队（服务外包单位）还应当指定专职的安全生产管理人员对作业区域内的安全生产状况进行检查，对检查中发现的安全生产问题及时进行协调、解决。

3. 参考示例

交叉作业安全管理协议

监督单位（上级主管单位）：　　　　　　　　后勤保障单位（委托单位）：

作业方一（服务外包单位）：　　　　　　　　作业方二（服务外包单位）：

为了认真执行国家“安全第一，预防为主”的安全生产方针、政策法令、法规和有关规定，明确各自的安全生产责任，确保现场作业安全，依据《中华人民共和国安全生产法》《企业安全生产标准化基本规范》有关规定，就作业项目的交叉作业安全职责、防护等相关事宜，按照安全第一，平等互利的原则，订立本协议。

一、交叉作业的管理原则

1. 作业各方在同一区域内施工，因互相理解，互相配合，建立联系机制，及时解决可能发生的安全问题，并尽可能为对方创造安全施工条件、作业环境。干扰方应向被干扰方提前做出通知，被干扰方据此提前做好作业安排，以减少干扰所带来的损失；如双方无法协调一致，则应报请委托单位帮助协商解决。

2. 在同一作业区域内施工应尽量避免交叉作业，在无法避免交叉作业时，应尽量避免立体交叉作业。双方在交叉作业或发生相互干扰时，应根据该作业面的具体情况共同商讨制定安全措施，明确各自的职责。

3. 因作业需要进入他人作业场所，必须以书面形式向对方申请：说明作业性质、时间、人数、动用设备、作业区域范围、需要配合事项，其中必须进行告知的作业有：土方开挖、起重吊装、高处作业、模板安装、脚手架搭设拆除、焊接（动火）作业、施工用电、材料运输、其他作业等。

4. 双方应加强从业人员的安全教育和培训，提高从业人员作业的技能，自我保护意识，预防事故发生的应急措施和综合应变能力，做到“四不伤害”。

5. 双方在交叉作业施工前，应当互相通知和告知对方单位作业的内容、安全注意事项。当作业工程中发生冲突和影响施工作业时，各方要先停止作业，保护相关方财产，周边建筑物及水、电、气、管道等设施的安全；由各自的负责人或安全专职人员进行协商处理。施工作业中各方应加强安全检查，对发现的隐患和可预见的问题要及时协调解决，消除事故隐患，确保施工安全和工程质量。

二、作业各方存在的危险因素、防范措施以及事故应急措施

1. 高处作业

（可能发生事故、防范措施以及事故应急措施）

2. 起重吊装作业

3. 动火作业

4. 临时用电

……

三、具体落实事项

1. 双方单位在同一区域内进行高处作业、模板安装、脚手架搭设拆除时，应在施工作业前对施工区域采取全封闭、隔离措施，应设置安全警示标识，警戒线或派专人警戒指挥，防止高空落物、施工用具、用电危及下方人员和设备的安全。

2. 在同一区域内进行土石方开挖时，必须按设计规定坡比放坡，做好施工现场的防护，设置安全警示标识，做好现场排水措施，并及时清理边坡浮渣，不准堵塞作业通道，确保畅通，弃渣堆放应安全可靠（必须有防石头滚落措施）。

3. 在同一作业区域内进行起重吊装作业时，应充分考虑对各方工作的安全影响，制定起重吊装方案和安全措施。指派专业人员负责统一指挥，检查现场安全和措施符合要求后，方可进行起重吊装作业。与起重作业无关的人员不准进入作业现场，吊物运行路线下方所有人员应无条件撤离，指挥人员站位应便于指挥和瞭望，不得与起吊路线交叉，作业人员与被吊物体必须保持有效的安全距离。索具与吊物应捆绑牢固、采取防滑措施，用钩应有安全装置，吊装作业前，起重指挥人通知有关人员撤离，确认吊物下方及吊物行走路线范围无人员及障碍物，方可起吊。

4. 在同一区域内进行焊接（动火）作业时，作业单位必须事先通知对方做好防护，并配备合格的消防灭火器材，消除现场易燃易爆物品。无法清除易燃易爆物品时，应与焊接（动火）作业保持适当的安全距离，并采取隔离和防护措施。上方动火作业（焊接、切割）应注意下方有无人员、易燃、可燃物质，并做好防护措施，遮挡落下焊渣，防止引发火灾。焊接（动火）作业结束后，作业单位必须及时、彻底清理焊接现场，不留事故隐患，防止焊接火花死灰复燃，酿成事故。

5. 各方应自觉保障施工道路、消防通道畅通，不得随意占道或故意发难。凡因作业需要进行交通封闭或管制的，必须报项目部审批，且一般应在30min内恢复交通。运输超宽超长物资时必须确定运行路线，确认影响区域和范围，采取防范措施（警示标识、引导人员监护），防止碰撞其他物件与人员。车辆进入施工区域，须减速慢行，确认安全后通行，不得与其他车辆、行人争抢道。

6. 同一区域内的施工用电：应各自安装用电线路。临时用电必须做好接地（零）和漏电保护措施，防止触电事故发生。各方必须做好用电线路隔离和绝缘工作，互不干扰。敷设的线路必须通过对方工作面，应事先征得对方同意；同时，应经常对用电设备和线路进行检查维护，发现问题及时处理。

7. 作业各方应共同维护好同一区域作业环境，切实加强施工现场消防、保卫、治安，文明施工管理；必须做到施工现场文明整洁，材料堆放整齐、稳固、安全可靠

（必须有防垮塌，防滑、滚落措施）。确保设备运行、维修、停放安全；设备维修时，按规定设置警示标志，必要时采取相应的安全措施（派专人看守、切断电源等），谨防误操作引发事故。

监督单位： 后勤保障单位：
（签字盖章） （签字盖章）
作业方一： 作业方二：
（签字盖章） （签字盖章）

【标准条文】

4.2.6 危险物品

危险物品储存和使用单位的特殊作业，应符合国家标准相关规定。使用剧毒药品必须实行双人双重责任制，使用时必须双人作业，作业中途不应擅离职守。

1. 工作依据

《中华人民共和国安全生产法》（主席令第八十八号）

GB/T 33000—2016《企业安全生产标准化基本规范》

《危险化学品安全管理条例》（国务院令第591号）

2. 实施要点

（1）危险物品指易燃易爆物品、危险化学品、放射性物品等能够危及人身安全和财产安全的物品。

危险化学品指具有毒害、腐蚀、爆炸、燃烧、助燃等性质，对人体、设施、环境具有危害的剧毒化学品和其他化学品。具体参见《危险化学品目录（2015版）》（原国家安全监管总局等10部门公告2015年第5号）和《易制爆危险化学品名录（2017年版）》（公安部2017年5月11日）。

特殊作业指危险化学品企业生产经营过程中可能涉及的动火、进入受限空间、盲板抽堵、高处作业、吊装、临时用电、动土、断路等，对作业者本人、他人及周围建（构）筑物、设备设施可能造成危害或损毁的作业。

（2）后勤保障单位在进行特殊作业前应当进行以下工作：

1）对作业现场和作业过程中可能存在的危险有害因素进行辨识，开展作业危害分析，制定相应的安全风险管控措施。涉及危险物品的应制定单位危险物品管理制度。

2）进入现场作业的人员正确佩戴满足GB 39800.1要求的个体防护装备。

3）对参加作业的人员进行安全措施交底。

4）对作业现场及作业涉及的设备、设施、工器具进行检查，并符合如下要求：

A. 作业现场消防通道，行车通道应保持畅通，影响作业安全的杂物应清理干净。

B. 作业现场的梯子、栏杆、平台、箅子板、盖板等设施应完整、牢固，采用的临时设施应确保安全。

C. 作业现场可能危及安全的坑、井、沟、孔洞等应采取有效防护措施，并设警示标识；需要检修的设备上的电器电源应可靠断电，在电源开关处加锁并加挂安全警示牌。

D. 作业使用的个体防护器具、消防器材、通信设备、照明设备等应完好。

E. 作业时使用的脚手架、起重机械、电气焊（割）用具、手持电动工具等各种工器具符合作业安全要求，超过安全电压的手持式、移动式电动工器具应逐个配置漏电保护器和电源开关。

F. 设置符合 GB 2894 的安全警示标识。

G. 按照 GB 30077 要求配备应急设施。

H. 腐蚀性介质的作业场所应在现场就近（30m 内）配备人员应急用冲洗水源。

5）办理作业审批手续。按规定办理作业票，危险物品储存和使用单位特殊作业的作业票按照 GB 30871—2022《危险化学品企业特殊作业安全规范》附录 A 执行。

（3）后勤保障单位涉及危化品储存仓库的，必须严格执行“六必须”，即根据所储存危化品的特性，配备防爆设施、防雷防静电设施、监测报警设施、通风设施、防溢散设施、消防设施。剧毒化学品以及储存数量构成重大危险源的其他危险化学品，应当在专用仓库内单独存放，并实行双人收发、双人保管制度。

3. 参考示例

无。

【标准条文】

4.2.7　劳动防护用品

为从业人员配备与岗位安全风险相适应的、符合 GB/T 11651 规定的劳动防护装备与用品，并监督、指导从业人员按照有关规定正确佩戴、使用、维护、保养和检查劳动防护装备与用品。

1. 工作依据

《中华人民共和国安全生产法》（主席令第八十八号）

GB/T 33000—2016《企业安全生产标准化基本规范》

《国家安全监管总局办公厅关于修改用人单位劳动防护用品管理规范的通知》（安监总厅安健〔2018〕3 号）

2. 实施要点

（1）劳动防护用品是保护职工安全所采取的必不可少的辅助措施，在某种意义上它是劳动者防止职业伤害的最后一项措施。在劳动条件差、危害程度高或集体防护措施起不到防护作用的情况下（如抢修或检修设备、野外露天作业、处理事故隐患等），劳动防护用品会成为保护劳动者的主要措施。因此，劳动防护用品的质量好坏，对于保障劳动者的劳动安全是很重要的。特别是特种劳动防护用品，如果其质量出现问题，将直接危及作业人员的生命健康。因此，劳动防护用品必须保证质量，安全可靠，起到应有的劳动保护的作用。需要注意的是，为从业人员配备劳动防护用品、进行安全生产培训是后勤保障单位的法定义务，单位不得让从业人员承担这些费用，不得让从业人员缴纳劳动防护用品费、培训费等费用，不得以这些费用为由克扣从业人员的工资、福利等待遇。

（2）后勤保障单位在为从业人员配备劳动防护用品时应按照 GB 39800.1—2020《个体防护装备配备规范　第 1 部分：总则》执行。个体防护重点产品按已颁布的最新国家标准执行，下表列举部分重点个体防护产品标准。

部分个体防护产品标准清单

序号	标　准　号	标　准　名　称
1	GB 2890—2009	《呼吸防护　自吸过滤式防毒面具》
2	GB 2626—2019	《呼吸防护　自吸过滤式防颗粒物呼吸》
3	GB 2811—2019	《头部防护　安全帽》
4	GB 12014—2019	《防护服装　防静电服》
5	GB 8965.1—2020	《防护服装　阻燃服》
6	GB/T 38306—2019	《手部防护　防热伤害手套》
7	GB 21148—2020	《足部防护　安全鞋》
8	GB 6095—2021	《坠落防护　安全带》
9	GB 24539—2021	《防护服装　化学防护服》

（3）后勤保障单位应当采取措施，使从业人员掌握劳动防护用品的使用规则，并在实践中监督、指导劳动者按照使用规则正确佩戴、使用劳动防护用品，使其真正发挥作用。

（4）后勤保障单位对应急劳动防护用品进行经常性的维护、检修，定期检测劳动防护用品的性能和效果，保证其完好有效。发现损坏立即更换。对于安全帽、安全带、安全绳、呼吸器、绝缘手套等安全性能要求高、易损耗的劳动防护用品，按其有效防护功能最低指标和有效使用期，超出有效期强制报废。

3. 参考示例

公用劳动防护用品管理台账

编号：

序号	用品名称	规格	存放数量	存放地点	保管人
1	安全帽				
2	绝缘手套				
3	绝缘靴				
4	绝缘棒				
5	防噪声耳罩				
6	安全绳				
7	安全带				
8	防尘口罩				
9	太阳镜				
	……				

个人劳动防护用品发放记录

编号：

序号	劳动防护用品名称	数量	发放日期	发放部门	领用人（签字）	备注

劳动防护用品检查维护记录

编号：

序号	劳动防护用品名称	规格	数量	检查情况	维护情况
				法定检测、有效期或强制报废时间、外观完整性、是否损坏或不具备防护功能等	清洁、易耗品补充、报废或损坏补充等

检查人： 检查日期：

【标准条文】

4.2.8 安保管理

建立或明确安全保卫机构，制定安全保卫制度；重要设施和生产场所的保卫方式按规定设置；定期对防盗报警、监控等设备设施进行维护，确保运行正常；出入登记、巡逻检查、治安隐患排查处理等内部治安保卫措施完善；正确使用和保管保安器械，防止自伤或误伤，防止丢失或被劫夺；制定单位内部治安突发事件处置预案，并定期演练。

1. 工作依据

《企业事业单位内部治安保卫条例》（国务院令第 421 号）

2. 实施要点

（1）建立或明确安全保卫机构，建立安全保卫制度，制度内容应符合规定，在制度中明确定期维护、检查、演练等事项的周期。机构和制度应当以正式文件发布。

（2）重要设施和作业场所应明确保卫方式。

（3）按规定落实安保措施。

（4）定期对防盗报警、监控等设备设施进行维护。

（5）定期检查报警、监控设备设施运行情况，确保运行正常。

（6）定期检查内部安保工作，开展安保隐患排查，及时发现存在的漏洞，并采取相应的整改措施。

（7）制定并完善治安突发事件应急处置预案。

（8）定期举行演练，通过演练提高实战经验，并完善相应的处置预案。

3. 参考示例

安保管理制度

第一章 总 则

第一条 为加强单位内部安全保卫管理工作，预防违法犯罪和治安突发事件的发生，确保单位和职工的生命财产安全，维护正常的工作和生活秩序，根据《企业事业单位内部治安保卫条例》，制定本制度。

第二条 安全保卫工作是单位内部管理的重要组成部分，贯彻预防为主，单位负责、突出重点、保障安全的方针。

第三条 安全保卫工作应当突出保护单位内工作人员的人身安全，不得以经济效益、财产安全或者其他任何借口忽视人身安全。

第四条 单位主要负责人是安全保卫工作的第一责任人。

第五条 单位安全保卫机构设在物业管理科，负责组织制定安全保卫管理制度，明确单位重点安保部位（重点要害部门），对各部门执行本制度的情况进行检查、监督和指导，定期开展治安教育和治安检查，对本单位突出的治安问题和重大隐患，进行专项治理。

第六条 各部门负责人是安全保卫工作直接责任人，应根据本制度，结合部门工作实际，将安全保卫工作各项措施，落实到每个工作人员的岗位职责中，教育全体工作人员自觉遵守、严格执行。

第二章 管 理 要 求

第七条 单位管辖范围内的门卫、值班、巡查工作由物业管理科负责管理；其他相关工作由相关部门负责管理并落实。

第八条 门卫管理

（一）负责做好来访人员登记、车辆进出登记。外来人员一律凭身份证等证件，办理登记手续后由门卫负责电话联系接待部门和接待人。

（二）负责做好公物进出管理，必须有放行条才可放行。

（三）门卫人员必须着装整齐，必要时配备保安器械。

（四）门卫人员应坚持24小时在岗值班，不得擅自脱离岗位。

（五）门卫人员必须提供警惕，坚守岗位，照章办事，主动查询可疑的人和事，发现异常情况应及时向物业管理科报告。

第九条 值班巡查管理

（一）值班人员必须按时到岗，不得擅自脱离岗位，及时排查并消除治安隐患。

（二）负责检查财务室、档案室、保密室、仓库等要害部位、楼层办公室门窗关闭及上锁等情况，在规定区域内，勤巡逻、勤检查，切实做好防盗工作。

（三）负责定时开关办公区走廊照明灯，做好照明设施的日常检查工作，发现损坏及时报告、更换。

（四）值班人员必须时刻提高警惕，发现异常情况应及时向物业管理科报告。

第十条 重点部位安全管理

（一）重点要害部门、部位要配备防盗、防火设备。

（二）财务室、档案室、仓库等区域，实行专人负责，责任到人。

（三）重点要害部门的工作人员，应严格遵守岗位纪律，自觉按照本部门规定的操作规程操作，认真履行岗位职责，及时关门、关窗。

（四）严禁非工作人员随意进入重点部门和部位。

（五）定期对重点部门、部位进行全面检查，发现不安全因素，及时采取措施，消除隐患。

（六）重点要害部门工作人员要做好有关保密工作，不得向无关人员泄露本部门、本部位的情况。

第十一条 现金、票据、印章、有价证券等重要物品管理

（一）现金、票据、有价证券等由财务科统一管理。

（二）严禁职工将现金、金银饰品等贵重物品存放在办公室，违规存放或造成丢失被盗，由本人负责。

（三）单位各类印章由专人管理，严格实行用章审批手续。严禁滥用印章，带有印章的作废文件一律粉碎，不得外流。

第十二条　消防、交通安全管理

（一）认真学习并坚决贯彻执行《中华人民共和国消防法》，对消防设施进行定期检查，发现问题及时解决。

（二）财务室、档案室、仓库等重要场所，一律严禁烟火。

（三）不得私自接用电源线路，如确有需要，应执行作业许可审批手续后，由电工规划，实施。

（四）定期组织开展日常消防安全教育、培训和演练。

（五）定期开展消防检查、巡查工作，消除火险隐患。

第十三条　治安防范教育培训管理

（一）及时传达上级部门有关治安防范工作方面的文件精神，并结合单位实际，做好统一部署。

（二）监督作业现场的安全措施的实施，发现违规现象要及时制止和纠正，严格执行“两穿一戴”，禁止作业人员使用不合格的安全工具和劳动保护用品。

（三）定期对全体职工开展法制教育，提高法制观念和守法意识，有效杜绝违法犯罪事件的发生。

（四）在节假日和大型活动前，做好安全教育和安全预防工作，并有预防措施和应急措施。

（五）做好危险物品应急管理培训。

第十四条　发生治安案件、涉嫌刑事犯罪案件的报告管理

单位内部发生治安案件、涉嫌刑事犯罪案件时：

（一）及时向安保管理机构报告，及时处置，把事故损失控制到最低限度。

（二）及时组织人员保护好现场，控制和防止犯罪嫌疑人逃匿。

（三）及时向当地公安机关报告，积极配合公安机关开展对案件的查处工作。

（四）认真做好抢救、善后工作，防止事态扩大，堵塞漏洞，加强安全防范措施。

（五）凡发现漏报、瞒报或不报的，将追究相关责任者的相应责任。

第十五条　危险物品管理

危险物品的安全管理应当遵循危险物品安全管理制度：

（一）在值班过程中发现来路不明的危险物品进入管理范围（包括个人携带、私藏），时，安保人员应：

1）立即报告安保管理机构和安全管理部门，制止有关人员进入。

2）妥善处置危险物品。

3）视事件严重性及时进行报警。

4）必要时直接报告单位负责人。

（二）在值班过程中发现有人利用危险物品进行破坏时，安保人员应：

1）立即报告安保管理机构和安全管理部门，及时制止并控制破坏人员。

2）妥善处置危险物品。

3）视事件严重性及时进行报警。

4）保护好现场，及时将围观群众疏散开。

5）必要时直接报告单位负责人。

第十六条　治安保卫工作检查、考核及奖惩

按照单位考核奖惩办法执行。

第三章　附　　则

第十七条　本制度由物业管理科负责解释。

第十八条　本制度自印发之日起施行。

【标准条文】

4.2.9　用电安全管理

配备专职电工，持证上岗；定期对公共用电设备设施进行检查，及时维修或更换损坏的电气设备；检查和监督不规范用电行为；检修、维护、施工作业或举办活动等临时用电应符合有关规范；制定用电突发事件应急预案，并定期演练。

1. 工作依据

GB/T 13869—2017《用电安全导则》

2. 实施要点

（1）本条主要是指交流1000V及以下、直流1500V及以下的各类电气设备和电气装置进行的日常检查、维护等作业活动。高压变配电设备及其线路管理按变配电设备与电气线路管理的条文解读实施。在后勤保障作业活动中涉及施工临时用电的按照GB 50194—2014《建设工程施工现场供用电安全规范》和JGJ 46—2005《施工现场临时用电安全技术》要求执行。

（2）交流1000V及以下、直流1500V及以下的各类电气设备和电气装置的安装、使用和维修应符合GB/T 13869—2017《用电安全导则》的要求。

（3）后勤保障单位在进行用电安全管理时，应重点把握以下内容：

1）作业人员必须持证上岗，辅助人员必须熟悉用电安全知识，且在有资格的人员指导和带领下参与工作。

2）定期对公共用电设施进行检查，一般每月至少进行一次全面检查，电气设备有明确检修、测试和维护频度的应满足其要求。

3）应明确哪些电气设备的更换作业属于正常易损件更换，该作业虽可不持证作业，但作业人员应当熟悉基本的用电安全知识。

4）结合本单位工作特点，制定用电突发事件应急预案，并组织演练。

（4）后勤保障单位在进行检修、维护、施工作业或举办活动时均可能涉及临时用电，作为危险作业的类型之一，在《中华人民共和国安全生产法》第四十三条中专门进行了规定：生产经营单位进行爆破、吊装、动火、临时用电以及国务院应急管理部门会同国务院有关部门规定的其他危险作业，应当安排专门人员进行现场安全管理，确保操作规程的遵守和安全措施的落实。

根据水利部《水利工程建设项目生产安全重大事故隐患清单》的规定，临时用电工程中，施工现场专用的电源中性点直接接地的低压配电系统未采用 TN－S 接零保护系统；发电机组电源未与其他电源互相闭锁，并列运行；外电线路的安全距离不符合规范要求且未按规定采取防护措施，均属于重大事故隐患。

施工现场临时用电的设计、施工、运行、维护和拆除应满足 GB 50194—2014《建设工程施工现场供用电安全规范》的要求。其中日常运行、维护应符合下列规定：

1）变配电所运行人员单独值班时，不得从事检修工作。

2）应建立供用电设施巡视制度及巡视记录台账。

3）配电装置和变压器，每班应巡视检查 1 次。

4）配电线路的巡视和检查，每周不应少于 1 次。

5）配电设施的接地装置应每半年检测 1 次。

6）剩余电流动作保护器应每月检测 1 次。

7）保护导体（PE）的导通情况应每月检测 1 次。

8）根据线路负荷情况进行调整，宜使线路三相保持平衡。

3. 参考示例

用电安全管理制度

第一章 总 则

第一条 为加强电气设备管理，保证电气系统的安全运行，减少或避免各类电气事故发生，确保人身和设备的安全，特制定本制度。

第二条 本制度适用于单位安全用电的管理。

第三条 单位安全用电管理由物业管理科统一负责，各部门负责本部门业务范围内的安全用电管理。

第二章 电工作业人员的从业条件

第四条 电工作业人员必须具备下列条件：

（一）取得应急管理部门的《特种作业操作证》，并按规定定期复审。

（二）热爱本职工作，作风严谨，工作不敷衍塞责，不草率从事，对不安全因素时刻保持警惕。

（三）熟悉电气安全操作规程，掌握触电急救及电气灭火知识。

（四）熟悉单位的电气设备和线路的运行方式，掌握电气维修方法和日常检查要点。

第三章 电工作业人员的职责

第五条 认真做好本岗位的工作，对所管辖区域内电气设备、线路、电器件的安全运行负责。

第六条 认真做好管辖区域内的巡视、检查，发现事故隐患及时整改，并认真填写工作记录和交接班记录。

第七条 一旦发生触电或电气火灾事故，必须快速、正确地实施救护或灭火，并配合事故调查组的工作。

第八条 发现非电工作业人员维修电气设备或乱接乱拉电气线路，应及时制止，有权停止其工作。

第九条 对假冒伪劣或经检测不符国家、行业标准的电器产品，有权拒绝安装，对已安装的及时更换。

第十条 所持的《特种作业操作证》，必须按规定的年限由本人到发证机构进行复审，未经复审或复审不合格的，应自动下岗。

第十一条 必须认真执行单位制定的《安全教育培训制度》，新员工上岗前必须进行三级（单位、部门、岗位）安全教育培训。

第十二条 在教育培训中，应强调安全用电管理制度，使新员工充分认识安全用电的重要性，熟悉有关电的基本知识，掌握安全用电的基本方法。

第十三条 通过教育培训，对使用用电设备的一般人员，还应懂得有关的安全操作规程；对独立工作的电工作业人员，还应懂得电气装置在安装、使用、维护、检修过程中的安全要求，掌握电器设备的灭火方法，掌握触电急救的技能。

第四章 防止触电的安全措施

第十四条 在电气设备及线路的安装、运行、维修和保护装置的配备等各个环节，都必须严格遵守有关规范和工艺要求。

第十五条 对高压设备及线路的检修和改造，必须向供电部门提出申请，未经许可，不得进行作业。

第十六条 电气设备不得带故障运行。任何电气设备在未验明无电之前，一律视为有电，不得盲目触及。对挂有“禁止合闸，有人工作”“止步、高压危险”等标识牌，非有关人员不得移动。

第十七条 在架空线路下及周围作业时，必须做好防护措施，严禁在架空线路附近竖立高金属杆及其他设施。

第十八条 加强电缆线路的巡视检查，按规定的周期进行检测，禁止在电缆沟附近挖土、打桩。

第十九条 配电和用电设备必须采取接地或接零措施，并经常对其进行检查，保证连接牢固可靠。同一变压器的电路内只能采取接地或接零措施。

第二十条 Ⅰ类、Ⅱ类手持电动工具，使用时必须加装漏电保护，保证一机一闸一漏保，否则，使用者必须戴绝缘手套、绝缘鞋。对手持电动工具应定期做外观检查和绝缘测试。

第二十一条 在潮湿、水中、强腐蚀性等环境恶劣的用电设备，其控制线路必须安装漏电保护装置。

第二十二条 对触电危险的场所或容易产生误判断、误操作的地方以及存在不安全因素的现场设置安全标示。安全标示应坚固耐用，并安装在光线充分且明显之处。

第二十三条 需要移动非固定安装的用电设备（如：电焊机、砂轮切割机、空压机等），必须先切断电源再移动，移动中要防止导线被拉断、拉脱。

第二十四条 作业人员经常接触和使用的配电箱、配电板、闸刀开关、按钮开关、限位开关插座、插头以及导线等，必须保持完好，不得有破损。配电箱内不允许放置任何物件。

第二十五条 工作台上、机床上使用的局部照明灯，电压不得超过36V。

第二十六条　在安装电器时，应对元器件进行检查和检测，凡是不符合国家标准的或假冒伪劣产品，一律拒绝安装。

第二十七条　正确使用各种安全用具，并妥善保管，严禁他用。安全工具应定期效验。

第二十八条　在雷雨季节前，做好防雷设施的检修、测试工作，确保设备的绝缘和接地装置良好。

第二十九条　雷雨天，不要走近高压电杆、铁塔、避雷针，远离至少20m以外。当遇到高压线断落时，周围20m禁止人员入内。

第三十条　在搬运、安装、运行、维修中，避免电气设备的绝缘结构受机械损伤，避免受油污侵蚀。

第三十一条　临时敷设的配电线路，必须由电工完成，其线路的总配电箱除了设总隔离开关外，还应装设具有过负荷和短路保护功能的漏电保护开关。

第三十二条　搞好环境卫生，经常地清扫电气设备，防止脏污或灰尘的堆积。

第五章　电气火灾的预防

第三十三条　应合理装设断路器、熔断器、热继电器等，不得随意调整整定值。加强对电流及温升的监视，保持电压、电流和温升不超过允许值。

第三十四条　加强对电器元件及线路绝缘的测试，及时更换陈旧及绝缘老化的电器元件和导线。

第三十五条　及时调整线路负荷，保持三相负荷平衡，防止过负荷运行，对连续使用时间过长的设备或线路加强监视。

第三十六条　防止导线受到机械损伤，其易受重压或碰撞的部位，必须加套金属保护管。

第三十七条　禁止使用白炽灯、碘钨灯、卤素灯等发热灯具，可用LED灯代替。在存放易燃物的仓库，不得使用大功率灯泡。

第三十八条　导线压接处，必须保持足够的接触面，压接牢固，并经常检查。

第三十九条　插座的额定电流、电压应与实际电路相符合，不得盲目增加负荷，插座应安装在清洁、干燥无易燃、易爆物品的场所。

第四十条　使用大功率的电热器具，必须有单独的电源开关，不得使用电气插座；器具周围必须有隔热装置；不得装置在有可燃气体、易燃液体蒸汽或可燃粉尘场所，使用时必须有人看管，不得中途离开；停止使用时必须切断电源。

第四十一条　电气设备及线路在设计、安装过程中必须合理选型，其安装位置必须保持必要的防火间距，保持良好的通风。

第四十二条　当发生电气火灾时，应按照制定的应急预案组织灭火。

第六章　特殊环境的安全用电

第四十三条　对易产生静电的环境，必须采用合适的消除静电的方法，如接地、增湿、中和等方法。

第四十四条　对湿度较大或用水较多的场所，必须采用密封或防水防潮型的电气设施。

第四十五条　高温环境，必须采用隔热、防溅等措施。

第四十六条　高频电磁设备必须采用屏蔽、接地等措施。

第七章　电气安全检查

第四十七条　检查各岗位的作业人员，在操作过程中是否严格执行安全操作规程，对发现的不安全行为及时纠正。

第四十八条　对预防触电事故的各项措施，检查落实情况，对落实不到位或整改不力的部门及个人提出批评，问题严重的按《安全生产考核与奖惩办法》追究责任。

第四十九条　对发现电气安全生产管理制度方面的漏洞，及时报办公室，办公室应立即组织有关人员，对制度进行修订或补充。

第八章　附　　则

第五十条　本制度由物业管理科负责解释。

第五十一条　本制度自印发之日起施行。

【标准条文】

4.2.10　交通安全管理

建立交通安全管理制度；定期对车、船和无人驾驶飞机进行维护保养、检测，保证其状况良好；建立车、船和无人驾驶飞机使用台账；配备专职驾驶人员，持证上岗；严格安全驾驶行为管理。

1. 工作依据

《中华人民共和国道路交通安全法》（主席令第八十一号）

《企业事业单位内部治安保卫条例》（国务院令第421号）

《中华人民共和国内河交通安全管理条例》（国务院令第709号）

AC-61-FS-2018-20R2《民用无人机驾驶员管理规定》

2. 实施要点

（1）制定符合本单位工作实际的交通安全管理制度，并以正式文件发布。

（2）按规定对车辆、船舶等进行定期维护、保养、检测，并建立台账，降低因车辆、船舶自身存在的事故隐患导致事故发生的概率。

（3）加强安全驾驶行为的规范学习，对存在违规驾驶行为及时进行教育、培训、学习，对发现的各种苗头性倾向性问题及时处置，最大限度地减少事故发生的概率。

（4）车辆、船舶驾驶人员应按规定取得驾驶资格，持证上岗。

（5）无人机在工作中愈加普及，如超出了《民用无人机驾驶员管理规定》4（1）款所述情况下运行或达到Ⅲ类及以上等级，驾驶员必须取得相应级别的无人机驾驶员证照。

3. 参考示例

交通安全管理制度

第一章　总　　则

第一条　为加强交通安全管理工作，预防和减少交通事故，根据《中华人民共和国道路交通安全法》《道路交通安全法实施条例》《中华人民共和国内河交通安全管理条例》等法律法规，结合单位实际，制定本制度。

第二条　本制度适用于车辆、船舶的交通安全管理工作。

第三条　车船队是单位交通安全管理工作的归口管理部门，负责车辆、船舶的使用、维护、保养、检查、检验等工作。

第四条　车船队应建立车辆驾驶人员（驾驶员）、船舶驾驶人员（船员）台账，收集保存机动车登记证书、船舶检验证书和驾驶人员身份证、驾驶证的复印件，定期开展驾驶人员安全教育培训，建立车辆、船舶安全技术管理档案，组织进行车辆、船舶的检查、检测。

第二章　驾驶人员管理

第五条　驾驶员在驾车时必须服从公安交警、车船队的管理，严格遵守《中华人民共和国道路交通安全法》；船员在驾船时必须服从海事管理机构、车船队的管理，严格遵守《中华人民共和国内河交通安全管理条例》。

第六条　机动车辆驾驶员必须取得《机动车辆驾驶证》和相应的从业资格证书（营运性车辆驾驶员应取得《营业性道路运输驾驶员从业资格证书》，大客车应取得国家规定的驾驶员从业资格证书）。机动车辆驾驶员应当按照驾驶证载明的准驾车型驾驶机动车。

第七条　船员经水上交通安全专业培训，其中客船和载运危险货物船舶的船员还应当经相应的特殊培训，并经海事管理机构考试合格，取得相应的适任证书或者其他适任证件，方可担任船员职务。严禁未取得适任证书或者其他适任证件的船员上岗。

第八条　驾驶人员应当遵守职业道德，提高业务素质，严格依法履行职责。

第九条　驾驶人员在出车船前应保持充足睡眠，严禁疲劳驾驶。

第十条　任何人不得强迫驾驶人员违法、违章驾车船；严禁酒后驾车船、疲劳驾驶或将车船交给无证人员驾驶；严禁交通肇事后逃逸。

第十一条　驾驶员在出车前应对车辆水箱、润滑系统、制动系统以及轮胎等进行例行安全检查，船员在出船前应对船舶的动力系统、操作系统、辅助系统、救生系统等进行例行安全检查。在出车船途中，应确保与有关人员保持通信联系，及时反馈行车船安全情况，遇到突发事件及时报告。

第十二条　单位不得聘用无适任证书或者其他适任证件的人员担任驾驶人员。

第三章　车船管理

第十三条　机动车辆使用前，必须向公安交警部门申请登记，领取号牌、行驶证，并按规定办齐随车必备的证件。

第十四条　船舶具备下列条件，方可航行：

（一）经海事管理机构认可的船舶检验机构依法检验并持有合格的船舶检验证书。

（二）经海事管理机构依法登记并持有船舶登记证书。

（三）配备符合国务院交通主管部门规定的船员。

（四）配备必要的航行资料。

第十五条　车船购置应按相关规定进行，使用中应做好维护保养工作。如涉及租用、借用车船，必须签订合同，并按照有关交通安全法规，由双方签订交通管理安全协议书。

第十六条　车船管理应遵守国家关于车船的安全管理规定。车船的装备、安全防护装置及附件应齐全有效，车船技术状况、污染物和噪声排放应符合国家有关规定，全车船各部位在发动机运转及停车船时应无漏油、漏水、漏电、漏气现象，车船容整洁，车船安全技术状况不符合国家有关标准或交通安全有关的证照资料不全或无效的，严禁使用。

第十七条　车船状况、各项安全技术性能必须保持完好，车船应定期由安全技术部门检验机构进行检测和检验合格，合格后使用，不得开“病车”“病船”通行。对已达到报废条件的车船应强制报废，并及时办理报废、回收、销户手续，以保证车船况良好。

第十八条　车辆在办公区内行驶，应按限速标志要求行驶。

第十九条　车船应停放在指定的停车停船地点、场所停放，严禁随意停放。

第四章　交通事故管理

第二十条　驾驶人员发生安全事故后应按规定向有关部门报告、保护好现场、积极抢救伤员，严禁逃逸，严禁违规、私自处理。

第二十一条　发生交通事故时，不论责任及事故大小，都应及时向当地公安交警部门（海事管理机构）和所在部门报告。如遇重、特大交通事故，应立即报告单位主要负责人。

第二十二条　对发生的交通事故，以当地公安交警部门（海事管理机构）的责任认定结论为准。车船队对驾驶人员按照有关规定处理。

第二十三条　对发生的交通事故的损失鉴定以当地公安交警部门（海事管理机构）的事故协议书为准。

第二十四条　发生交通事故后，必须按“四不放过”原则，查明原因、分清责任，提出处理意见，落实安全防范措施。

第二十五条　酒后驾驶、无证驾驶或私自操作设备造成事故的，除按规定赔偿损失外，还应予以经济或行政等处理。发生重大事故触犯刑法，移交司法机关追究其法律责任。

第五章　附　　则

第二十六条　本制度由车船队负责解释。

第二十七条　本制度自印发之日起施行。

车（船）维修保养情况统计表

编号：

序号	车辆/船舶	维修保养日期	维修保养项目内容	费用报销凭证号
1				
2				
⋮				

车（船）安全技术检验及保险统计表

编号：

序号	车辆/船舶	购置年份	检验日期	检验周期	保险情况
1					
2					
⋮					

【标准条文】

4.2.11　消防安全管理

制定消防管理制度，建立健全消防安全组织机构，落实消防安全责任制；防火重点部位和场所配备足够的消防设施、器材，并完好有效；建立消防设施、器材台账；开展消防培训和演练；建立防火重点部位或场所档案。

1. 工作依据

《中华人民共和国消防法》(2021年第二次修正)

《机关、团体、企业、事业单位消防安全管理规定》(公安部令第61号)

《高层民用建筑消防安全管理规定》(应急管理部令第5号)

GB/T 40248—2021《人员密集场所消防安全管理》

2. 实施要点

(1) 制定消防管理制度，以正式文件发布。后勤保障单位消防安全制度主要包括以下内容：消防安全教育、培训；防火巡查、检查；安全疏散设施管理；消防(控制室)值班；消防设施、器材维护管理；火灾隐患整改；用火、用电安全管理；易燃易爆危险物品和场所防火防爆；专职和义务消防队的组织管理；灭火和应急疏散预案演练；燃气和电气设备的检查和管理(包括防雷、防静电)；消防安全工作考评和奖惩；其他必要的消防安全内容。

(2) 后勤保障单位应明确消防安全组织机构，落实消防安全责任制，签订消防安全责任书。单位消防安全责任人的职责应符合《机关、团体、企业、事业单位消防安全管理规定》(公安部令第61号)第六条规定。单位消防安全管理人的职责应符合《机关、团体、企业、事业单位消防安全管理规定》(公安部令第61号)第七条规定。

(3) 后勤保障单位既有建筑物改造、使用和维护中的消防设施必须按GB 55037—2022《建筑防火通用规范》的规定执行。具体配备类型、位置和数量还应符合GB 55036—2022《消防设施通用规范》的规定。

(4) 标准条文中的防火重点部位是指消防安全重点部位，后勤保障单位应当根据管理范围的特点确定消防安全重点部位，不仅要根据火灾危险源的辨识来确定，还应根据本单位的实际，即物品贮存的多少、价值的大小、人员的集中量以及隐患的存在和火灾的危险程度等情况而定，通常可以下几个方面来考虑：

1) 容易发生火灾的部位。如化工生产车间、油漆、烘烤、熬炼、木工、电焊气割操作间，化验室、汽车库、化学危险品仓库，易燃、可燃液体储罐，可燃、助燃气体钢瓶仓库和储罐，液化石油气瓶或储罐，氧气站，乙炔站，氢气站，易燃的建筑群等。

2) 发生火灾后对消防安全有重大影响的部位，如与火灾扑救密切相关的变配电室、消防控制室、消防水泵房等。

3) 性质重要、发生事故影响全局的部位，如发电站、变配电站(室)，通信设备机房、生产总控制室，电子计算机房，锅炉房，档案室、资料、贵重物品和重要历史文献收藏室等。

4) 财产集中的部位，如储存大量原料、成品的仓库、货场，使用或存放先进技术设备的实验室、车间、仓库等。

5) 人员集中的部位，如宾馆、幼儿园、职工医院、办公及文体活动场所、集体宿舍、职工食堂等人员密集场所。

(5) 建立消防设施、器材台账，应将管理范围内所有消防设施、器材纳入统计。对灭火器应当单独建立档案资料，记明配置类型、数量、设置位置、检查维修单位（人员）、更换药剂的时间等有关情况。

（6）制定消防应急预案，定期开展消防培训和演练，强化实践操作技能培训。消防安全重点单位应当按照灭火和应急疏散预案，至少每半年进行一次演练，并结合实际，不断完善预案。其他单位应当结合本单位实际，参照制定相应的应急方案，至少每年组织一次演练。

消防培训主要培训内容包括：

1）有关消防法规、消防安全制度和保障消防安全的操作规程。

2）本单位、本岗位的火灾危险性和防火措施。

3）有关消防设施的性能、灭火器材的使用方法。

4）报火警、扑救初起火灾以及自救逃生的知识和技能。

消防安全专门培训对象包括：

1）消防安全责任人、消防安全管理人。

2）兼职消防管理人员（安全员）。

3）消防控制室的值班、操作人员。

4）其他依照规定应当接受消防安全专门培训的人员。

（7）属于消防安全重点单位的应按照《机关、团体、企业、事业单位消防安全管理规定》（公安部令第61号）第四十一条、第四十二条、第四十三条建立消防档案。其他单位应当将本单位的基本概况、公安消防机构填发的各种法律文书、与消防工作有关的材料和记录等统一保管备查。

3. 参考示例

消防安全管理规定

第一章 总 则

第一条 为了加强和规范消防安全管理，预防火灾和减少火灾危害，根据《中华人民共和国消防法》和公安部《机关、团体、企业、事业单位消防安全管理规定》，结合实际情况制定本规定。

第二条 本规定适用于单位的消防安全管理。

第三条 应当遵守消防法律、法规、规章（以下统称消防法规），贯彻预防为主、防消结合的消防工作方针，履行消防安全职责，保障消防安全。

第四条 主要负责人是本单位的消防安全责任人，对本单位的消防安全工作全面负责。

第五条 应当落实逐级消防安全责任制和岗位消防安全责任制，明确逐级和岗位消防安全职责，确定各级、各岗位的消防安全责任人。

第二章 消防安全责任

第六条 消防安全责任人应当履行下列消防安全职责：

（一）贯彻执行消防法规，保障本单位消防安全符合规定，掌握本单位的消防安全情况。

（二）将消防工作与本单位的生产、经营、管理等活动统筹安排。

（三）为本单位的消防安全提供组织保障。

（四）确定逐级消防安全责任，批准实施消防安全制度和保障消防安全的操作规程。

（五）组织防火检查，督促落实火灾隐患整改，及时处理涉及消防安全的重大问题。

（六）根据消防法规的规定建立义务消防队。

（七）组织制定符合本单位实际的灭火和应急疏散预案，并实施演练。

第七条　分管安全的领导为本单位的消防安全管理人。消防安全管理人对本单位的消防安全责任人负责，实施和组织落实下列消防安全管理工作：

（一）组织实施日常消防安全管理工作。

（二）组织制定消防安全制度和保障消防安全的操作规程并检查督促其落实。

（三）拟订消防安全工作的组织保障方案。

（四）组织实施防火检查和火灾隐患整改工作。

（五）组织实施对本单位消防设施、灭火器材和消防安全标志的维护保养，确保其完好有效，确保疏散通道和安全出口畅通。

（六）组织管理义务消防队。

（七）在员工中组织开展消防知识、技能的宣传教育和培训，组织灭火和应急疏散预案的实施和演练。

（八）消防安全责任人委托的其他消防安全管理工作。

第八条　消防安全管理人应当定期向消防安全责任人报告消防安全情况，及时报告涉及消防安全的重大问题。

第三章　消防安全管理

第九条　运行控制室、配电房、发电机房等处是本单位消防安全重点部位，应按照本规定的要求，设置明显的防火标志，实行严格管理。

第十条　应当确定兼职消防管理人员（安全员），兼职消防管理人员在消防安全责任人或者消防安全管理人的领导下开展消防安全管理工作。

第十一条　各部门应当对动用明火实行严格的消防安全管理。禁止在具有火灾、爆炸危险的场所使用明火；因特殊情况在易燃等危险场所需要进行电、气焊等明火作业的，动火单位的用火应按相关管理制度办理审批手续，落实现场监护人，在确认无火灾、爆炸危险后方可动火施工。动火施工人员应当遵守消防安全规定，并落实相应的消防安全措施。

在档案室、办公室等场所动用电、气焊等明火作业的必须报请相应部门审批。

第十二条　各部门应当保障疏散通道、安全出口畅通，并设置符合国家规定的消防安全疏散指示标志和应急照明设施，保持防火门、消防安全疏散指示标志、应急照明等设施处于正常状态。

严禁下列行为：

（一）占用疏散通道或消防通道。

（二）在安全出口或者疏散通道上安装栅栏等影响疏散的障碍物。

（三）在生产、会务、工作等期间将安全出口上锁、遮挡或者将消防安全疏散指示标识遮挡、覆盖。

（四）其他影响安全疏散的行为。

第十三条 应当根据消防法规的有关规定，建立义务消防队，配备相应的消防装备、器材，并组织开展消防业务学习和灭火技能训练，提高预防和扑救火灾的能力。

第十四条 发生火灾时，各部门应当立即实施灭火和应急疏散预案，务必做到及时报警，迅速扑救火灾，及时疏散人员。任何人员都应当无偿为报火警提供便利，不得阻拦报警。

火灾扑灭后，应当保护现场，接受事故调查，如实提供火灾事故的情况，协助公安消防机构调查火灾原因，核定火灾损失，查明火灾事故责任。未经公安消防机构同意，不得擅自清理火灾现场。

第四章 防 火 检 查

第十五条 应当每月对消防重点部位进行一次防火巡查，巡查的内容应当包括：

（一）用火、用电有无违章情况。

（二）安全出口、疏散通道是否畅通，安全疏散指示标识、应急照明是否完好。

（三）消防通道是否畅通，有无占用消防通道停泊车辆。

（四）消防设施、器材和消防安全标志是否在位、完整。

（五）常闭式防火门是否处于关闭状态。

（六）消防安全重点部位的人员在岗情况。

（七）其他消防安全情况。

防火巡查人员应当及时纠正违章行为，妥善处置火灾危险，无法当场处置的，应当立即报告。

发现初起火灾应当立即报警并及时扑救。防火巡查应当填写巡查记录，巡查人员及其主管人员应当在巡查记录上签名。

第十六条 安全生产领导小组每季度组织进行一次防火检查，检查的内容应当包括：

（一）火灾隐患的整改情况以及防范措施的落实情况。

（二）安全疏散通道、疏散指示标识、应急照明和安全出口情况。

（三）消防车通道、消防水源情况。

（四）灭火器材配置及有效情况。

（五）用火、用电有无违章情况。

（六）重点工种人员以及其他员工消防知识的掌握情况。

（七）消防安全重点部位的管理情况。

（八）易燃易爆危险物品和场所防火防爆措施的落实情况以及其他重要物资的防火安全情况。

（九）消防（控制室）值班情况和设施运行、记录情况。

（十）防火巡查情况。

（十一）消防安全标识的设置情况和完好、有效情况。

（十二）其他需要检查的内容。

防火检查应当填写检查记录。检查人员和被检查室组负责人应当在检查记录上签名。

第十七条 消防设施管理部门应当按照建筑消防设施检查维修保养有关规定的要求，对建筑消防设施的完好有效情况进行检查和维修保养。

第十八条　消防设施管理部门应当按照有关规定定期对灭火器进行维护保养和维修检查。对灭火器应当建立档案资料，记明配置类型、数量、设置位置、检查维修人员、更换药剂的时间等有关情况。

第五章　火灾隐患整改

第十九条　各部门对存在的火灾隐患，应当及时予以消除。

第二十条　对下列违反消防安全规定的行为，各部门应当责成有关人员当场改正并督促落实：

（一）违章进入储存易燃易爆危险物品场所的。

（二）违章使用明火作业或者在具有火灾、爆炸危险的场所吸烟、使用明火等违反禁令的。

（三）将安全出口上锁、遮挡，或者占用、堆放物品影响疏散通道畅通的。

（四）消火栓、灭火器材被遮挡影响使用或者被挪作他用的。

（五）常闭式防火门处于开启状态。

（六）消防设施管理、值班人员和防火巡查人员脱岗的。

（七）违章关闭消防设施、切断消防电源的。

（八）其他可以当场改正的行为。违反前款规定情况以及改正情况应当有记录并存档备查。

第二十一条　对不能当场改正的火灾隐患，各部门应及时将存在的火灾隐患向安全生产领导小组报告，提出整改方案，明确整改的措施、期限、责任人。在火灾隐患未消除之前，各部门应当落实防范措施，保障消防安全。不能确保消防安全，随时可能引发火灾或者一旦发生火灾将严重危及人身安全的，应当将危险部位停产停业整改。

第二十二条　火灾隐患整改完毕，负责整改的室组或者人员应当将整改情况记录报送安全生产领导小组，负责人签字确认后存档备查。

第六章　消防安全宣传教育和培训

第二十三条　安全生产领导小组通过多种形式开展经常性的消防安全宣传教育。宣传教育和培训内容应当包括：

（一）有关消防法规、消防安全制度和保障消防安全的操作规程。

（二）本单位、本岗位的火灾危险性和防火措施。

（三）有关消防设施的性能、灭火器材的使用方法。

（四）报火警、扑救初起火灾以及自救逃生的知识和技能。

第二十四条　下列人员应当接受消防安全专门培训：

（一）消防安全责任人、消防安全管理人。

（二）兼职消防管理人员（安全员）。

（三）消防控制室的值班、操作人员。

（四）其他依照规定应当接受消防安全专门培训的人员。

第七章　灭火、应急疏散预案和演练

第二十五条　编制的灭火和应急疏散预案应当包括下列内容：

（一）编制目的、依据、范围。

（二）应急工作原则。

（三）单位基本情况。

（四）火灾情况设定。

（五）组织机构及职责。

（六）应急响应。

（七）应急保障。

（八）应急响应结束。

（九）后期处置。

（具体内容可参考 GB/T 38315—2019《社会单位灭火和应急疏散预案编制及实施导则》编制）

第二十六条　安全生产领导小组应当按照灭火和应急疏散预案，至少每年进行一次演练，并结合实际，不断完善预案。

消防演练时，应当设置明显标识并事先告知演练范围内的人员。

第八章　附　　则

第二十七条　本办法由安全生产领导小组办公室负责解释。

第二十八条　本办法自发文之日起执行。

灭火器档案

序号	名称（编号）	规格型号	安装位置	数量	检查维修人员	更换药剂时间

消防设施登记台账

序号	名 称	规格型号	安装位置	投用时间	检验周期	检验时间	责任人
1	灭火器 1#		A 层 A 点				
2	灭火器 2#		A 层 B 点				
3	消火栓						
4	微型消防站						
5	应急照明灯具						
6	自动喷淋灭火系统						
7	火灾报警装置						
⋮							

安全培训实施记录表

组织部门：

培训主题	消防安全培训		主讲人		
培训地点		培训时间		培训学时	
参加人员	见签到表				
培训内容	1. 火灾的种类； 2. 灭火器的使用方法； 3. 疏散逃生的方法； 4. 常见火灾事故分析； …… 记录人：				
培训评估方式	□考试　□实际操作　□事后检查　□课堂评价				
培训效果评估及改进意见	评估人：　　　　年　月　日				

培训效果评估表

课程主题：__________　　培训日期：__________

课程评估		评分标准			
		好 (10、9)	良好 (8)	一般 (7、6)	很差 (5)
课程内容部分	1. 适合我的工作和个人发展需要				
	2. 内容深度适中、易于理解				
	3. 内容切合实际、便于应用				
培训讲师部分	1. 有充分的准备				
	2. 表达清楚、态度和蔼				
	3. 对进度与现场气氛把握很好				
	4. 培训方式生动多样				
培训效果部分	1. 获得了适用的新知识				
	2. 对思维、观念有了启发				
	3. 获得了可以在工作上应用的一些有效的技巧或技术				
	4. 其他				
对本人工作上的帮助程度：A、较小　B、普通　C、有效　D、非常有效					
整体上，您对这次课程的满意程度是：A、不满　B、普通　C、满意　D、非常满意					
今后您还需要什么样的培训？您对培训工作有何建议？					

填表说明：本评估表评分为四个等级，“好”为：10、9分，“良好”为：8分，“一般”为：7、6分，“差”为：5分，评分标准只填分数值。

【标准条文】

4.2.12 仓储安全管理

制定仓储安全管理制度；仓库结构满足安全要求；按规定配备消防等安全设备设施，且灵敏可靠；消防通道畅通；物品储存符合有关规定；管理、维护记录规范。

1. 工作依据

《中华人民共和国安全生产法》（主席令第八十八号）

《危险化学品安全管理条例》（国务院令第645号）

GA 1131—2014《仓储场所消防安全管理通则》

GB 50223—2008《建筑工程抗震设防分类标准》

2. 实施要点

（1）主要仓储建筑物库房应该外观整洁无污损、开裂、漏水、沉陷等影响形象及使用的缺陷，主要结构梁、柱、板等构造完整，主要构件门窗、排水等附件应该完好可用。仓库的抗震要求应当符合GB 50223—2008《建筑工程抗震设防分类标准》规定，防火等级应当符合GB 50016—2014（2018年版）《建筑设计防火规范》规定。仓库的防火等级要和储备的物资类型相匹配，根据库房面积及防火等级设置合理的防火分区，分区隔离装置应符合分隔要求。

（2）对于有显著缺陷的库房应做房屋安全鉴定，鉴定为D级危房的不得参加评审或者直接定为不合格，属于危房的要采取除险加固措施保证库房安全。

（3）仓库应按规定设置消防安全标志，消防安全标志设置应符合GB 13495.1—2015《消防安全标志 第1部分：标志》和GB 15630—1995《消防安全标志设置要求》的规定。

（4）仓库储存的物品必须按照“五距原则”堆放，摆放要分类、整齐、稳定、限高，禁止货物堵塞消防设施及消防通道。物品储存还应符合GA 1131—2014《仓储场所消防安全管理通则》的储存管理规定。

（5）仓储场所每月应至少组织一次防火检查，各部门（班组）每周应至少开展一次防火检查，检查内容应符合GA 1131—2014《仓储场所消防安全管理通则》的防火检查要求。属于消防安全重点单位的还应开展每日防火巡查，巡查内容应符合GA 1131—2014《仓储场所消防安全管理通则》的防火巡查要求。

（6）对仓库的检查、管理和维护均应填写书面记录，并保存备查。

3. 参考示例

仓库安全管理制度

第一章 总 则

第一条 为加强仓库安全管理，保障物资安全、人员安全，结合本单位实际情况，制定仓库安全管理制度。

第二条 各部门要认真学习物资储备的相应业务知识，熟悉和掌握所储备物资的性质、易燃程度、保管方法、灭火方法。

第三条 本单位仓库的管理部门为物资部。

第二章 管 理 细 则

第四条 除工作需要外，非工作人员严禁进入库房。

第五条 如因工作需要确需进入库房的应征得仓库管理部门同意，在仓库工作人员确认其已熟悉相应的安全事项告知并遵守本仓库安全管理规定的前提下进入。

第六条 非工作人员进入库房时，仓库工作人员必须在现场进行实时监督，发现违章行为及时制止。

第七条 严格用电、用水管理，每日要“三查”，一查门窗关闭情况，二查电源、火源、消防易燃情况，“三查”货物堆垛及仓库周围有无异常情况现象。

第八条 仓库外要保持干净整洁，不准有火种、易燃物品接近。

第九条 库房内严禁烟火，不准吸烟、不准设灶、不准点蜡烛、不准乱接电线、不准把易燃物品带进去寄放。

第十条 仓库工作人员应提高警惕，防止盗窃。每日上下班前应在库内外四周检查一遍，下班前将门窗紧闭，大门加锁。

第十一条 定期进行物资清洁整理，做到存放到位、清洁整齐、标识齐全，安全高效。私人物件不得存放库内。

第十二条 库存物资必须根据其相应特性进行分类存放、妥善保管，采取相应的防潮、防尘、防光、防霉变、防虫蛀等措施，以免损坏。

第十三条 库房内堆放物品应满足以下要求：

1. 堆垛上部与楼板、平屋顶之间的距离不小于0.3m（人字屋架从横梁算起）；
2. 物品与照明灯之间的距离不小于0.5m；
3. 物品与墙之间的距离不小于0.5m；
4. 物品堆垛与柱之间的距离不小于0.3m；
5. 物品堆垛与堆垛之间的距离不小于1m。

第十四条 仓库内要保持干爽，定期通风除湿。易霉变物资及易受潮区域的物资应离地存放（如：货架式存放、托盘式存放），经常性进行检查保养，保障物资状态在可控范围之内。

第十五条 仓库内要保持清洁，精密仪器等物资的存放应做好包装、覆盖等防尘措施，并经常性进行检查保养。

第十六条 土工布等需防光储存的物资应采取对应遮光措施（如：遮光布覆盖、遮光窗帘、遮阳纸等），并在日常储备管理加强防范。

第十七条 电缆、编织袋等易受虫蛀的物资应离地存放，并采取相应鼠虫治理措施（如适时投放鼠虫治理药物）。

第十八条 仓库内外要保持道路畅通，尤其消防安全通道在任何情况下都不得堵塞，保证人员安全。

第十九条 仓库内涉及高空等危险作业时必须做好相应安全防范措施。

第二十条 仓库内应按规定配备相应灭火安全设施，仓库工作人员应熟练掌握消防知识，确保安全管理。

第二十一条 遇到紧急情况如失火、突发性天灾时应及时采取相应的措施并上报。

第三章 附 则

第二十二条 本制度由物资部负责解释。

第二十三条 本制度自发文之日起执行。

仓库检查记录

单位：

检查人：

检查时间：　　　　年　　月　　日　　时　　分

序号	检查内容	检查情况
1	结构、储物架、环境是否满足安全要求	
2	各项消防安全制度和消防安全操作规程的执行和落实情况	
3	消防通道、安全出口、消防车通道是否畅通，是否有明显的安全标志	
4	消防水源情况，灭火器材配置及完好情况，消防设施有无损坏、停用、埋压、遮挡、圈占等影响使用情况	
5	室内仓储场所是否设置办公室、员工宿舍	
6	物品存储是否符合有关规定，防火间距是否满足要求	
7	用火、用电有无违章	
8	物品入库前是否经专人检查，有无检查记录	
9	是否建立物品管理、维护台账	
10	台账、记录是否完整	

备注：

本检查记录必须如实填写，出现“否”的情况必须立即整改。

【标准条文】

4.2.13　食堂安全管理

制定食堂管理制度；对外营业的应取得相应资格；从业人员取得健康证明，并定期体检；规范使用高压锅、微型燃气气瓶等带压装置，严格按规定操作使用燃气和液化石油气、规范使用甲醇、乙醇、丙醇等醇基燃料加热炉、电动食品加工器具等设施；配备有效的清洗、消毒设施，不应使用钢丝球刷洗餐具炊具；定期进行卫生保洁、灭杀“四害”工作；建立食品采购与储存台账，禁止使用来源不明或过期、变质食品，按规定进行原材料农药残留检测；厨余及垃圾及时清理；按规定进行食堂菜品留样；制定食物中毒应急预案，并定期开展培训和演练。

1. 工作依据

《城镇燃气管理条例》(国务院令第 666 号)

GB 50028—2006《城镇燃气设计规范》

《中华人民共和国食品安全法》(2021 年第二次修订)

GB 31654—2021《食品安全国家标准　餐饮服务通用卫生规范》

《餐饮服务食品安全操作规范》(国家市场监督管理总局公告 2018 年第 12 号)

2. 实施要点

(1) 制定制度。应根据单位自身业态、经营项目、供餐对象、供餐数量等制定食堂管理制度，对食堂管理机构和职责、人员健康、环境卫生、厨具、食材、燃气燃料等方面安全管理进行规定。制度应包括：食堂人员管理、从业人员培训考核、场所及设施设备（如卫生间、空调及通风设施、制冰机等）定期清洗消毒、维护、校验制度、食品添加剂使用、餐厨废弃物处置、有害生物防治等。

(2) 经营许可。食堂对外营业的，根据《食品经营许可管理办法》第二条规定，在中华人民共和国境内，从事食品销售和餐饮服务活动，应当依法取得食品经营许可。

(3) 人员健康。《餐饮服务通用卫生规范》11.1.2 条规定，从事切菜、配菜、烹饪、传菜、餐用具清洗消毒等接触直接入口食品工作的人员应每年进行健康检查，取得健康证明后方可上岗；《食品安全国家标准　餐饮服务食品安全操作规范》14.1.1 条规定，从事接触直接入口食品工作（清洁操作区内的加工制作及切菜、配菜、烹饪、传菜、餐饮具清洗消毒）的从业人员（包括新参加和临时参加工作的从业人员，下同）应取得健康证明后方可上岗，并每年进行健康检查取得健康证明，必要时应进行临时健康检查。

(4) 设备设施。食堂工作人员应按相关规定和设备说明书要求，正确使用各类带压装置、气瓶、燃料加热炉、电动食品加工器具和加热设备，防止漏气、漏电、爆炸；定期维护食品加工、贮存等设施、设备；进行燃料更换（木炭、醇基燃料等）时，防止烫伤。

采用燃料加热时，尽量采购使用乙醇作为菜品（如火锅等）加热燃料。使用甲醇、丙醇等作燃料，应加入颜色进行警示，并严格管理，防止作为白酒误饮。

使用气瓶时应注意以下安全要求：

1) 气瓶必须保持直立使用。

2) 气瓶放置地点不应位于人员密的室内，与热源和明火保持 1m 以上的距离。

3) 气瓶阀出口螺纹为左旋（直阀为直插式）。安装调压器时，应调压器是否超过使用有效期、密封圈是否完好无损，调压器拧紧后，应用肥皂水检查调压器与瓶阀连接处，不应漏气。

4) 发现液化气泄漏时，应立即打开门窗通风散气，不可点火，不应开关电器设备或使用电话，以防引起燃爆火灾事故。

5) 严禁用任何热源对气瓶加热。

6) 严禁用户自行处理气瓶内残液。

此外《城镇燃气设计规范》规定：软管与家用燃具连接时，其长度不应超过 2m，并不得有接口。软管与管道、燃具的连接处应采用压紧螺帽（锁母）或管卡（喉箍）固定。在软管的上游与硬管的连接处应设阀门（单嘴阀门）。橡胶软管不得穿墙、顶棚、地面、窗和门。

(5) 清洁消毒设施。使用的洗涤剂、消毒剂应分别符合 GB 14930.1 和 GB 14930.2

等食品安全国家标准和要求的有关规定。不应使用钢丝球等可能产生安全风险的清洗消毒设施刷洗餐具炊具。

(6) 卫生保洁。应保持餐饮服务场所建筑结构完好，环境整洁，防止虫害侵入及滋生。单位应定期进行卫生保洁和灭杀“四害”工作。有害生物防治应遵循物理防治（粘鼠板、灭蝇灯等）优先，化学防治（滞留喷洒等）有条件使用的原则。

(7) 菜品留样。应按《餐饮服务食品安全操作规范》7.9 条规定，对每餐次食品成品进行留样。留样食品应使用清洁的专用容器和专用冷藏设施进行储存，留样时间应不少于 48h。每个品种的留样量应不少于 125g。

(8) 农药残留检测。《餐饮服务食品安全操作规范》9.2.1 条规定，可根据自身的食品安全风险分析结果，确定检验检测项目，如农药残留、兽药残留、致病性微生物、餐用具清洗消毒效果等。

(9) 台账。建立食品采购、储存和废弃物处置台账，按规定采购合格的食品、食材，遵循先进、先出、先用的原则，使用食品原料、食品添加剂、食品相关产品。及时清理腐败变质等感官性状异常、超过保质期等的食品原料、食品添加剂、食品相关产品。

如实记录采购的食品、食品添加剂、食品相关产品的名称、规格、数量、生产日期或者生产批号、保质期、进货日期以及供货者名称、地址、联系方式等内容，并保存相关记录。

处理废弃物时应详细记录餐厨废弃物的处置时间、种类、数量、收运人等信息。

(10) 编制食物中毒应急预案，并组织培训和演练。

3. 参考示例

食品采购储存台账

序号	名称	规格	数量	生产日期/批号	保质期	进货日期	供货商信息	使用时间

记录人：　　　　　　　　　　　　　　　　安全管理员：

废弃物处置台账

序号	名称	种类	数量	处置方式	收运人	备注
1						
2						
3						
4						
5						

记录人：　　　　　　　　　　　　　　　　安全管理员：

食堂设施、设备清洁维护记录

2022年8月

每天检查、操作项目

内　容	清洁维护记录	记录人
清洗炉灶铁架和钢盘	日期： 1√ 2√ 3√ 4√ 5√ 6√ 7√ 8√ 9√ 10√ 11√ 12√ 13√ 14√ 15√ 16√ 17√ 18√ 19√ 20√ 21√ 22√ 23√ 24√ 25√ 26√ 27√ 28√ 29√ 30√ 31√	张三
清洗蒸箱内壁及隔板	日期： 1√ 2√ 3√ 4√ 5√ 6√ 7√ 8√ 9√ 10√ 11√ 12√ 13√ 14√ 15√ 16√ 17√ 18√ 19√ 20√ 21√ 22√ 23√ 24√ 25√ 26√ 27√ 28√ 29√ 30√ 31√	张三
洗碗机内外部清洁	日期： 1√ 2√ 3√ 4√ 5√ 6√ 7√ 8√ 9√ 10√ 11√ 12√ 13√ 14√ 15√ 16√ 17√ 18√ 19√ 20√ 21√ 22√ 23√ 24√ 25√ 26√ 27√ 28√ 29√ 30√ 31√	张三
检查洗碗机清洁剂和催干剂的使用情况	日期： 1√ 2√ 3√ 4√ 5√ 6√ 7√ 8√ 9√ 10√ 11√ 12√ 13√ 14√ 15√ 16√ 17√ 18√ 19√ 20√ 21√ 22√ 23√ 24√ 25√ 26√ 27√ 28√ 29√ 30√ 31√	张三
……		

每周检查、操作项目

项目					
蒸饭箱换水	第一周	第二周	第三周	第四周	记录人
	√	√	√	√	赵六
蒸菜箱换水	第一周	第二周	第三周	第四周	记录人
	√	√	√	√	赵六
餐梯面板显示	第一周	第二周	第三周	第四周	记录人
	√	√	√	√	赵六
……	第一周	第二周	第三周	第四周	记录人
	√	√	√	√	赵六

每2周检查、操作项目

项目			
炉膛清扫	第一次	第二次	记录人
	√	√	赵六

每月检查、操作项目

项目		
检查洗碗机喷嘴，箱体和加热管	月度检查记录	记录人
	正常	张三
洗碗机内部除水垢	月度检查记录	记录人
	无水垢	张三
气瓶、燃具连接管道、气阀、可燃气体报警装置	月度检查记录	记录人
	无损坏、无漏气、设备设施正常	张三

填写方式：每次检查维护完成后，如没有问题的在该天日期或空格处打“√”，如有问题则注明问题内容。

【标准条文】

4.2.14 卫生保洁安全管理

制定环境卫生管理制度；配备环境卫生管理设施；定期进行卫生保洁、灭杀“四害”工作，杜绝混用禁忌药剂，喷雾类药剂确保通风良好；及时疏通雨、污水管道，清淤清污、疏通作业注意易燃易爆气体；及时清理垃圾，垃圾分类分拣注意小型带压装置爆炸风险；定期做好绿化管养工作，保持花草树木整齐、美观；排污、噪声符合环保标准要求。

1. 工作依据

《中华人民共和国传染病防治法》（2013年修正）

《城市市容和环境卫生管理条例》（2017年第二次修订）

CJJ/T 287—2018《园林绿化养护标准》

CJJ 6—2009《城镇排水管道维护安全技术规程》

2. 实施要点

（1）制定制度。应制定环境卫生管理制度，对职能职责、卫生保洁范围、标准、设备设施及安全操作流程等进行明确。

（2）配备设施。公共活动频繁处，应设置垃圾收集容器或垃圾收集容器间、公共厕所等环境卫生公共设施。应根据卫生保洁计划配备设备、设施及用品，确保其处于完好状态，现场妥善设置设备、设施的存放和使用场地。

（3）保洁消杀。应定期进行卫生保洁和灭杀“四害”工作，控制病媒生物密度，清除病媒生物滋生地，防止病媒生物滋生、繁殖和扩散，避免和减少病媒生物危害的发生，使鼠、蚊、蝇、蟑螂等病媒生物得到有效控制。工作中要注重科学正确用药，药物、器械必须符合国家的相关规定，坚持使用国家允许的高效低毒消杀药物，禁止使用违禁药品。病媒生物防治作业时应做好自身防护，并采取措施防止他人受到伤害。

1）使用化学防治应注意下列事项：

A. 应选择符合环保要求及对有益生物影响小的农药，宜不同药剂交替使用。

B. 应按照农药操作规程进行作业，喷洒药剂时应避开人流活动高峰期或在傍晚无风的天气进行。

C. 化学农药喷施时，应设置安全警示标识，果蔬类喷施农药后应挂警示牌。

D. 不得使用国家明令禁止的农药进行有害生物防治。

2）使用各类消毒药剂应注意下列事项：

A. 醇类消毒剂易燃，远离火源，不可用于空气消毒。

B. 含氯消毒剂（如84消毒液），不得与易燃物接触，应远离火源。

C. 过氧化物类消毒剂，易燃易爆，遇明火、高热会引起燃烧爆炸。

D. 含溴消毒剂，属强氧化剂，与易燃物接触可引发无明火自燃，应远离易燃物及火源。有刺激性气味，对眼睛、黏膜、皮肤有灼伤危险，严禁与人体接触。操作人员应佩戴防护眼镜、橡胶手套等劳动防护用品。

E. 酚类消毒剂，苯酚、甲酚对人体有毒性，在对环境和物体表面进行消毒处理时，应做好个人防护。

F. 季铵盐类消毒剂，不能与肥皂或其他阴离子洗涤剂同用，也不能与碘或过氧化物（如高锰酸钾、过氧化氢、磺胺粉等）同用。

（4）雨水、污水管道。后勤保障单位可以参照《普通住宅小区物业管理服务等级标准》，结合物业管理的服务标准确定雨水、污水管道的疏通维护周期。如二级服务标准：公共雨水、污水管道每年疏通1次；雨水、污水井每季度检查1次，并视检查情况及时清掏；化粪池每2个月检查1次，每年清掏1次，发现异常及时清掏。作业过程中的安全技术要求参照CJJ 6—2009《城镇排水管道维护安全技术规程》执行，其中涉及井下作业时，必须进行连续气体检测，且井上监护人员不得少于两人；进入管道内作业时，井室内应设置专人呼应和监护，监护人员严禁擅离职守。

（5）绿化管养。可以参照CJJ/T 287—2018《园林绿化养护标准》4.1.2条规定的质量标准对管理范围内的树木、花卉、草坪、地被植物、水生植物、竹类及附属设施等进行绿化管养。养护周期应结合单位的绿化植物种类和气候情况确定。

（6）排污。《中华人民共和国水污染防治法》第十四条规定："国务院环境保护主管部门根据国家水环境质量标准和国家经济、技术条件，制定国家水污染物排放标准。省、自治区、直辖市人民政府对国家水污染物排放标准中未做规定的项目，可以制定地方水污染物排放标准；对国家水污染物排放标准中已作规定的项目，可以制定严于国家水污染物排放标准的地方水污染物排放标准。"单位应根据所在地对水污染物排放限值要求，满足排污相关标准。

（7）噪声。根据GB 3096—2008《声环境质量标准》规定，以行政办公为主要功能的区域，其环境噪声限值分别为昼间55dB，夜间45dB。

3. 参考示例

绿化管养记录

序号	工作区域	养护对象	养护标准	是否合格	养护人	验收人
1	1号办公楼	树木				
		花卉				
		草坪				
		地被植物				
		水生植物				
		竹类				
		附属设施				
		……				
2	宿舍区					
	……					

日期：

灭虫、消杀记录

序号	工作区域	使用药剂品种	灭杀作业时间	灭杀对象	是否有警示标识	备注

记录人：　　　　　　　　　　　　安全管理员：　　　　　　　　　　　　日期：

【标准条文】

4.2.15　岗位达标

安全活动管理制度应明确岗位达标的内容和要求，开展安全生产和职业卫生教育培训、安全操作技能训练、岗位作业危险预知、作业现场隐患排查、事故分析等岗位达标活动，并做好记录。从业人员应熟练掌握本岗位安全职责、安全生产和职业卫生操作规程、安全风险及管控措施、防护用品使用、自救互救及应急处置措施。

1. 工作依据

《国务院关于进一步加强企业安全生产工作的通知》（国发〔2010〕23 号）

GB/T 33000—2016《企业安全生产标准化基本规范》

《深入开展企业安全生产标准化岗位达标工作的指导意见》（安监总管四〔2011〕82 号）

2. 实施要点

岗位达标是企业安全生产标准化的基本条件。岗位是企业安全管理的基本单元，在安全生产标准化建设过程中，应当通过考核、评定或鉴定等方式，对每个岗位作业人员的知识、技能、素质、操作、管理及其作业条件、现场环境等进行全面评价，确认是否达到岗位标准。只有每个岗位，尤其是基层操作岗位，将国家有关安全生产法律法规、标准规范和企业安全管理制度落到实处，实现岗位达标，才能真正实现企业达标。

在开展安全生产标准化建设过程中，在逐步完善作业条件、改良安全设施和提高安全生产管理水平的同时，应从开展岗位达标入手，加强安全生产基础建设，重点解决岗位操作问题和作业现场管理问题，为实现企业达标奠定基础。岗位达标可以分以下四步完成。

一是制定岗位标准，明确岗位达标要求。企业要结合各岗位的性质和特点，依据国家有关法律法规、标准规范制定各个岗位的岗位标准。岗位标准是该岗位人员作业的综合规范和要求，其内容必须具体全面、切实可行。

二是建立评定制度，确定达标评定程序。企业要建立岗位达标评定工作制度，对照岗位标准确定量化的评定指标，明确评定工作的方式、程序、评定结果处理等内容。企业岗位达标评定可以采用达标考试、岗位自评、班组互评、上级对下级评定、成立评定小组统一评定等方式进行。

三是切实加强班组建设。将班组安全管理作为岗位达标的重要内容，从规范班前会、开展经常性的安全教育等班组安全活动入手，将各项安全管理措施落实到班组，将安全防范技能落实到每一个班组成员，强基固本，真正把生产经营筑牢在安全基础上。

四是丰富达标形式，推动岗位达标创新。企业可采取开展班组建设活动、危险预知训练、岗位大练兵、岗位技术比武、全员持证上岗、师傅传帮带等切合实际、形式多样的活动，营造“全员参与岗位达标，人人实现岗位安全”的活动氛围，不断提升职工的安全素质，推动岗位达标工作。

在开展岗位达标过程中，应注意与《评审规程》其他工作进行有效的融合，不能孤立的进行。最终使各岗位作业人员达到掌握本岗位安全职责、安全生产和职业卫生操作规程、安全风险及管控措施、防护用品使用、自救互救及应急处置措施情况的目的。

3. 参考示例

岗位达标考核记录表

被考核部门/人员：　　　　　　　　　　　　　　　　　　　编号：

序号	项目	考核内容	分值	扣分标准	实际得分
一	岗位安全生产职责（10分）	1. 签订安全生产责任书	5	未签订安全生产责任书扣5分，每缺少1人扣2分	
		2. 熟悉岗位安全生产职责	5	不了解本人安全生产责任的每处扣1分	
二	岗位安全操作（10分）	1. 持有安全操作规程或作业指导书	4	现场未配备安全操作规程或无作业指导书的扣4分	
		2. 按标准规范和操作规程进行操作	3	出现违章操作和违章指挥现象，每次扣2分，对操作规程和标准规范不熟悉的一人次/每处扣1分	
		3. 严格执行危险作业许可制度，有效落实施工安全措施	3	未落实作业许可制度，不按规定办理作业许可的扣3分，安全措施未落实的一项扣1分	
三	安全教育（20分）	1. 按规定组织或参加各类安全教育	10	未按制度规定要求开展的培训教育的扣5分，员工一人次缺少规定培训教育的扣2分	
		2. 持证上岗	10	未按规定持证上岗的每人扣2分，证书不在有效期的一人次扣1分	
四	现场安全管理（20分）	1. 现场布置符合标准规范和消防安全要求	5	一处不符合要求扣2分	
		2. 设备性能完好，安全设施齐全	5	设备完好，性能符合要求，一项不合格扣1分，安全设施一项不合格扣1分	
		3. 作业环境文明整洁，无杂物，物料工具堆放整齐，安全通道畅通	5	工作环境不整洁、有障碍物，发现一处扣1分，安全通道被阻碍一处扣1分，盖板或防护栏缺一处扣1分	
		4. 工作场所或关键设备设施的风险告知和安全警示标识醒目、齐全、标准一致	5	无相应风险告知或安全警示标识的扣5分，缺一处扣1分，内容不符合的一项扣1分，告知或标示不符合规范要求的一处扣1分，不醒目或破损的一处扣1分	

续表

序号	项目	考核内容	分值	扣分标准	实际得分
五	职业健康（10分）	1. 按标准配备劳动防护用品，作业人员按规定穿戴劳动防护用品	4	不按规定配备劳动防护用品的扣3分，缺一项扣1分，未按规定穿戴劳动防护用品的一人次扣1分，未按规定对劳动防护用品进行维护、检验的，一项扣1分，未建立相关台账的扣1分	
		2. 定期开展职业病危害因素监测	3	未定期开展监测的扣3分；未建立监测记录台账的扣1分	
		3. 定期开展员工职业健康体检	3	未定期开展职业健康体检的扣3分；一人次未体检的扣1分	
六	隐患排查治理（10分）	1. 做好巡回检查，严格执行巡检制度和隐患排查治理制度	5	未落实相应制度的扣5分，对巡回检查情况没有详细记录的扣1分	
		2. 对查出问题或隐患进行整改和落实防范措施	5	对发现问题或隐患未采取措施的，一项扣2分，对未整改的问题没有上报的扣2分，有关事项记录不清楚的每项扣1分	
七	安全活动（20分）	1. 扎实开展岗位安全风险辨识、隐患排查、等安全活动。作业人员要熟悉工作岗位的安全风险和防范措施	5	未按要求开展活动的扣5分，活动开展没有具体内容或不结合实际的扣1分，不熟悉岗位安全风险或防范措施的一人次扣1分	
		2. 认真开展或参加班前安全会议	5	未按要求开展班前会议的扣5分，会议记录未体现当班作业人员参加的一人次扣1分	
		3. 按规定开展应急演练、作业人员熟练掌握应急处置程序	5	未配备符合岗位的应急处置方案和应急处置卡的扣5分，未定期组织或参加演练，一项扣1分，员工不熟悉相关知识，一人次扣1分	
		4. 完善的交接班记录	5	没有建立相应台账的扣5分，缺一次记录扣1分，一次记录不符合要求的扣1分	
总计			100		

考核负责人： 考核日期：

说明：1. 考核满分100分，90分以上达标。

2. 发生重伤以上生产安全事故或发生事故后未按要求上报的，本次考核不达标。

3. 提出安全管理方面的合理化建议的，由安全生产领导小组审核后进行加分。

【标准条文】

4.2.16　相关方管理制度

相关方（含外包、出租及劳务用工等供方）管理制度应包括与相关方的信息沟通、理解相关方的需求和期望，以及供方的资格预审、选择、作业人员培训、作业过程检查监督、提供的产品与服务、绩效评估、续用或退出等内容。

1. 工作依据

GB/T 33000—2016《企业安全生产标准化基本规范》

GB/T 45001—2020《职业健康安全管理体系要求及使用指南》

2. 实施要点

相关方即与后勤保障单位的安全绩效相关联或受其影响的团体或个人。相关方可以是团体，也可以是个人。本标准所指的相关方主要包括供货方（如食堂食材、设备设施的供应商）、承包方或分包方（如需要专业资质的检修保养检测作业、危险性较大的施工作业的承包商）、服务方（如食堂、物业、绿化、保洁、保安的服务外包单位）等，这些团体或个人在开展与单位之间的业务活动的全过程中，与单位的安全绩效紧密相关，其不良行为可能会影响单位的安全绩效，或者其自身也可能会受到单位不良安全状况的影响或伤害。

一个单位安全生产工作的好坏，不仅关系着本单位从业人员人身和财产的安全，而且还可能对其他单位产生影响。特别是在同一作业区域内进行生产经营活动的不同单位，如果一个单位发生了生产安全事故，会直接威胁其他单位的生产安全，因此，要求在同一作业区域内进行生产经营活动、可能危及对方生产安全的企业进行安全生产方面的协作，就成为安全生产管理制度中的一项重要内容。

3. 参考示例

相关方管理制度

1. 目的

为加强相关方安全管理，对经营活动过程中的相关环境因素、危险源和职业健康安全风险进行控制，预防各类事故的发生，确保单位和相关方人员的生命、财产安全，特制定本制度。

2. 适用范围

本规定适用于单位对供货方、作业承包或分包单位、服务外包单位、参访者以及其他相关方在单位区域内经营活动的安全管理过程。

3. 引用文件和标准

《企业安全生产标准化基本规范》《职业健康安全管理体系要求及使用指南》《水利后勤保障单位安全生产标准化评审规程》《单位安全生产标准化管理手册》《服务外包管理程序》《供方资格和评价管理程序》等。

4. 相关方定义：指与单位具有一定合同关系、服务关系的生产经营单位和外来单位的人员，在单位管理区域内进行作业、设备设施检修保养检测、供货服务、劳务服务、参访者等外来协作的单位及人员，主要包括：

供货方：包括原材料（食材）、设备设施供应商等。

承包方或分包方：包括需要专业资质的检修保养检测作业单位、危险性较大的施工作业单位、设备租赁单位等。

服务方：包括食堂、物业、绿化、保洁、保安等服务外包单位。

外来人员：临时用工、实习人员、返聘人员、外来参观、检查、学习人员、采购、运输、送货及其他需要进入单位的人员。

5. 职责

5.1 安全管理机构

5.1.1 负责本制度的完善，并监督考核。负责组织实施对采购、服务分包活动安全管理的监督检查。

5.1.2 负责对合同中《安全生产协议书》的执行情况进行监督检查与考核。对本单位各管理层级部门在相关方管理活动中的职责和权限做出明确规定并负有相应的监督管理责任。

5.1.3 负责对本单位的物资采购、服务外包活动进行全过程控制管理，并负责供方的监督管理。

5.1.4 明确各职能部门对相关方进入单位区域内的安全活动、环境保护、职业健康行为进行管理的职责权限和接口。

5.2 办公室（综合）部

5.2.1 负责与相关方的信息沟通，获取相关方的需求和期望。

5.2.2 负责组织对物资和服务供方的评价、选择和控制管理。

5.3 其他各职能部门

5.3.1 根据职能分工履行对相关方活动的监督、指导和支持。

5.3.2 根据职能分工对相关方进入作业现场的安全活动、环境保护、职业健康的行为进行管理与控制。

5.3.3 根据职能分工对相关方进行安全教育和安全告知。

6. 程序

6.1 一般安全管理规定

6.1.1 对相关方管理实行“谁主管、谁负责”和“谁接待、谁负责”的归口管理责任。按照职责分工、合同或协议约定实施。

6.1.2 对进入作业现场的相关方首先要经过职业健康安全教育，由归口管理部门负责对相关方进行安全教育、安全告知等，并建立相关方培训记录。

6.1.3 进入作业现场后，相关方应遵守安全生产相关法律、法规以及单位各项安全生产规章制度，服从现场的安全管理。对进入同一作业区域的不同相关方，由安全管理机构进行统一协调。

6.2 供方的安全管理

6.2.1 采购部门应组织技术、质量、安全部门对提供产品中存在重要环境因素、重要危险源和职业健康安全风险的供方，如：劳动防护用品、作业机具和设备设施等进行评价，确定其提供的产品和服务是否符合法律法规和其他要求，是否满足职业健康安全要求。

6.2.2 采购部门负责在拟签订的合同中对供方提出有关的环境、职业健康安全要求，协助供方对相关环境因素、危险源和职业健康安全风险进行控制，监督其实施。

6.2.3 与合格供方签订供货合同或服务合同时，合同中除应有一般的采购信息和标准要求外，必须结合可能存在的风险明确有关安全管理要求的条款，明确双方的安全工作责任。并对进入施工现场的供货活动（如管理范围内物资运输、装卸、搬运等作业活动的安全）进行管理。

6.2.4 对供方的选择、采购合同等采购信息、采购产品的验证进行控制，确保产品满足单位环境、职业健康安全要求。

6.2.5 供方的跟踪和验证：各职能部门每年对所使用的合格供方进行一次绩效评估，办公室（综合）部建立合格供方档案，对满足合格供方要求的建立并维护《合格供方清单》。具体按《采购管理程序》有关规定执行。

6.2.6 供应商改进：对在跟踪过程中发现的不符合项，办公室（综合）部应联系供应商，要求供应商限期整改，对不落实整改措施的供应商应取消其供货资格。

6.2.7 供应商续用：经考核评价合格，特别是产品质量、安全生产管理及售后服务较好的供应商，予以继续保持合作关系。

6.3 承包商或分包（租赁）单位的安全管理

6.3.1 对安全资质审查

6.3.1.1 承包商或分包（租赁）单位入场前，安全管理机构必须对分包方的安全资质和安全生产条件进行验证审查，未经安全资质审查或审查不合格的承包商或分包（租赁）单位严禁入场。审查内容包括（但不限于）：资质证书、营业执照、安全生产许可证原件及年审情况，资质条件满足情况；承包商或分包（租赁）单位法人对派至现场负责人的授权书；近三年类似业绩、诚信记录；安全生产管理机构或安全管理人员配备，现场负责人及专职安全员的安全资格证书等；安全施工的技术素（包括现场作业负责人、技术人员和工人）及特种作业人员取证情况；保证安全施工的机械、工器具及安全防护设施、用具的配备。

6.3.1.2 与承包商或分包（租赁）单位签订合同时，必须同时签订安全生产协议和治安管理责任书等配套协议，明确双方在安全生产方面的责任和义务。

6.3.1.3 承包商或分包（租赁）单位的行政负责人是安全生产第一责任者，对本单位的安全管理负全责。

6.3.1.4 承包商或分包（租赁）单位应建立有效、健全的内部安全管理体系，设置现场安全管理机构或专（兼）职安全管理人员，全面落实安全生产责任制，机构或人员配备必须满足有关规定要求，按工作需要和安全施工需要划分生产班组，实行班组兼职安全员轮渡制，以保证施工作业过程的顺利和作业人员的生命安全。

6.3.2 作业过程中的安全管理

6.3.2.1 承包商或分包（租赁）单位进入作业现场后，有关职能部门必须对其全面进行入场安全教育，并根据作业进展及安全施工的需要，定期进行安全知识培训，培训内容具体详见《安全教育培训管理规定》。

6.3.2.2 承包商或分包（租赁）单位必须服从安全管理要求，作业期间应严格遵守单位有关安全管理规章制度，严格遵守和执行安全操作规程，自觉接受单位主管部门的安全监督管理和职能部门的监督检查。

6.3.2.3 作业过程中不得随意变更项目负责人、技术人员、安全管理人员和特种作业人员，特殊情况需要调整人员时应及时申报、审查和备案，对新进作业人员须经相应的安全教育培训和考核合格后，方可进入现场施工。

6.3.2.4 进场从事特种作业的人员，必须持有有效的特种作业操作资格证书，严格执行安全操作规程。

6.3.2.5 承包商或分包（租赁）单位必须按照单位规定要求保证安全生产投入，为作业人员配备合格有效的劳动防护用品用具。

6.3.2.6 承包商或分包（租赁）单位自带或租赁、借用的各种作业机械设备、机具装备、安全防护用品等要进行验收，验收合格，登记、标识方可投入现场使用，保证各种防护装置、警示装置齐全有效。

6.3.2.7 危险作业施工前，有关职能部必须进行安全技术交底，严格审查分包队伍的施工组织措施、技术措施、安全措施并备案，监督其严格实施。

6.3.2.8 现场作业中，必须严格执行安全动火、安全用电、受限空间作业、高处作业等各项安全管理和安全许可审批制度，取得批准，方可作业。

6.3.2.9 作业人员进行高处作业、起重吊装、临时用电等危险性较大的作业时，必须报安全管理部门审批，经批准后方可进行作业。

6.3.2.10 作业现场的各种安全防护设施，如护栏、设备预留口的盖板、跳板、安全网绳、地沟、电葫芦、楼梯、操作台板等，未经安全管理部门同意，不得移动或拆除。

6.3.2.11 作业人员在作业过程中应做好现场的文明施工，保证施工现场道路和通道畅通，每项作业完成后，必须及时清理现场。

6.3.2.12 作业班组应按照单位的班组安全管理规定，经常性对其作业人员进行安全教育，提高他们的安全意识，建立健全各种安全管理台账。

6.3.2.13 承包商或分包（租赁）单位发生生产安全事故，应及时上报单位安全管理机构，对事故不得隐瞒和谎报。接受事故调查小组的调查和处理，执行《安全生产协议书》中规定的有关条款，按“四不放过”原则，避免事故的重复发生。

6.3.2.14 安全管理机构对承包商或分包（租赁）单位安全作业方案、安全措施的实施进行监督检查，随时纠正现场作业人员“二违”行为，建立违章人员数据库，对屡次违章指挥或违章作业不服从现场安全指令的人员，必须予以清场处理。

6.4 外来人员的安全管理

6.4.1 参观、检查人员的安全管理

6.4.1.1 政府工作人员、上级单位检查指导工作、外来参访者进入作业现场，应由接口部门负责介绍单位有关情况和进行安全要求和安全风险告知。

6.4.1.2 对政府工作人员、上级单位人员和外来参访者提供满足现场必须的劳动防护用品，并专人陪同进入作业现场，监督劳动防护用品的穿戴情况。

6.4.1.3 参观人员应在接待人员带领下进行参观，不得单独行动。严禁动手操作任何机械设备；不得在危险作业场所或危险区域逗留。

6.4.2 临时用工、实习人员、返聘人员等安全管理

6.4.2.1 临时用工、返聘人员等必须由单位人力资源部统一聘用，任何单位和部门不得擅自聘请。

6.4.2.2 对临时用工、返聘人员、实习人员等应按《安全教育培训管理规定》进行安全教育，视同本单位职工进行安全管理。实习人员实习期间不准独立操作，必须严格遵

守单位各项安全管理制度和操作规程。

6.4.2.3 聘用从事特种作业的，必须持有有效的特种作业安全操作证，否则不准上岗。

6.4.3 其他人员安全管理

6.4.3.1 采购、运输、送货及其他需要进入单位的人员，必须有单位业务联系部门人员带领，并进行安全告知，严禁带领到危险场所活动。

6.4.3.2 安全告知主要包括：作业过程或场所的相关危险源、主要风险和预防控制措施、安全注意事项等。

【标准条文】

4.2.17 相关方评价

对相关方进行全面评价和定期再评价，包括相关方沟通、相关方需求和期望接受或采纳情况，供方经营许可和资质证明，专业能力，人员结构和素质，机具装备，技术、质量、安全、作业管理的保证能力，业绩和信誉等，建立并及时更新合格相关方名录和档案。

1. 工作依据

GB/T 33000—2016《企业安全生产标准化基本规范》

2. 实施要点

(1) 需要进行评价管理的相关方主要包括供货方、承包方或分包方、服务方，后勤保障单位应结合相关方的具体类型选择评价内容。

1) 供货方：包括原材料（食品)、设备设施供应商等。

主要评价：营业执照、资质证书、设备设施生产许可、食品经营许可证等。

2) 承包方或分包方：包括需要专业资质的检修保养检测作业单位、危险性较大的施工作业单位、设备租赁单位等。

主要评价：营业执照、资质证书、安全生产许可证，施工（作业）负责人、有关技术人员、安全人员的资质、资格，特种作业人员的持证情况，现场管理机构，机具装备的合法合规性，安全管理制度建立、类似业绩以及信誉信用情况。

3) 服务方：包括食堂、物业、绿化、保洁、保安等服务外包单位。

主要评价：营业执照、资质证书、相关服务行业的许可证、安全管理制度建立情况、服务人员资格、类似业绩、信誉信用情况。

(2) 对合格的相关方造册，形成合格相关方名录和档案。

汇总合格的相关方名录一览表，包括名称、具备资质、单位地址、法人（或项目负责人）联系人电话、传真号码、最新评价日期等。

档案内容包括：相关方的营业执照、资质证书复印件、过去3年的类似工作业绩、安全管理制度目录、特种作业人员操作证书复印件、安全生产考核（评价报告）及其他有关资料。

(3) 相关方宜每年定期评价一次，当发生生产安全事故、相关方单位发生事故或重大变化应当及时进行更新评价。

3. 参考示例

合格相关方名录

序号	名称	资格	单位地址	负责人名称	联系电话	评价更新日期

填写人：　　　　　　　　　　　　　　　　　　　　　　　日期：

【标准条文】

4.2.18　相关方选择

确认相关方具备相应资质和能力，按规定选择相关方；依法与相关方签订合同和安全管理协议，明确双方安全生产责任和义务。

1. 工作依据

GB/T 33000—2016《企业安全生产标准化基本规范》

2. 实施要点

（1）不应将后勤保障的服务项目委托给不具备相应资质或安全生产条件、职业病防护条件的相关方，服务项目开始前应与相关方就存在的危险因素、防护措施等进行充分的告知，签订安全生产管理协议，明确双方在安全生产及职业病防护的责任与义务。

（2）属特殊服务外包项目，如特种设备、消防系统等特殊设备的维修保养和定期检验等工作，可按照国家有关规定、地方行政管理部门要求，委托有资质专业单位实施。对涉及特种设备作业和特种作业的人员必须取得特种作业操作证及特种作业许可证，方可参加作业。

（3）后勤保障单位应在安全管理协议中明确如何动态告知以下内容，并明确双方的责任和义务。

1）工作场所的危险源辨识评价结果、职业病危害因素检测评价结果。

2）告知不同等级的风险和职业病危害。

3）告知对应的风险管控防范措施和职业病防护措施。

3. 参考示例

食堂服务安全管理协议书

甲方（发包方）：

乙方（承包方）：

为了规范安全管理，明确双方在食堂服务过程安全生产的责任和义务，确保食堂服务期间的安全生产，根据国家有关法规、条例、规定，双方本着平等、自愿的原则，协议如下。

1　双方的安全生产责任

1.1　双方对各自的安全生产全面负责。应当认真贯彻执行国家相关安全法规、条例和规定，依法设立安全生产管理机构，建立安全生产责任制，制定安全管理规章制度。明确专（兼）职安全管理人员，应根据实际情况制定相应的应急救援预案。

1.2 双方应当保证安全生产所需的投入，及时消除事故隐患。

1.3 双方应当主动开展安全监督管理，落实安全防范措施，预防各类事故发生。

1.4 当任何一方的设施或系统发生异常状况，有可能会危及对方的安全生产时，应当在第一时间通知对方做好应急准备。

1.5 如发生安全事故，应按事故报告程序如实报告、并及时组织抢救，防止事态扩大，同时要保护好现场。

2 甲方安全责任

2.1 甲方应提供产权证等能证明其建筑物合法性的书面材料。

2.2 甲方有责任对食堂的安全生产予以监督管理，甲方指定综合科作为乙方的接口及综合管理部门。

2.3 甲方有权对乙方执行有关安全生产的法律法规和国家标准、行业标准的情况进行监督检查，确保承包场所的安全生产，督促乙方依法履行安全生产管理职责。

2.4 甲方有权要求乙方提交和现场调阅有关安全资质、安全规章制度、安全技术措施、安全培训等安全资料。

2.5 甲方有权随时对乙方的生产场所、办公生活场地进行安全监督检查，发现事故隐患，责令乙方立即排除。

2.6 甲方有权根据现场的检查记录，依据有关法律法规的规定，对乙方安全生产工作进行评价，并视具体情况扣除部分或全部安全生产保证金。

2.7 甲方人员进入现场必须遵守乙方现场安全管理规定，配合乙方安全管理人员的工作。

2.8 甲方不得对乙方提出不符合安全生产法律、法规和强制性标准规定的要求。

2.9 甲方应负责配置、维护保养消防设施（消火栓、灭火器、自动报警装置、自动灭火装置等消防设施），制定应急预案，并组织应急演练。（后勤保障单位是否提供食堂各类设备设施的应在此明确管理责任。）

3 乙方安全责任

3.1 乙方应向甲方提供企业法人营业执照或个体工商户营业执照、营业资格、法人代表身份证明、食品经营许可证等有效的证照，查验、复印留存。

3.2 食堂如不符合乙方的安全生产条件，由乙方负责整改，直至符合安全生产条件后，乙方方可开展生产经营活动。

3.3 乙方为自己生产经营活动中安全管理的主体，要遵循“安全第一、预防为主、综合治理”的方针，自觉遵守国家有关安全生产的法律、法规，做好安全生产管理工作。

3.4 乙方应制订切实可行的安全生产管理制度、操作规程等，并张贴在醒目部位，不能甲方的管理制度和操作规程相悖。

3.5 乙方应当依法做好从业人员的安全教育培训工作，增强员工的法制观念，提高员工的安全生产意识和自我保护的能力，督促员工自觉遵守安全制度；员工应当持证上岗工作。

3.6 乙方必须提供本单位员工必备的个人劳动防护用品。

3.7 乙方要做好定期和日常的安全检查，防止伤亡事故、火灾事故及其他事故的发生。乙方必须接受甲方的定期安全生产、消防检查和监督。参加甲方组织的应急演练。

3.8 乙方要做好安全用电、防汛防台、防中毒、防盗窃等工作。保持用电设施的完好，严禁乱接乱拉电线。根据要求确保消防安全通道畅通。

3.9 严禁“三合一”，禁止人员在承租的食堂内居住。厨房、燃气房内禁止吸烟，不准将打火机、火柴、危险化学品带进厨房。

3.10 凡涉及消防、安全许可的，乙方应在取得相应的安全生产许可后，方可开展生产经营活动。

3.11 由乙方提供的设备凡涉及特种设备的，乙方应取得相应的检验检测合格证书后，方可投入生产经营。

3.12 乙方加强劳动管理，依法做好从业人员的工伤保险。

3.13 乙方应征得甲方同意后进行再食堂的改造和设备安装，并应符合有关技术标准和消防等安全要求，不得破坏建筑结构。凡涉及国家规定需要审查验收后方可使用的，乙方应按国家有关规定处理，及时办妥相关手续，并将备案材料交甲方存档。

3.14 未经甲方书面同意，乙方不得擅自搭建、改建、改变房屋使用性质。乙方装修改造时，涉及供电和给排水增减容时，需向甲方行政部、工程部门提供设计图纸及书面申请，行政部组织工程人员审核、现场勘验，经书面确认改造无潜在危害和不良影响后方可实施。

3.15 乙方负责对承接的甲方设备设施进行维护保养、安全使用，费用含在服务费内；乙方不得损毁、丢失甲方原有食堂设备、消防设施。

3.16 乙方不得私自进行动火、破土、高处、危险化学品、受限空间等危险作业。

3.17 乙方至少每半年清理一次烟道，最近一次清理的时间是2022年3月；清理依据交甲方备查。

3.18 如因乙方的原因造成甲方设备损毁、或人员伤害事故、行政处罚，乙方承担全部责任。

3.19 乙方如有以下情况，甲方有权立即终止本协议，由此而造成的一切损失由乙方负责（包括扣除部分或全部安全生产保证金）：

3.19.1 违反国家有关法律、法规，违法生产、经营。未按规定登记注册以及无证、无照、无安全生产资质从事生产经营的。

3.19.2 不接受甲方的安全生产管理，安全生产管理不到位。

3.19.3 存在重大事故隐患未在期限内完成整改。

3.19.4 擅自转租或转借出租食堂、场所。

3.19.5 发生伤亡事故不及时报告或不及时组织抢救。

4 食堂场所的安全风险和职业病危害及防范措施告知

4.1 甲方负责每季度组织工作场所的危险源辨识评价和职业病危害因素检测。

4.2 甲方应根据评价和检测结果如实告知工作场所的安全风险和职业病危害。

4.3 乙方应严格落实安全风险管控防范措施和职业病防护措施。

5 效力及其他

5.1 本协议经各方授权代表签署并加盖公章后生效，于相应服务终止时终止。

5.2 未尽事宜应以主合同约定为准。本协议未尽事宜和修订款项可经双方协商或另行签约。

5.3 本协议一式四份，甲方及乙方各执两份。

甲方单位： 乙方单位：

法定代表人（或授权委托人）： 法定代表人（或授权委托人）：

（签字盖章） （签字盖章）

签订日期： 年 月 日

【标准条文】

4.2.19 通过供应链关系管理、沟通协调、施加影响等，促进相关方达到安全生产标准化要求。

1. 工作依据

GB/T 33000—2016《企业安全生产标准化基本规范》

2. 实施要点

（1）后勤保障单位在选择供货方、承包商和服务方时可优先选用在其行业内安全生产标准化达标的单位。

（2）通过加强对相关方的安全监督，提升相关方安全管理水平，促使其开展相关行业的安全生产标准化达标创建工作。

3. 参考示例

无。

第三节 职 业 健 康

【标准条文】

4.3.1 管理制度

职业健康管理制度应明确职业病危害的管理职责、作业环境、“三同时”、劳动防护品及职业病防护设施、职业健康检查与档案管理、职业病危害告知、职业病申报、职业病治疗和康复、职业病危害因素的辨识、监测、评价和控制等内容。

1. 工作依据

《中华人民共和国安全生产法》（主席令第八十八号）

《中华人民共和国职业病防治法》（主席令第二十四号，2018 年修正）

《用人单位职业健康监护监督管理办法》（国家安全生产监督管理总局令第 49 号）

2. 实施要点

（1）以正式文件发布职业健康管理制度。

（2）职业健康管理制度应内容全面，符合有关规定。

3. 参考示例

职业健康管理制度

第一章 总 则

第一条 为了预防、控制和消除职业病危害，预防职业病，保护全体员工的身体健康和相关权益，根据《中华人民共和国职业病防治法》《用人单位职业健康监护监督管理办法》《工作场所职业卫生管理规定》等有关法律法规、规定，结合后勤服务工作管理实际，特制定本制度。

第二条 职业卫生管理和职业病防治工作坚持“预防为主、防治结合”的方针，实行分类管理，综合治理的原则。

第三条 本制度适用于单位范围内职业病危害的辨识、监测、评价和控制。

第二章 职业病防治责任制度

第四条 安全生产领导小组办公室负责职业健康管理工作，安全生产领导小组兼职安全员负责协调职业健康管理日常工作。

第五条 办公室负责保证职业健康管理资金投入，负责制定职业健康相关规章制度，职业病危害申报，建立健全职工健康监护档案，健康体检及职业卫生档案保管、工伤保险、培训等工作。

第六条 各部门落实职业健康管理的具体实施，做好职业病的日常防控工作。

第三章 职业病危害警示与告知制度

第七条 岗前告知

（一）办公室与职工签订合同（含聘用合同）时，应将工作过程中可能产生的职业病危害及其后果、职业病危害防护措施和待遇等如实告知，并在劳动合同中写明。

（二）未与在岗员工签订职业病危害劳动告知合同的，应按国家职业病危害防治法律、法规的相关规定与员工进行补签。

（三）在已订立劳动合同期间，因工作岗位或者工作内容变更，从事与所订立劳动合同中未告知的存在职业病危害的作业时，应向员工如实告知，现所从事的工作岗位存在的职业病危害因素，并签订职业病危害因素告知补充合同。

（四）在与相关方单位签订合同时，也应告知工作过程中可能产生的职业病危害及其后果、职业病危害防护措施。

第八条 现场告知

（一）在有职业病危害告知需要的工作场所醒目位置设置公告栏，公布有关职业病危害防治的规章制度、操作规程、职业病危害事故应急救援措施以及作业场所职业病危害因素检测和评价的结果。各有关部门及时提供需要公布的内容。

（二）在产生职业病危害的作业岗位的醒目位置，设置空手示标识和中文警示说明。警示说明应当载明产生职业病危害的种类、后果、预防和应急处置措施等内容。

第九条 检查结果告知

如实告知员工职业卫生检查结果，发现疑似职业病危害的及时告知本人。员工离开本单位时，如索取本人职业卫生监护档案复印件，应如实、无偿提供，并在所提供的复印件上签章。

第十条　安全生产领导小组定期对各项职业病危害告知事项的实行情况进行监督、检查和指导，确保告知制度的落实。

第十一条　存在职业病危害的部门应对接触职业病危害的员工进行上岗前和在岗定期培训和考核，使每位员工掌握职业病危害因素的预防和控制技能。

第十二条　因未如实告知职业病危害的，从业人员有权拒绝作业。不得以从业人员拒绝作业而解除或终止与从业人员订立的劳动合同。

第十三条　发生职业病危害事故时，部门负责人要在4小时内报单位主要负责人，若险情或事故严重的应在半小时内上报主要负责人，并在最短时间内以书面形式向所安全生产领导小组汇报情况。

第四章　职业病危害项目申报制度

第十四条　由办公室负责职业病危害的申报工作，其他部门根据需要及时提供相关资料。

第十五条　职业病危害项目申报后，因技术、工艺、设备或材料发生变化而导致原申报的职业病危害因素及其相关内容发生改变时，自发生变化之日起15日内向原申报机关变更内容。

第十六条　经过职业病危害因素检测、评价，发现原申报内容发生变化的，自收到有关检测、评价结果之日起15日内向原申报机关进行申报。

第十七条　工作场所、名称、主要负责人发生变化时，向发生变化之日起15日内向原申报机关进行申报。

第五章　职业病防治宣传教育培训制度

第十八条　职业健康宣传教育培训应纳入安全生产培训计划。

第十九条　工作内容

（一）培训计划：各部门根据岗位特点每年1月负责向办公室申报培训需求，办公室根据申报的培训需求制定年度职业健康宣传教育培训计划。

（二）培训时间：对接触职业病危害因素的作业人员进行上岗前和在岗期间的职业卫生培训每年累计培训时间不得少于8小时。

（三）培训内容：相关岗位职业健康知识、岗位危害特点、职业病危害防护措施、职业健康安全岗位操作规程、防护措施的保养及维护注意事项、防护用品使用要求、职业病危害防治的法律、法规、规章、国家标准、行业标准等。

第二十条　培训形式：内部宣传教育培训、外部委托培训

（一）内部宣传教育培训：

1. 新员工进单位：结合安全“三级教育”，介绍作业现场、岗位存在的职业病危害因素及事故隐患，可能造成的危害。

2. 员工在岗期间：通过定期培训或公告栏宣传，学习职业健康岗位操作规程、相关制度、法律法规及新设备、新工艺的有关性能、可能产生的危害及防范措施，了解工作环境检测结果及个人身体检查结果。

3. 转换岗位：由岗位班组负责人讲解新岗位可能产生的危害及防范措施。

4. 按培训计划组织的职业健康知识及法律法规、标准等知识。

（二）外部委托培训：

为提高职业健康知识，外部培训一般情况是参加安全生产监督管理部门组织的职业健康培训，参加人员一般是主要负责人和安全管理人员。

第二十一条 培训效果评定

（一）新进职工或转岗人员经考核、评定具备与本岗位相适应的职业卫生安全知识和能力方可上岗。未经培训或者培训不合格的人员，不得上岗作业。

（二）无正当理由未按要求参加职业健康安全培训的人员评定为不合格。

第六章 职业病防护设施维护检修制度

第二十二条 告知卡和警示标识应至少每半年检查一次，发现有破损、变形、变色、图形符号脱落、亮度老化等影响使用的问题时应及时修整或更换。

第二十三条 自行或委托有关单位对存在职业病危害因素的工作场所设计和安装非定型的防护设施项目的，防护设施在投入使用前应当经具备相应资质的职业卫生技术服务机构检测、评价和鉴定。

第二十四条 未经检测或者检测不符合国家卫生标准和卫生要求的防护设施，不得使用。

第二十五条 各部门应当对劳动者进行使用防护设施操作规程、防护设施性能、使用要求等相关知识的培训，指导劳动者正确使用职业病防护设施。

第七章 职业病防护用品管理制度

第二十六条 现场作业人员在正常作业过程中，必须规范穿戴和使用本岗位规定的各类特种防护用品，不得无故不使用劳动防护用品。

第二十七条 特种劳动防护用品每次使用前应由使用者进行安全防护性能检查，发现其不具备规定的安全，职业防护性能时，使用者应及时提出更换，不得继续使用。

第二十八条 办公室根据岗位需求，采购、配发劳动防护用品。

第二十九条 防护用品管理要求

（一）办公室按规定建立个人防护用品登记卡，由仓库保管员按规定发给个人防护用品。

（二）实习人员、进入施工作业区参观人员等，由接待室组提供必要的个人防护用品。

第三十条 服务项目实施前应与相关方签订安全生产协议，协议中应注明对劳动防护用品的要求，服务项目管理部门在服务项目实施过程中应经常检查相关方人员的执行情况。

第八章 职业病危害监测及评价管理制度

第三十一条 安全生产领导小组负责组织、监督、指导全所作业场所职业病危害因素的分布、监测和分级管理。

第三十二条 监测点的设定和监测周期应符合相关规程规范的要求，由安全生产领导小组和具有相关资质的职业卫生技术服务机构共同确定。办公室委托具有相应资质的职业卫生技术服务机构，每年至少进行一次职业病危害因素检测。

第三十三条 安全生产领导小组接到《职业病危害因素日常检测结果告知书》后就立即组织对监测结果异常的作业场所采取切实有效的防护措施，落实专人进行整改。对暂时不能整改或整改后仍不能达标的，应向安全生产领导小组申请立项，进行整改。

第三十四条　监测结果应在单位给予公示。

第九章　建设项目职业卫生“三同时”管理制度

第三十五条　单位范围内可能产生职业病危害的新建、改建、扩建和大修项目职业病防护设施建设及其监督管理应当按照本制度执行。

第三十六条　建设项目职业病防护设施必须与主体工程同时设计、同时施工、同时投入生产和使用。职业病防护设施所需的货用应当纳入建设项目工程预算。

第三十七条　建设项目实施室组为“三同时”管理制度的执行室组。

第三十八条　建设项目职业卫生“三同时”工作完成后应及时将资料整理归档。

第十章　劳动者职业健康监护及其档案管理制度

第三十九条　办公室建立职业卫生档案、个人职业健康监护档案，并在所档案室设立档案专柜。

第四十条　职业病诊断，鉴定单位需提供有关“两档”资料时，办公室应如实地提供。

第四十一条　档案室对各部门移交来的职业卫生档案，要认真进行质量检查，归档的案卷要填写移交目录，双方签字，及时编号登记，入库保管。

第四十二条　档案工作人员对档案的收进、移出、销毁、管理、借阅利用等情况要进行登记，档案工作人员调离时必须办好交接手续。

第四十三条　存放职业卫生档案的库房要坚固、安全，做好防盗、防火、防虫、防鼠、防高温、防潮、通风等项工作，并有应急措施。职业卫生档案库要设专人管理，定期检查清点，如发现档案破损、变质时要及时修补复制。

第四十四条　利用职业卫生档案的人员应当爱护档案，职业卫生档案室严禁吸烟，严禁对职业卫生档案拆卷、涂改、污损、转借和擅自翻印。

第十一章　职业病危害事故处置与报告制度

第四十五条　安全生产领导小组负责对职业病危害事故进行处置和报告。

第四十六条　职业病危害事故发生后，所在室组应立即向安全生产领导小组报告，不得以任何借口瞒报、虚报、漏报和迟报。

第四十七条　职业病危害事故发生室组应配合安全生产领导小组采取临时控制和救援措施，并停止导致危害事故的作业，控制事故现场，防止事故扩大，把事故危害降到最低。

第四十八条　职业病危害事故发生室组应保护事故现场，保留导致事故发生的材料、设备和工具，配合上级进行事故调查。

第四十九条　事故调查中任何单位和个人不得拒绝、隐瞒或提供虚假证据，不得阻碍、干涉调查组的现场调查和取证工作。

第十二章　职业病危害应急救援与管理制度

第五十条　安全生产领导小组负责监督、检查、指导全所职业病危害应急救援与管理工作。

第五十一条　办公室负责对职工进行职业病救援的培训、演练工作。

第五十二条　安全生产领导小组负责对职业病应急救援物资管理和维护保养工作。

第五十三条　职业病危害应急救援时，救援人员要首先保证自身安全，严禁无防护措施进行救援。

第十三章 岗位职业卫生操作规程

第五十四条 岗位职业卫生操作规程

（一）作业时必须严格遵守劳动纪律，坚守岗位，服从管理，正确佩戴和使用劳动防护用品。

（二）对工作现场经常性进行检查，及时消除现场中跑、冒、滴、漏现象，做到文明生产，降低职业病危害。

（三）按时巡回检查所属设备的运行情况，不得随意拆卸和检修设备，发现问题及时找专业人员修理。

（四）在噪声较大区域连续工作时，应佩戴耳塞，并分批轮换作业。

（五）对长时间在噪声环境中工作的职工应定期进行身体检查。

第十四章 附 则

第五十五条 本制度未包括的其他职业病防治应符合相关法律、法规、规章规定的要求。

第五十六条 本制度由安全生产领导小组负责解释，自颁布之日起施行。

【标准条文】

4.3.2 工作环境和条件

按相关要求为从业人员提供符合职业健康要求的工作环境和条件，应确保使用有毒、有害物品的作业场所与生活区、辅助生产区分开，作业场所不应住人；将有害作业与无害作业分开，高毒工作场所与其他工作场所隔离。

1. 工作依据

《中华人民共和国安全生产法》（主席令第八十八号）

《中华人民共和国职业病防治法》（主席令第二十四号，2018 年修正）

GB/T 33000—2016《企业安全生产标准化基本规范》

2. 实施要点

(1) 后勤保障单位应当依法为工作人员创造符合国家职业卫生标准和卫生要求的工作环境和条件。

(2) 有与职业病危害防治工作相适应的有效防护设施；有配套的更衣间、洗浴间等卫生设施；设备、设施符合保护劳动者生理、心理健康的要求，如：厨房内的吸油排烟系统、降温设施等。

3. 参考示例

无。

【标准条文】

4.3.3 报警与应急

在可能发生急性职业病危害的有毒、有害工作场所，设置检测、报警装置，制定应急处置方案，现场配置急救用品、设备，并设置应急撤离通道。

1. 工作依据

《中华人民共和国安全生产法》（主席令第八十八号）

《中华人民共和国职业病防治法》（主席令第二十四号，2018年修正）

GB/T 33000—2016《企业安全生产标准化基本规范》

2. 实施要点

（1）职工食堂使用气罐（管道天然气）、作业中有可能产生其他有毒有害气体的区域如危化品暂存间、危废暂存间等，需对现场环境进行有效的监控，安装检测、报警装置。

（2）检测、报警装置应有专人管理，定期检查维护，做好记录，确保检测、报警装置能正常工作。

（3）有可能发生急性职业病危害的场所，应制定应急处置方案，发放告知卡。

（4）有可能发生急性职业病危害的场所，应配置急救箱等急救用品、设备。场所内，应设置应急撤离通道，应设专人定期检查，做好记录。有毒有害气体可能泄漏的作业场所，还应在现场醒目处放置必需的防毒护具，以备逃生、抢救时应急使用。如发生险情时，现场操作人员能按照疏散指示标志快速撤离至室外。

3. 参考示例

检测、报警装置台账

序号	名称	规格型号	安装位置	投用时间	检验周期	检验时间	责任人
1	氧气浓度检测仪						
2	有毒有害气体检测仪						
3	甲醛检测仪						
4	粉尘浓度检测仪						
5	噪声检测仪						
6	温湿度计						
7	可燃气体报警装置						
8	火灾报警装置						
⋮							

【标准条文】

4.3.4　防护设施及用品

产生职业病危害的工作场所应设置相应的满足要求的职业病防护设施，为从业人员提供适用的职业病防护用品，并指导和监督从业人员正确佩戴和使用。各种防护用品、器具定点存放在安全、便于取用的地方，建立台账，指定专人负责保管防护器具，并定期校验和维护，确保其处于正常状。

1. 工作依据

《中华人民共和国安全生产法》（主席令第八十八号）

《中华人民共和国职业病防治法》（主席令第二十四号，2018年修正）

《工作场所职业卫生管理规定》（卫生健康委员会令第5号）

GB/T 33000—2016《企业安全生产标准化基本规范》

2. 实施要点

（1）后勤保障单位应识别产生职业病危害因素的工作场所，设置相应满足要求的职业卫生防护设施。常见的职业卫生防护设施如下：

1）防尘：集尘风罩、过滤设备（滤芯）、电除尘器、湿法除尘器、洒水器。

2）防毒：隔离栏杆、防护罩、集毒风罩、过滤设备、排风扇（送风通风排毒）、燃烧净化装置、吸收和吸附净化装置。有毒气体报警器、防毒面具、防化服。

3）防噪声、振动：隔音罩、隔音墙、减振器。

4）隔音罩、隔音墙、减振器：隔音罩、隔音墙、减振器。

5）防非电离辐射（高频、微波、视频）：屏蔽网、罩。

6）屏蔽网、罩：屏蔽网、罩。

7）防生物危害：防护网、杀虫设备。

8）人机工效学：如通过技术设备改造，消除生产过程中的有毒有害源；生产过程的中密闭、机械化、连续化措施、隔离操作和自动控制等。

9）安全标识：警示标识。

（2）应为从业人员配备适用的劳动防护用品。劳动防护用品分为特种劳动防护用品和一般劳动防护用品，特种劳动防护用品目录由国家安全生产监督管理总局确定并公布，未列入目录的劳动防护用品为一般劳动防护用品。特种劳动防护用品包括：

1）头部护具类：安全帽。

2）呼吸护具类：防尘口罩、过滤式防毒面具、自给式空气呼吸器、长管面具。

3）眼（面）护具类：焊接眼面防护具，防冲击眼护具。

4）防护服类：阻燃防护服、防酸工作服、防静电工作服。

5）防护鞋类：保护足趾安全鞋、防静电鞋、导电鞋、防刺穿鞋、胶面防砸安全靴、电绝缘鞋、耐酸碱皮鞋、耐酸碱胶靴、耐酸碱塑料模压靴。

6）防坠落护具类：安全带、安全网、密目式安全立网。

采购、发放和使用的特种劳动防护用品必须具有安全生产许可证、产品合格证和安全鉴定证。

（3）单位应当督促、教育工作人员正确佩戴劳动防护用品，督促检查相关方服务人员正确佩戴劳动防护用品。对员工使用劳动防护用品进行培训。

（4）防护用品、器具要按规定存放，存放在安全、便于取用的地方。

（5）各种防护用品应建立台账，指定专人保管，定期校验和维护，确保其完好有效，及时更换过期的防护用品。

（6）其他有关内容参照劳动防护用品的条文解读执行。

3. 参考示例

公用劳动防护用品管理台账

编号：

序号	用品名称	规格	存放数量	存放地点	保管人
1	安全帽				
2	绝缘手套				
3	绝缘靴				

续表

序号	用品名称	规格	存放数量	存放地点	保管人
4	绝缘棒				
5	防噪声耳罩				
6	安全绳				
7	安全带				
8	防尘口罩				
9	太阳镜				

个人劳动防护用品发放记录

编号：

序号	劳动防护用品名称	数量	发放日期	发放部门	领用人（签字）	备注

劳动防护用品检查维护记录

编号：

序号	劳动防护用品名称	规格	数量	检查情况	维护情况
				法定检测、有效期或强制报废时间、外观完整性、是否损坏或不具备防护功能等	清洁、易耗品补充、报废或损坏补充等

检查人：　　　　　　　　　　　　　　　　　　　　　　　　检查日期：

【标准条文】

4.3.5　职业健康检查

对从事接触职业病危害的作业人员应按规定组织上岗前、在岗期间和离岗时职业健康检查，建立健全职业卫生档案和员工健康监护档案。

1. 工作依据

《中华人民共和国职业病防治法》（主席令第二十四号，2018年修正）

《工作场所职业卫生管理规定》（卫生健康委员会令第5号）

《用人单位职业健康监督管理办法》（国家安全生产监督管理总局令第49号）

GBZ 188—2014《职业健康监护技术规范》

GB/T 33000—2016《企业安全生产标准化基本规范》

SL/T 789—2019《水利安全生产标准化通用规范》

2. 实施要点

(1) 后勤保障单位应辨识本单位存在的职业病危害因素，对于从事接触职业病危害因素的作业人员应按规定组织职业健康检查，主要分为上岗前、在岗期间和离岗时。

1) 上岗前健康检查的主要目的是发现有无职业禁忌证，建立接触职业病危害因素人员的基础健康档案。上岗前健康检查均为强制性职业健康检查，应在开始从事有害作业前完成。

2) 在岗期间职业健康检查：对长期从事有职业病危害因素作业的劳动者应开展健康监护，在岗期间定期健康检查。

定期健康检查的目的主要是早期发现职业病病人或疑似职业病病人或劳动者的其他健康异常改变；及时发现有职业禁忌的劳动者；通过动态观察劳动者群体健康变化，评价工作场所职业病危害因素的控制效果。定期健康检查的周期根据不同职业病危害因素的性质、工作场所有害因素的浓度或强度、目标疾病的潜伏期和防护措施等因素决定。

3) 离岗时职业健康检查：劳动者在准备调离或脱离所从事的职业病危害作业或岗位前，应进行离岗时健康检查；主要目的是确定其在停止接触职业病危害因素时的健康状况。如最后一次在岗期间的健康检查是在离岗前的90日内，可视为离岗时检查。

(2) 后勤保障单位应建立健全职业卫生档案和员工健康监护档案。完整的职业卫生档案也是区分职业健康损害责任和职业病诊断、鉴定的重要依据之一。

单位职业卫生档案包括：

1) 职业病防治责任制文件。

2) 职业卫生管理规章制度、操作规程。

3) 工作场所职业病危害因素种类清单、岗位分布以及作业人员接触情况等资料。

4) 职业病防护设施、应急救援设施基本信息，以及其配置、使用、维护、检修与更换等记录。

5) 工作场所职业病危害因素检测、评价报告与记录。

6) 职业病防护用品配备、发放、维护与更换等记录。

7) 主要负责人、职业卫生管理人员和职业病危害严重工作岗位的劳动者等相关人员职业卫生培训资料。

8) 职业病危害事故报告与应急处置记录。

9) 劳动者职业健康检查结果汇总资料，存在职业禁忌证、职业健康损害或者职业病的劳动者处理和安置情况记录。

10) 建设项目职业卫生“三同时”有关技术资料，以及其备案、审核、审查或者验收等有关回执或者批复文件。

11) 职业卫生安全许可证申领、职业病危害项目申报等有关回执或者批复文件。

12) 其他有关职业卫生管理的资料或者文件。

13) 员工职业健康监护档案包括：

A. 劳动者职业史、既往史和职业病危害接触史。

B. 职业健康检查结果及处理情况。

C. 职业病诊疗等健康资料。

3. 参考示例

单位职业卫生档案

单　　位：________________

建档时间：______年____月____日

档案负责人：________________

一、单位基本情况

<table>
<tr><td>单位名称</td><td colspan="8"></td></tr>
<tr><td>单位地址</td><td colspan="8"></td></tr>
<tr><td>法定代表人</td><td colspan="3"></td><td>电话</td><td colspan="4"></td></tr>
<tr><td>单位类别</td><td></td><td>单位性质</td><td></td><td>成立时间</td><td colspan="4"></td></tr>
<tr><td rowspan="2">职工总数</td><td rowspan="2"></td><td rowspan="2">专（兼）职人员</td><td rowspan="2"></td><td rowspan="2">职业病防治经费/万元</td><td rowspan="2"></td><td rowspan="2">接触有害因素人数</td><td>男</td><td></td></tr>
<tr><td>女</td><td></td></tr>
<tr><td>主要职业病危害因素</td><td colspan="8"></td></tr>
<tr><td>职业病防治责任制落实情况</td><td colspan="8"></td></tr>
<tr><td>职业卫生管理规章制度、操作规程建立情况</td><td colspan="8"></td></tr>
<tr><td>相关人员职业卫生培训情况</td><td colspan="8">（主要负责人、职业卫生管理人员和职业病危害严重工作岗位的劳动者）</td></tr>
</table>

二、职业病危害因素清单及防护措施

序号	职业病危害因素名称	职业病危害因素来源	岗位分布	接触人数及接触情况	职业病防护设施名称	应急预案		备注
						有	无	
1	噪声	机房			耳塞			
2	危化品	仓库			防护服、防毒面具等			
3								
4								

三、职业病防护设施信息统计表

序号	名称	规格型号	安装位置	投用时间	检验周期（更换周期）	检验时间（更换日期）
1						
2						
3						
4						

四、职业病防护用品发放记录

序号	防护用品名称	数量	发放日期	发放部门	领用人（签字）	备注
1						
2						
3						
4						

五、工作场所职业病危害因素检测情况表

序号	职业病危害因素名称	作业场所	检测日期	检测结论	检测机构	检测报告编号	备注
1	噪声	机房	年　月	合格			
2							
3							

六、接触有害因素职工基本情况表

年度	职工总人数	生产工人数	职工数			接触各类有害因素职工数											
						粉尘			毒物			物理			其他		
			计	男	女	计	男	女	计	男	女	计	男	女	计	男	女
						0	0	0	0	0	0				0	0	0

注：在岗位的临时工、合同工、外包内做工、退休聘用工等非编制职工均需一并统计。

七、职工健康监护及职业病情况统计表

有害因素名称	工种	应检人数	实检人数	上岗前体检人数		在岗期间体检人数		离岗时体检人数		检出职业禁忌人数	现有职业病人数	年度新增职业病例数	体检或职业病诊断机构
				应检数	实检数	应检数	实检数	应检数	实检数				
噪声	检修员	4	4	—	—	4	4	—	—	0	0	0	人民医院

八、接触职业病危害因素职工名单

序号	姓名	性别	出生年月	岗位（工种）	危害因素分类	危害因素名称	进入单位时间	在岗状态	备注
				机房	物理因素	噪声		在岗	

说明：职业卫生资料培训、职业病危害事故报告与应急处置记录、职业卫生规章制度文件、责任制文件等另附。

职业健康监护档案

单　　位：＿＿＿＿＿＿＿＿

姓　　名：＿＿＿＿＿＿＿＿

建档日期：＿＿＿＿＿＿＿＿

一、劳动者基本情况表

部门		姓名		性别		出生日期	
参加工作时间		民族		学历		身份证号	
岗位		工种		接触危害因素	危化品	婚否	
职业健康检查表编号		号		联系电话			

职业史	起止日期	工作单位	部门	工种	有害因素	防护措施
				保管员	危化品	防毒面具、防护服等

既往史	无
职业病危害接触史	无

急慢性职业病史	病名	诊断日期	诊断单位	是否治愈	
	无				

二、职业健康检查情况表

上岗前检查情况

检查日期	结　论	检查机构	是否有职业禁忌
	正常		无

在岗期间检查情况

检查日期	结论	检查机构	复查项目	复查结论	复查机构

续表

检查日期	结 论	检查机构	复查项目	复查结论	复查机构

离岗时检查情况

检查日期	结 论	检查机构

三、职业病诊疗情况表

诊 断 情 况		
诊断日期	职业病种类	诊断机构
无		

治 疗 情 况				
治疗日期	病 情	处 方	治疗机构	主治医师
无				

四、岗位变迁情况登记表

变更前岗位	变更后岗位	变更时间	变更原因	备注
无				

【标准条文】

4.3.6　治疗及疗养

按规定给予职业病患者及时的治疗、疗养；患有职业禁忌证的员工，应及时调整到合适岗位。

1. 工作依据

《中华人民共和国职业病防治法》（主席令第二十四号，2018年修正）

《用人单位职业健康监护监督管理办法》（国家安全生产监督管理总局令第49号）

2. 实施要点

（1）严格按照规定对疑似职业病的病人要及时检查诊断，对已确诊患职业病的病人及时治疗、疗养，对未进行离岗前职业健康检查的从业人员不得解除或者终止与其订立的劳动合同。

（2）对患职业病和职业禁忌证的职工要妥善安置，及时调整到合适的岗位，做好有关记录并及时归档。职业病和职业禁忌证的主要含义如下：

1）职业病是指企业、事业单位和个体经济组织等用人单位的劳动者在职业活动中，因接触粉尘、放射性物质和其他有毒、有害因素而引起的疾病。评审规程中所指的职业病是法定职业病，应当注意与职业常见病的区分。

2）职业禁忌证是指劳动者从事特定职业或者接触特定职业病危害因素时，比一般职业人群更易于遭受职业病危害和罹患职业病或者可能导致原有自身疾病病情加重，或者在作业过程中诱发可能导致对他人生命健康构成危险的症病的个人特殊生理或病理状态。例如慢性阻塞性肺病、支气管哮喘、支气管扩张对于接触氨气、联氨工作人员；红绿色盲、Ⅱ期及Ⅲ期高血压、癫痫、晕厥病、双耳语言频段平均听力损失＞25dB、心脏病及心电图明显异常（心律失常）对于压力容器作业人员等均属职业禁忌证。

（3）如果无职业病患者，单位可出具关于无职业病患者的声明。

3. 参考示例

关于无职业病患者的声明

2022年度，我单位共有职工98人（含相关方服务人员），无职业病患者，无职业禁忌证的职工。

×××

年　　月　　日

【标准条文】

4.3.7　职业危害告知

与从业人员订立劳动合同时，应告知并在劳动合同中写明工作过程中可能产生的职业病危害及其后果和防护措施。应当关注从业人员的身体、心理状况和行为习惯，加强对从业人员的心理疏导、精神慰藉，严格落实岗位安全生产责任，防范从业人员行为异常导致事故发生。

1. 工作依据

《中华人民共和国安全生产法》（主席令第八十八号）

《中华人民共和国职业病防治法》（主席令第二十四号，2018年修正）

GB/T 33000—2016《企业安全生产标准化基本规范》

2. 实施要点

（1）后勤保障单位应确定职业病危害因素辨识清单，对职业病危害因素进行评价，制定相应的防范措施。

（2）应与员工签订《职业病危害告知书》，明确告知所在工作岗位、可能产生的职业病危害、后果及职业病防护措施，告知内容应全面。

（3）应定期对员工进行职业健康体检，关注从业人员的身体、心理状况和行为习惯，可以采取个人谈话或结合安全知识宣教等方式，不定期对从业人员进行心理疏导、精神慰藉，防止出现员工行为异常。

3. 参考示例

职业病危害因素辨识清单

编号：

序号	地点	岗位	危害因素/有害物质	导致的职业病	防范措施	备注
1	危化品仓库	保管员	有毒有害物品	职业性中毒、职业性皮肤病等	防护服、防毒面具、防护手套等	
2	发电机房	发电机运行工	噪声	职业性听力损失	佩戴耳塞	

辨识人：　　　　审核人：　　　　辨识日期：

职业病危害告知书

一、所在工作岗位、可能产生的职业病危害、后果及职业病防护措施：

所在部门及岗位名称	职业病危害因素	职业禁忌证	可能导致的职业病危害	职业病防护措施
物资部门/仓库保管员	接触有毒有害物品产生各种病变、影响器官功能	（视具体物品确定）	职业性中毒、职业性皮肤病等	防护服、防毒面具、防护手套等
……	……			

二、甲方应依照《中华人民共和国职业病防治法》及GBZ 188—2014《职业健康监护技术规范》的要求，做好乙方上岗前、在岗期间、离岗时的职业健康检查和应急检查。一旦发生职业病，甲方必须按照国家有关法律、法规的要求，为乙方如实提供职业病诊断、鉴定所需的劳动者职业史和职业病危害接触史、工作场所职业病危害因素检测结果等资料及相应待遇。

三、乙方应自觉遵守甲方的职业卫生管理制度和操作规程，正确使用维护职业病防护设施和个人职业病防护用品，积极参加职业卫生知识培训，按要求参加上岗前、在岗期间和离岗时的职业健康检查。若被检查出职业禁忌证或发现与所从事的职业相关的健康损害的，必须服从甲方为保护乙方职业健康而调离原岗位并妥善安置的工作安排。

四、当乙方工作岗位或者工作内容发生变更，从事告知书中未告知的存在职业病危害的作业时，甲方应与其协商变更告知书相关内容，重新签订职业病危害告知书。

五、甲方未履行职业病危害告知义务，乙方有权拒绝从事存在职业病危害的作业，甲方不得因此解除与乙方所订立的劳动合同。

六、本《职业病危害告知书》作为甲方与乙方签订劳动合同的附件，具有同等的法律效力。

甲方（签章）　　　　　　　　　　　　　　乙方（签字）

年　　月　　日　　　　　　　　　　　　　　年　　月　　日

【标准条文】

4.3.8　警示教育与说明

对接触严重职业危害的作业人员进行警示教育，使其了解作业过程中的职业危害、预防和应急处理措施；在严重职业危害的作业岗位，设置警示标识和警示说明，警示说明应载明职业危害的种类、后果、预防以及应急救治措施。

1. 工作依据

《中华人民共和国安全生产法》（主席令第八十八号）

《中华人民共和国职业病防治法》（主席令第二十四号，2018年修正）

GB/T 33000—2016《企业安全生产标准化基本规范》

2. 实施要点

（1）应对接触职业危害的职工进行警示教育培训，对外来参观学习人员进行职业危害因素告知。通过宣传和培训，职工应清楚职业危害、预防和应急处理措施。培训形式多样，可专题进行宣传、培训，也可结合其他内容进行宣传培训，培训要有记录。

（2）对可能存在职业危害的作业岗位，在醒目位置设置公告栏，公布有关职业病防治的规章制度、操作规程、职业病危害事故应急救援措施和工作场所职业病危害因素检测结果。

（3）对产生严重职业病危害的作业岗位，应当在其醒目位置，设置警示标识和警示说明。警示说明应当载明产生职业病危害的种类、后果、预防以及应急救治措施等内容。

（4）警示标识应符合 GBZ 158《工作场所职业病危害警示标识》的要求。

1）图形标识：分为禁止标识、警告标识、指令标识和提示标识。

禁止标识——禁止不安全行为的图形，如“禁止入内”标识。

警告标识——提醒对周围环境需要注意，以避免可能发生危险的图形，如“噪声有害”标识。

指令标识——强制做出某种动作或采用防范措施的图形，如“必须戴护耳器”标识。

提示标识——提供相关安全信息的图形，如“救援电话”标识。

图形、警示语句和文字设置在作业场所入口处或作业场所的显著位置。

2）警示线。警示线是界定和分隔危险区域的标识线，分为红色、黄色和绿色三种。按照需要，警示线可喷涂在地面或制成色带设置。

3）警示语句。警示语句是一组表示禁止、警告、指令、提示或描述工作场所职业病危害的词语。警示语句可单独使用，也可与图形标识组合使用。

（5）有毒物品作业岗位职业病危害告知卡。

根据实际需要，由各类图形标识和文字组合成《有毒物品作业岗位职业病危害告知卡》（以下简称《告知卡》）。《告知卡》是针对某一职业病危害因素，告知劳动者危害后果及其防护措施的提示卡。《告知卡》设置在使用有毒物品作业岗位的醒目位置。

（6）使用有毒物品作业场所警示标识的设置。

在使用有毒物品作业场所入口或作业场所的显著位置，根据需要，设置“当心中毒”或者“当心有毒气体”警告标识，“戴防毒面具”“穿防护服”“注意通风”等指令标识和“紧急出口”“救援电话”等提示标识。

依据《高毒物品目录》，在使用高毒物品作业岗位醒目位置设置《告知卡》。在高毒物品作业场所，设置红色警示线。在一般有毒物品作业场所，设置黄色警示线。警示线设在使用有毒作业场所外缘不少于 30cm 处。

在高毒物品作业场所应急撤离通道设置紧急出口提示标识。在泄险区启用时，设置“禁止入内”“禁止停留”警示标识，并加注必要的警示语句。

可能产生职业病危害的设备发生故障时，或者维护、检修存在有毒物品的生产装置时，根据现场实际情况设置“禁止启动”或“禁止入内”警示标识，可加注必要的警示语句。

（7）职业病危害事故现场警示线的设置：在职业病危害事故现场，根据实际情况，设置临时警示线，划分出不同功能区。红色警示线设在紧邻事故危害源周边，将危害源与其他的区域分隔开来，只有佩戴相应防护用具的专业人员才可以进入此区域。黄色警示线设在危害区域的周边，其内外分别是危害区和洁净区，此区域内的人员要佩戴适当的防护用具，出入此区域的人员必须进行洗消处理。绿色警示线设在救援区域的周边，将救援人员与公众隔离开来。患者的抢救治疗、指挥机构设在此区内。

3. 参考示例

职业健康安全培训实施记录表

组织部门： 编号：

<table>
<tr><td>培训主题</td><td colspan="2">职业健康安全培训</td><td>主讲人</td><td colspan="2"></td></tr>
<tr><td>培训地点</td><td></td><td>培训时间</td><td></td><td>培训学时</td><td></td></tr>
<tr><td>参加人员</td><td colspan="5"></td></tr>
<tr><td>培训内容</td><td colspan="5">一、什么是职业病危害
职业病危害是指对从事职业活动的劳动者可能导致职业病的各种危害。
二、职业病危害因素包括哪些
职业病危害因素包括：职业活动中存在的各种有害的化学、物理、生物以及在作业过程中产生的其他职业有害因素。
三、职业病是如何发生的
劳动者接触到职业病危害因素，并不一定就会发生职业病。造成职业病发生必须具备一定的作用条件，同时受一定的个体危险因素的影响。其中作用条件包括：接触机会、接触方式、接触时间和接触的强度；个体危险因素包括：遗传因素、年龄和性别的差异、营养缺乏、其他疾病和精神因素、文化水平和生活方式或个人习惯。
四、职业有害因素的来源
生产工艺过程、劳动过程和工作环境中产生和（或）存在的，对职业人群的健康、安全和作业能力可能造成不良影响的一切条件或要素，统称为职业有害因素。职业有害因素是导致职业性损害的致病源，其对健康的影响主要取决于有害因素的性质和接触强度等。职业有害因素按其来源可分为以下三类。
1. 生产工艺过程中产生的有害因素
（1）化学性有害因素：包括生产性毒物和生产性粉尘；
（2）物理性有害因素：包括异常气象条件（高温、高湿、低温、高低气压等），噪声、振动、非电离辐射（可见光、紫外线、红外线、射频辐射、激光等）、电离辐射（α射线、β射线、γ射线、x射线、中子射线等）；
（3）生物性有害因素：如炭疽杆菌、布氏杆菌、森林脑炎病毒、真菌、寄生虫及某些植物性花粉等。
2. 劳动过程中的有害因素
不合理的劳动组织和作息制度、劳动强度过大或生产定额不当、职业心理紧张、体内个别器官或系统紧张、长时间处于不良体位、姿势或使用不合理的工具等。
3. 工作环境中有害因素
自然环境因素（如太阳辐射）、厂房建筑或布局不符合职业卫生标准（如通风不良、采光照明不足、有毒工段和无毒工段在同一个车间内）和作业环境空气污染等。
五、什么是职业禁忌证
是指劳动者从事特定职业或者接触特定职业病危害因素时，比一般职业人群更易于遭受职业病危害和罹患职业病或者可能导致原有自身疾病病情加重，或者在从事作业过程中诱发可能导致对他人生命健康构成危险的疾病的个人特殊生理或者病理状态。简单说，就是我们身体有什么样疾病，根据国家规定将不能从事相关的工作岗位。
相关岗位的职业禁忌证
1. 餐饮业、水源供水、幼教岗位禁忌
传染性疾病（乙肝患者、活动性结核、皮肤传染病患者、肠道传染病患者）、精神病患者。
2. 噪声环境作业禁忌
Ⅱ期高血压病、心脏病、严重中枢神经系统疾病者。
3. 高温环境作业禁忌
Ⅱ期高血压病、心脏病、严重中枢神经系统疾病、严重消化系统疾病者。
4. 粉尘环境作业禁忌</td></tr>
</table>

续表

培训内容	活动性结核、慢性呼吸系统疾病、明显影响肺功能疾病者。 5. 局部振动环境作业禁忌 严重心脏病患者、严重听力减退者、明显神经系统疾病者。 6. 在射线、微波环境作业禁忌 患血液病、严重神经系统疾病、严重免疫系统疾病、未能控制的细菌、病毒感染者。 7. 在氯气环境作业禁忌 患明显慢性呼吸系统疾病、明显慢性心血管系统疾病者。 六、本单位的职业病危害因素 …… 七、对应的应急处置措施 …… 八、警示案例学习 …… 记录人：
培训评估方式	□考试 □实际操作 □事后检查 □课堂评价
培训效果评估及改进意见	评估人： 年 月 日

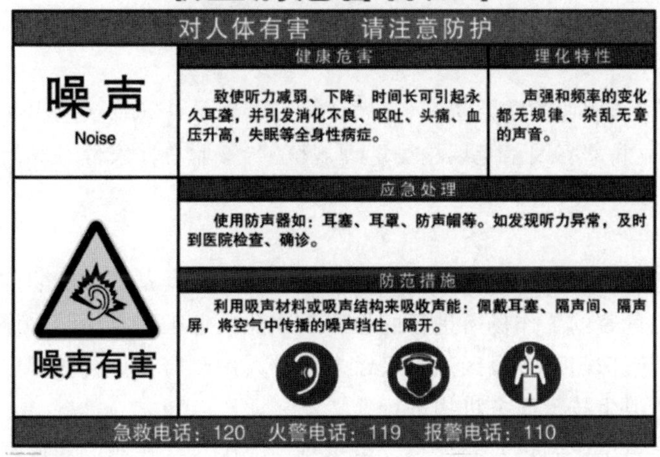

职业病危害告知卡

【标准条文】

4.3.9 职业病申报

工作场所存在职业病目录所列职业病的危害因素，应按规定通过“职业病危害项目申报系统”及时、如实向所在地有关部门申报职业病危害项目，并及时更新信息。

1. 工作依据

《中华人民共和国职业病防治法》（主席令第二十四号，2018 年修正）

GB/T 33000—2016《企业安全生产标准化基本规范》

2. 实施要点

后勤保障单位应按《职业病防治法》等规定，对存在职业病危害因素的作业场所及时向卫生行政部门进行申报，如有变化应及时进行补报。

3. 参考示例

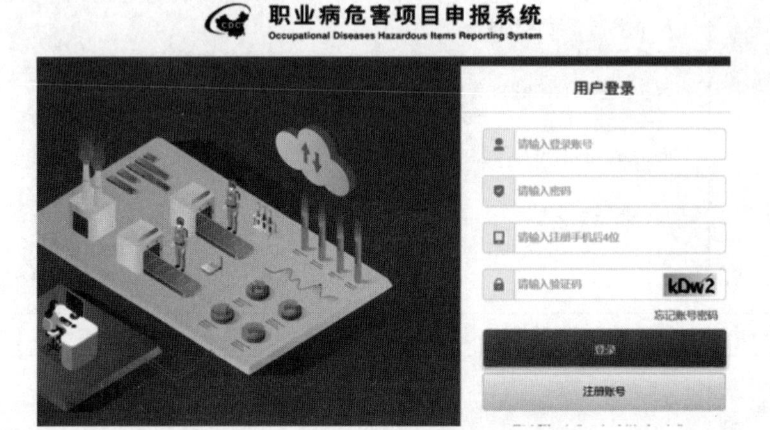

【标准条文】

4.3.10　检测

按相关规定制定职业危害场所检测计划，定期对职业危害场所进行检测，并将检测结果存档。

1. 工作依据

《中华人民共和国职业病防治法》（主席令第二十四号，2018 年修正）

《用人单位职业病危害因素定期检测管理规范》（安监总厅安健〔2015〕16 号）

GB/T 33000—2016《企业安全生产标准化基本规范》

2. 实施要点

（1）职业病危害因素定期检测是指用人单位定期委托具备资质的职业卫生技术服务机构对其产生职业病危害的工作场所进行的检测。职业病危害因素检测、评价由依法设立的取得国务院卫生行政部门或者设区的市级以上地方人民政府卫生行政部门按照职责分工给予资质认可的职业卫生技术服务机构进行。

（2）后勤保障单位应制定检测计划，至少每年一次对存在职业病危害因素的场所进行检测，检测后应保留中介技术服务机构的资质复印件。

（3）后勤保障单位应当建立职业病危害因素定期检测档案，并纳入其职业卫生档案体系，作为将来职业病诊断、鉴定的依据。产生职业病危害的工作场所检测结果应向职工公布。

3. 参考示例

职业危害因素检测监测制度（计划）

1　目的

为提高对工作场所职业病危害相关因素的识别能力，有效控制工作场所职业病危害因素的浓度（强度），确保其符合国家职业接触限值要求，以达到控制职业病危害风险的目的，特制定本制度。

2 主要内容与适用范围

(1) 职业卫生管理部门职责、职业危害识别检测和整改处理，有害因素定期监督检测。

(2) 本制度适用于单位各部门和作业、工作场所。

3 引用法规

《中华人民共和国安全生产法》；

《中华人民共和国职业病防治法》；

《职业病危害因素分类目录》等法规标准。

4 职责

(1) 安全管理机构负责指导和管理职业病危害因素的识别和检测工作。

(2) 协助其他各部门和下属单位。

5 职业病危害因素识别方法

(1) 根据工作、作业场所的工作环境和工作条件来识别有害因素。

(2) 根据设备设施运行过程中产生的有害成分进行识别。

(3) 通过委托职业卫生技术服务机构对工作场所职业病危害因素进行检测来识别。

(4) 查阅文献资料、类比同行业进行识别。

6 识别后的处理

(1) 检查识别出的职业病危害项目及时向职业卫生行政管理部门申报，如未申报应及时申报或补充申报，并保留申报回执。

(2) 发现有利于保护劳动者健康的新技术、新工艺、新材料时，及时向单位主管领导汇报，申请逐步替代现有职业病危害严重的技术、工艺、材料。

(3) 发现存在《职业病危害因素分类目录》里存在的危险因素，或者经常发生职业病事故的高危险化学品时，检索有无低毒或无毒的替代品。若有，及时上报单位领导，申请替代；若无，当及时上报单位领导，申请通过工程控制（如改善工艺流程和加强防护设施)、行政控制（如减少接触时间)、加强个人防护等途径来预防职业病危害事故的发生。

7 检测项目的确定

(1) 参照《职业病危害因素分类目录》，根据工作场所中存在的职业病危害因素确定检测项目。

(2) 若工作场所中存在《职业病危害因素分类目录》所列出的项目，或工作场所中存在应作为职业病危害因素检测的重点项目。

(3) 检测项目经所委托的检测机构现场调查确认。

8 检测机构的确定

应委托具有职业卫生技术服务资质的机构对工作场所进行职业病危害识别、风险评估及检测。

9 检测周期的确定

(1) 按照《职业病危害因素分类目录》所列出的项目每年检测一次。

(2) 其他职业病危害因素，每年至少检测一次。

(3) 对检测结果有不符合职业接触限值(国家职业卫生标准)的情况下,必须按卫生监督部门规定的期限进行整改,直至检测合格为止。

10 检测结果的记录、报告和公示

(1) 安全管理机构应建立检测结果档案。

(2) 每次检测结果应及时上报单位主管领导及所在地职业卫生行政管理部门。

(3) 每次检测结果应及时公示,公示地点为检测点及人员较集中的公共场所(如食堂),公示内容包括检测地点、检测日期、检测项目、检测结果、职业接触限值、评价等。

11 检测费用列入安全措施经费开支。

12 安全管理机构负责对职业病危害因素识别和检测情况的检查,发现问题,提出整改意见并监督整改。

13 附则

(1) 本制度未尽事宜按国家和上级规定执行。

(2) 本制度如与国家法律法规冲突,以国家法律法规为准。

(3) 本制度解释权归属安全生产领导小组办公室。

(4) 本制度自下发之日起生效执行。

【标准条文】

4.3.11 整改

职业病危害因素浓度或强度超过职业接触限值的,制定切实有效的整改方案,立即进行整改。

1. 工作依据

《中华人民共和国职业病防治法》(主席令第二十四号,2018年修正)

《用人单位职业病危害因素定期检测管理规范》(安监总厅安健〔2015〕16号)

GB/T 33000—2016《企业安全生产标准化基本规范》

2. 实施要点

(1) 职业接触限值是指劳动者在职业活动过程中长期反复接触某种或多种职业性有害因素,不会引起绝大多数接触者不良健康效应的容许接触水平。

(2) 后勤保障单位应根据定期检测的结果,结合职业卫生技术服务机构提出的建议,制定切实有效的整改方案,立即进行整改,整改材料应纳入单位职业卫生档案。

3. 参考示例

无。

第四节 警 示 标 志

【标准条文】

4.4.1 制定包括现场安全和职业病危害警示标志、标牌的采购、制作、安装和维护等内容的警示标志管理制度。

1. 工作依据

《中华人民共和国安全生产法》(主席令第八十八号)

GB/T 33000—2016《企业安全生产标准化基本规范》

SL/T 789—2019《水利安全生产标准化通用规范》

2. 实施要点

(1) 制定安全警示标识管理制度目的在于规范单位安全和职业病危害警示标识管理。加强标识的采购、制作、使用、维护和管理，充分发挥安全警示标识在安全生产中的作用，避免事故的发生。安全警示标识应符合 GB 2894—2008《安全标志及其使用导则》的要求，职业病危害警示标识应符合 GBZ 158《工作场所职业病危害警示标识》的要求，消防安全标识设置应符合 GB 13495.1—2015《消防安全标志 第1部分：标志》的要求。

(2) 后勤保障单位应按规定编制安全和职业病危害警示标识管理制度，以正式文件下发执行。管理制度的内容应符合相关法律法规的规定和要求，至少应包括标识、标牌的采购、制作、安装和维护等内容。

(3) 后勤保障单位的重大危险源、较大危险因素和职业病危害因素场所必须设置安全警示标识，告知危险的种类和后果，相关防范和应急措施。

3. 参考示例

安全警示标识管理制度

第一章 总 则

第一条 为规范单位安全警示标识管理，加强标识的采购、使用、维护和管理，充分发挥安全警示标识在安全生产中的作用，避免事故的发生，结合单位实际情况，制定本制度。

第二条 本制度适用于单位管理范围内的生产、生活、办公场所安全警示标识的管理。

第二章 职 责

第三条 安全警示标识必须符合国家标准。单位各部门应根据实际需要，向安全管理机构（归口管理部门）提交使用计划，由安全管理机构负责审批，并上报批准后统一购置。采购的安全标识必须符合国家标准 GB 2894—2008《安全标志及其使用导则》的要求。职业病危害警示标识还应符合 GBZ 158《工作场所职业病危害警示标识》的要求。

第四条 单位各部门应结合生产、生活、办公场所具体情况悬挂标识。并填写《安全标识标牌统计表》。单位的重大危险源、较大危险因素和职业病危害因素场所必须设置安全警示标识，告知危险的种类、后果、相关防范和应急措施。

第五条 安全管理机构负责对安全标识的使用情况进行监督与检查。安全标识牌未经该部门允许，任何人不得随意移动或拆除。对故意破坏安全标识的行为及时制止，并严肃处理。

第六条 各部门负责做好职责范围内的安全警示标识使用、维护和管理，并列入日常检查内容；如发现有变形、破损、褪色等不符合要求的标识应及时上报安全管理机构修整或更换。

第三章 安全警示标识的分类

第七条 在不准或制止人们的某种行为的场所必须设置禁止标识。其含义是禁止人们不安全行为的图形标识。禁止标识的基本形式是带斜杠的圆边框，白底红字。

第八条　在提示注意可能发生危险的场所必须设置警告标识。其含义是提醒人们对周围环境引起注意，以避免可能发生危险的标识。其基本形状为正三角形边框，黄底黑字。

第九条　在必须遵守的场所必须设置指令标识。其含义是强制人们必须做出某种动作或采取防范措施的图形标识。其基本形状为圆形边框，蓝底白字。

第十条　在示意目标方向的场所必须设置提示标识。其含义是向人们提供某种信息（如表明安全设施或场所）的图形标识。基本形状为正方形边框，绿底白字。

第四章　安全警示标识设置原则

第十一条　安全警示标识应按照能够起到提示、提醒的目的，安全警示标识应设置在醒目的地方和它所指示的目标物附近（如易燃、易爆、有毒、高压等危险场所），使进入现场人员易于识别，引起警惕，预防事故的发生。

第十二条　在设置安全警示标识的同时，根据公共场所和生产环境的不同，设置相应的公共信息标识，如紧急出口、注意安全等。

第十三条　安全警示标识的设置要与环境相谐调，应设置在醒目的地方，并保证标识有足够的亮度和照明；有灯光的，其照明不应是有色光。

第十四条　安全警示标识的设置应避免滥设和不规范使用，在同一地域内，要避免设置内容相互矛盾和内容相近的标识。用适量的标识达到提醒人们注意安全的目的，设置图形符号必须符合国家标准的规定。

第十五条　安全警示标识设置应牢固可靠，不宜设在门窗等可移动的物体上，不得妨碍正常作业和避免造成新的隐患。

第五章　安全警示标识的设置方式

第十六条　附着式：将标识直接附着在建筑物等设施上。

第十七条　悬挂式：将标识悬挂在固定牢靠的物体上。

第十八条　柱式：将标识固定在柱杆上。

第六章　其　他　要　求

第十九条　安全警示标识是单位公有财产，每位职工都有义务加以爱护，有责任对损坏其行为加以制止。

第二十条　安全警示标识的配置使用应列入各级安全检查的内容，按照其安装位置所属部门负责日常维护，保持整洁，防止玷污、损伤、移位和脱落。

第二十一条　安全警示标识的使用、发放、回收由安全管理机构负责并做好发放记录。作废回收的标识，尽可能地再利用，不能利用，可作废品处理。

第七章　附　　则

第二十二条　本规定由安全管理机构负责解释。

【标准条文】

4.4.2　按照规定和现场的安全风险特点，在有重大危险源、较大危险因素和职业危害因素的工作场所，设置明显的安全警示标识和职业病危害警示标识，告知危险的种类、后果及应急措施等；在危险作业场所设置警戒区、安全隔离设施，并安排专人现场监护。

1. 工作依据

《中华人民共和国安全生产法》（主席令第八十八号）

《中华人民共和国职业病防治法》（主席令第二十四号，2018 年修正）

GB/T 33000—2016《企业安全生产标准化基本规范》

2. 实施要点

（1）后勤保障单位应当通过辨识和评价，确定哪些场所存在重大危险源、较大危险因素、职业病危害因素，单位涉及哪些危险作业。常见危险作业有吊装作业、动火作业、动土作业、断路作业、高处作业、设备检修作业、盲板抽堵作业、受限空间作业。

（2）针对不同的重大危险源、较大危险因素、职业病危害因素和危险作业应合理、准确的设置安全警示标识和风险告知卡，并应告知主要安全风险名称、风险等级、事故类别、危险因素、管控措施、应急措施及报告方式等内容。

（3）安全色、安全标识、消防安全标识、职业病危害警示标识、道路交通标识和标线均应符合对应的国家标准。

关于安全标识排列顺序的问题：

1）GB 2894—2008《安全标志及其使用导则》9.5：多个标识牌在一起设置时，应按警告、禁止、指令、提示类型的顺序。

2）文件《用人单位职业病危害告知与警示标识管理规范》（安监总厅安健〔2014〕111 号）第三十条：多个警示标识在一起设置时，应按禁止、警告、指令、提示类型的顺序，先左后右、先上后下排列。

3）GB/T 2893.5—2020《图形符号安全色和安全标识　第 5 部分：安全标识使用原则与要求》里面虽然未明确提及该问题，但在多个标识牌图样示意中均以黄红顺序从上到下、从左到右排列。

因此建议按照警告、禁止、指令、提示类型的顺序排列。

（4）安全标识的设置。

1）安全标识应设置在与安全有关的明显地方，并保证人们有足够的时间注意其所表示的内容。

2）设立于某一特定位置的安全标识应被牢固地安装，保证其自身不会产生危险，所有的标识均应具有坚实的结构。

3）当安全标识被置于墙壁或其他现存的结构上时，背景色应与标识上的主色形成对比色。

4）对于那些所显示的信息已经无用的安全标识，应立即卸下，这对于警示特殊的临时性危险的标识尤其重要，否则会导致观察者对其他有用标识的忽视与干扰。

（5）安全标识的安装位置。

1）防止危害性事故的发生。首先要考虑所有标识的安装位置都不可存在对人的危害。

2）可视性。标识安装位置的选择很重要，标识上显示的信息不仅要正确，而且对所有的观察者要清晰易读。

3）安装高度。通常标识应安装于观察者水平视线稍高一点的位置，但有些情况置于其他水平位置则是适当的。

4）危险和警告标识。危险和警告标识应设置在危险源前方足够远处，以保证观察者在首次看到标识及注意到此危险时有充足的时间，这一距离随不同情况而变化。例如，警告不要接触开关或其他电气设备的标识，应设置在它们近旁；而大厂区或运输道路上的标识，应设置于危险区域前方足够远的位置，以保证在到达危险区之前就可观察到此种警告，从而有所准备。

5）安全标识不应设置于移动物体上，例如门。因为物体位置的任何变化都会造成对标识观察变得模糊不清。

6）已安装好的标识不应被任意移动，除非位置的变化有益于标识的警示作用。

（6）设备设施施工、吊装、检维修等作业现场设置警戒区域和警示标识，在检维修现场的坑、井、渠、构、陡坡等场所设置围栏和警示标识，进行危险提示、警示，夜间设红灯示警，设置警戒区、安全隔离设施等，安排专人现场监护。

（7）有毒物品的工作场所应按 GBZ 158—2003《工作场所职业病危害警示标识》规定，设置黄色区域警示线、警示标识和中文警示说明。警示说明应载明产生职业中毒危害的种类、后果、预防以及应急救援措施等内容。使用高毒物品的工作场所应当设置红色区域警示线、警示标识和中文警示说明，并设置通信报警设备，设置应急撤离通道和必要的泄险区。

3. 参考示例

安全警示标识设置统计表

编号：

序号	警示牌名称	警示牌类别	设置部位	图片
1	禁止启动	禁止标识	维护、检修作业中设备启动操作旁的醒目位置	禁止启动
2	当心滑倒	警告标识	地面有油、冰、水等物质及滑坡处	当心滑倒
3	必须穿防护服	指令标识	危险物品仓库门口	必须穿防护服
4	安全出口、安全疏散通道	提示标识	安全出口、疏散门及其对应的走道	安全疏散通道 安全出口 EXIT
	……			

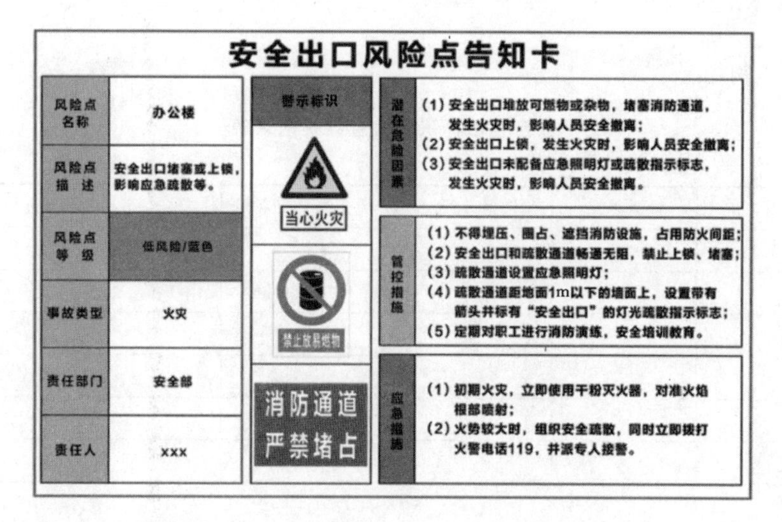

风险告知卡

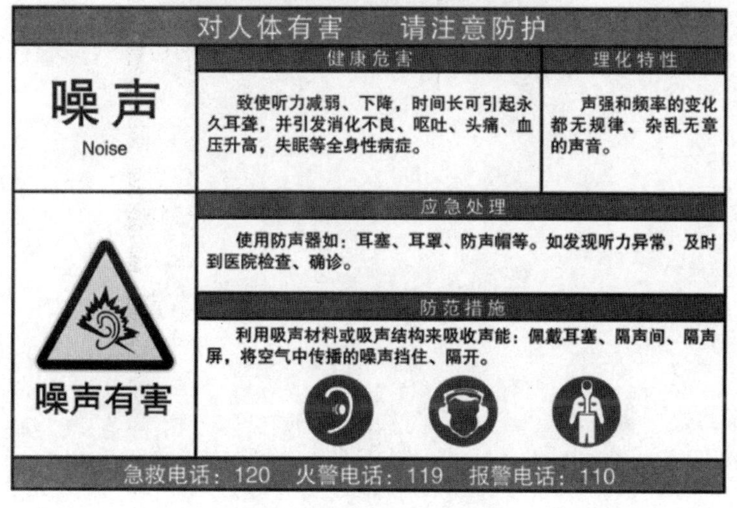

职业病危害告知卡

【标准条文】

4.4.3 定期对警示标识进行检查维护，确保其完好有效并做好记录。

1. 工作依据

GB/T 33000—2016《企业安全生产标准化基本规范》

GB 2894—2008《安全标志及其使用导则》

2. 实施要点

（1）按规定设置齐全、规范、清晰的警示标识。

（2）安全标识牌至少每半年检查一次，遇暴雨、台风等恶劣天气后及时组织人员增加一次检查。如发现有破损、变形、褪色、不牢固、移位、脱落等不符合要求时应及时修整或更换。

3. 参考示例

安全警示标识牌检查维护记录表

编号：

序号	标识名称	设置地点	设置时间	检查维护情况	是否更换
				清洁	否
				已破损，拆除	是
				加固	否

检查人： 日期：

第七章　安全风险分级管控及隐患排查治理

第一节　安全风险管理

【标准条文】

5.1.1　危险源辨识及风险评价管理制度的内容应包括危险源辨识及风险评价的职责、范围、频次、方法、准则和工作程序等，并以正式文件发布实施。

1. 工作依据

《中华人民共和国安全生产法》（主席令第八十八号）

《水利部关于开展水利安全风险分级管控的指导意见》（水监督〔2018〕323号）

《水利安全生产监督管理办法（试行）》（水监督〔2021〕412号）

GB/T 33000—2016《企业安全生产标准化基本规范》

SL/T 789—2019《水利安全生产标准化通用规范》

2. 实施要点

（1）正确认识危险源、风险、隐患、事故的区别和联系，这是理解双重预防机制的基础。

1）危险源。危险源是指可能导致人身伤害和（或）健康损害的根源、状态或行为。从上述定义来看，危险源可以是一台设备、一种环境、一种状态，也是可能产生不期望后果的人或物，它是固有存在的，危险源不代表一定具有危险、不安全或缺陷。

2）风险。风险是指发生危险事件或有害暴露的可能性，与随之引发的人身伤害、健康损害或财产损失的严重性的组合。安全风险强调的是损失的不确定性，包括发生可能性的不确定、发生时间的不确定、导致后果的不确定等。风险是人们在后果产生之前基于现状、以往的经验等做出的主观判断或推测，因为一旦损失产生那就是事故或者事件，也就不能称之为风险了。

3）隐患。隐患是指生产经营单位违反安全生产法律、法规、规章、标准、规程和安全生产管理制度的规定，或者因其他因素在生产经营活动中存在的可能导致事故发生的人的不安全行为、物的危险状态和管理上的缺陷。事故隐患实质是有危险的、不安全的、有缺陷的“状态”，这种状态可在人或物上表现出来，也可表现在管理的程序、内容或方式上。危险源管控措施不落实，就会成为隐患。隐患是必须要排除的，这也是和危险源最大的区别。

4）事故。事故是指生产经营活动中发生的造成人身伤亡或者直接经济损失的事件。事故的发生是多种因素作用或是一种因素恶性发展的结果，因此事故具有一定的突发性、危害性、严重性、复杂性。

(2) 危险源辨识和风险评价的关系和意义。危险源辨识是确定危险、有害因素的存在及其特性的过程，应系统、全面、无遗漏地进行危险源辨识，从自然条件、总体布置、作业环境、工艺流程、设备设施、作业活动、安全管理等方面进行辨识，覆盖地上和地下的全部场所和区域。

风险评价是对危险源在一定触发因素作用下导致事故发生的可能性及危害程度进行调查、分析、论证等，以判断危险源风险程度，确定风险等级的过程。

危险源辨识、风险评价是安全生产管理的精髓所在，它们充分体现了“预防为主”的方针。实施有效的危险源辨识、风险评价与控制措施，可实现对事故的预防和生产作业安全的全过程控制。通过进行危险源辨识和风险评价，对各种预知的风险因素做到事前控制，才可以实现预防为主的目的，并对各种潜在的事故制定应急预案，以将事故发生概率降到最低，将事故损失最小化。

3. 参考示例

安全风险及分级管控制度

第一章　总　　则

第一条　为科学辨识与评价本单位危险源及其风险等级，有效防范生产安全事故，根据《中华人民共和国安全生产法》、《水利部关于开展水利安全风险分级管控的指导意见》(水监督〔2018〕323号)、《水利部关于印发构建水利安全生产风险管控“六项机制”的实施意见的通知》(水监督〔2022〕309号)等，制定本办法。

第二条　本办法适用于各部门、各下属单位开展危险源辨识与风险评价。

第三条　本单位危险源是指在后勤保障管理服务过程中存在的，可能导致人员伤亡、健康损害、财产损失或环境破坏，在一定的触发因素作用下可转化为事故的根源或状态。

第四条　各部门、各下属单位是危险源辨识、风险评价的责任主体。各部门应结合本部门实际，根据后勤工作情况和管理等特点，科学、系统、全面地开展危险源辨识与风险评价，严格落实相关管理责任和管控措施。

第五条　安全管理机构是危险源辨识与风险评价的归口管理部门，应明确各部门的职责、辨识范围、流程、方法、频次。对危险源进行汇总登记，及时掌握危险源的状态及其风险的变化，更新危险源及其风险等级，实施动态管理。

第六条　安全管理机构依据有关法律法规、技术标准和本制度对危险源辨识与风险评价管控工作进行技术培训、监督与检查。

第二章　危险源类别、级别与风险等级

第七条　危险源分五个类别，分别为建筑物类、设备设施类、危险物品类、作业活动类和环境类，各类别辨识与评价的对象主要有：

(一) 建筑物类：各类房屋、机房、仓库等。

(二) 设施设备类：各类特种设备、电气设备、消防设施；交通车、船、无人机等。

(三) 危险物品类：易燃、易爆、易制毒和易腐蚀、剧毒等化学药品、试剂、气体。

(四) 作业活动类：检修维护作业、高处作业、动火作业、带电作业、有限空间作业、安保执勤、绿化养护等。

(五) 环境类：自然环境，工作场所环境等。

第八条　危险源分两个级别，分别为重大危险源和一般危险源。

其中重大危险源（以下简称重大危险源）是指在后勤保障管理过程中存在的，可能导致人员重大伤亡、健康严重损害、财产重大损失或环境严重破坏，在一定的触发因素作用下可转化为事故的根源或状态。

第九条　危险源的风险评价分为四级，由高到低依次为重大风险、较大风险、一般风险和低风险，分别用红、橙、黄、蓝四种颜色标示。各级风险管控措施原则如下：

（一）重大风险：极其危险，由单位主要负责人组织管控，上级主管部门重点监督检查。必要时报请上级主管部门或与当地应急、公安部门沟通，协调相关单位共同管控。

（二）较大风险：高度危险，由单位分管业务部门的领导组织管控，分管安全管理部门的领导协助主要负责人监督。

（三）一般风险：中度危险，由有关部门负责人组织管控，安全生产领导小组办公室主任协助其分管领导监督。

（四）低风险：轻度危险，由各部门负责人自行管控。

第三章　危险源辨识

第十条　危险源辨识是指对有可能产生危险的根源或状态进行分析，识别危险源的存在并确定其特性的过程，包括辨识出危险源以及判定危险源类别与级别。

危险源辨识应考虑相关人员发生危险的可能性，设施设备受到的损失破坏程度，危险物品储存物质的危险特性，以及工作环境危险特性等因素，综合分析判定。

第十一条　危险源辨识应由各单位经验丰富的后勤管理人员和安全管理方面专业人员及基层管理人员（技术骨干），采用科学、有效及相适应的方法进行辨识。对其进行分类和分级，制定危险源清单，并确定危险源名称、类别、级别、事故诱因、可能导致的事故等内容，必要时集体研究或专家论证。

第十二条　危险源辨识应优先采用直接判定法，不能用直接判定法辨识的，应采用其他方法进行判定。符合后勤保障单位评审规程中《重大危险源清单》的任何一条，直接判定为重大危险源。

第十三条　相关法律法规、规程规范、技术标准发布（修订）后，或者建筑物、设备设施、危险物品、作业活动、管理、环境等相关要素发生变化，或发生生产安全事故后，应及时组织危险源辨识。

第四章　危险源风险评价

第十四条　危险源风险评价是对危险源在一定触发因素作用下导致事故发生的可能性及危害程度进行调查、分析、论证等，以判断危险源风险程度，确定风险等级的过程。危险源风险评价方法采用直接评定法、作业条件危险性评价法（以下称 LEC 法）等。

第十五条　对于重大危险源，其风险等级应直接评定为重大风险；对于一般危险源，其风险等级可结合实际采用 LEC 法确定。重大危险源和风险等级评定为重大的一般危险源应建立专项档案，并报上级主管单位备案。危化品类相关危险源应按照规定同时报所在地管理部门备案。

第十六条　对于危险化学品一般危险源，应依据《危险化学品储存通则》《危险化学品重大危险源辨识》独立评价，单独编制风险评价报告。

第十七条 对于后勤保障单位涉及施工作业等相关方作业活动可能影响人身安全的一般危险源，评价方法参照《水利水电工程施工危险源辨识与风险评价导则（试行）》（办监督函〔2018〕1693号）。

第十八条 一般危险源的L、E、C值（作业条件危险性评价法）取值范围及风险等级范围可以参照《水利水电工程施工一般危险源LEC法风险评价赋分表（指南）》，各部门可依据工作实际适当调整赋分制。

第五章 危险源辨识及风险评价报告

第十九条 各部门、各下属单位应定期组织专业技术人员开展危险源辨识和风险评价，至少每个季度开展1次危险源辨识与风险评价，绘制危险源四色空间分布图，编制危险源辨识与风险评价报告。

第二十条 危险源辨识与风险评价报告应经单位负责安全生产管理的部门、分管安全生产的负责人以及主要负责人签字确认，必要时应组织专家进行审查。

第二十一条 各部门、各下属单位相关危险源应于每季度最后一个月月底前，通过水利安全生产信息系统报送信息。

第六章 附 则

第二十二条 本制度自发布之日起施行。

第二十三条 本制度由安全生产领导小组办公室负责解释。

【标准条文】

5.1.2 组织开展全面、系统的危险源辨识，确定一般危险源和重大危险源。危险源辨识应按制度采用适宜的程序和方法，覆盖本单位的所有生产工艺、人员行为、设备设施、作业场所和安全管理等方面。应对危险源辨识及风险评价资料进行统计、分析、整理、归档。

1. 工作依据

《中华人民共和国安全生产法》（主席令第八十八号）

《危险化学品重大危险源监督管理暂行规定》（安全生产监督管理总局令第79号修正）

《水利部关于开展水利安全风险分级管控的指导意见》（水监督〔2018〕323号）

《水利部关于印发构建水利安全生产风险管控“六项机制”的实施意见的通知》（水监督〔2022〕309号）

2. 实施要点

（1）后勤保障单位对于危险源的辨识应覆盖本单位的所有生产工艺、人员行为、设备设施、作业场所和安全管理等方面。后勤保障活动中存在的风险主要为在服务过程中发生人员密集场所拥挤踩踏、火灾、房屋坍塌、电梯故障、高空坠落、物体打击、交通事故、食品或饮用水中毒、燃气中毒、触电以及机械伤害等。造成这些风险的危险源主要有位于高处的场所、湿滑的场所、在操作中可能会造成使用人人身伤害的设备、设施及用品、各类特种设备、可能对人体造成伤害的化学用品、表面是高温、低温的物品、未经正确烹调或贮存的食品，以及可能造成意外的尖锐、易碎物品等。

（2）危险源辨识宜按照以下步骤进行。

1）确定危险和有害因素的分布。系统查找危险源辨识单元中涉及的危险物质、能量或能量载体，对各种危险和有害因素进行归纳总结，确定单位中有哪些危险和有害因素及其分布状况等综合资料。

2）确定危险和有害因素的内容。参照 GB 6441、GB/T 13861 从人的不安全行为、物的不安全状态、不良环境和管理缺陷等方面分析危险物质、能量或能量载体存在的方式、转移途径及其变化的规律。为了便于分析，防止遗漏，宜按单位建筑平面布局、建（构）筑物、物质、生产工艺及设备、辅助生产设施（包括公用工程）、作业环境危险几部分，分别分析其存在的危险和有害因素，列表登记。

3）对照 GB 6441 或行业领域安全风险标准列出危险源辨识单元可能存在的安全风险（事故）类型。

4）确定伤害（危害）方式。伤害（危害）方式指对人体造成伤害、对人体健康造成损坏的方式。例如，机械伤害（危害）的挤压、咬合、碰撞、剪切等，中毒的靶器官、生理功能异常、生理结构损伤形式（如黏膜糜烂、自主神经紊乱、窒息等），粉尘在肺泡内阻留、肺组织纤维化、肺组织癌变等。

5）确定伤害（危害）途径和范围。大部分危险和有害因素是通过人体直接接触造成伤害。如爆炸是通过冲击波、火焰、飞溅物体在一定空间范围内造成伤害；毒物是通过直接接触（呼吸道、食道、皮肤黏膜等）或一定区域内通过呼吸带的空气作用于人体；噪声是通过一定距离的空气损伤听觉的。

6）确定主要危险和有害因素。对导致事故发生的直接原因、诱导原因进行重点分析，分析时要防止遗漏，特别是对可能导致重大事故的危险和有害因素要给予特别的关注，不得忽略。不仅要分析正常生产运转、操作时的危险和有害因素，更重要的是要分析设备、装置破坏及操作失误可能产生严重后果的危险和有害因素。

7）涉及危险化学品生产、储存、使用和经营的企业应按照 GB 18218 进行危险化学品重大危险源的辨识与分级。

（3）危险源辨识中应注意的问题。

1）在危险源辨识过程中可参考《水利后勤保障单位安全生产标准化评审规程》附表 B 和附表 C 列出的危险源清单，在使用时应当注意清单中的“项目”一栏按“危险源”理解，“危险源”一栏按“事故诱因”理解，这样更为准确。

2）危险源辨识的范围应覆盖单位生产经营活动的所有方面，包括所有生产场所、所有设备（包括租赁设备）、所有人（包括为企业提供各种服务的相关方）等。

3）危险源辨识应从人的不安全行为、物的不安全状态、环境不良、管理缺陷四个方面着手。

4）管理缺陷是许多单位在危险源辨识时未予以严重关注的，而管理缺陷又恰恰是多数企业一直未能清晰对待的影响企业安全管理水平提升的重要因素，在危险源管理制度中应加以强调。

5）危险源辨识应以岗位（包括一线基层岗位、管理岗位）为主要对象，不可由单位安全管理部门包揽一切。

6）有的单位依据 GB 6441 作为开展危险源辨识的参考依据，该标准列出的是伤亡分类，是后果概念，但有的单位却把标准中所列的 20 类后果直接当成了危险源，这是不正确的。如直接把“高处坠落”当成了危险源，而危险源辨识恰恰需要辨识出造成“高处坠落”的原因、源头，包括人、物、环境、管理四个方面。

7）非常规活动的危险源辨识及控制，是许多单位安全管理中未能予以真正关注的，在管理制度中应加强对非常规活动危险源辨识与控制的辨识及控制要求。

（4）危险源登记建档。

根据安全管理实际需要，单位不仅应对重大危险源，而且须对其内部已辨识的危险源进行登记，并收集相关资料，建立完整的档案，为有关信息的查询、验收及危险控制决策创造条件。危险源登记建档应注意的问题如下。

1）危险辨识完成后，应由有关领导组织技术、服务、安全、设备等方面的技术人员及有经验的技术工人对危险辨识结果材料进行审查验收，此项工作一般应分级进行。

2）所有危险源应建立相应的档案。归档时，应列明档案中有关资料的清单，辨识负责人、审查负责人及归档经办人均应在档案上签字。

3）对于发生变化的危险源（因各种原因增加或删除），应及时归档。

4）对于非常规活动的危险源，要以适当方式予以保存。

5）重大危险源登记、建档的主要内容包括：单位名称、法人代表、单位地址、联系人、联系方式、重大危险源种类及基本特征、重大危险源相关图纸和图片、重大危险源安全管理责任制、安全管理规章制度及安全操作规程、重大危险源监控措施及检测报告、事故应急预案、重大危险源安全评估报告和重大危险源其他相关情况等。

3. 参考示例

危险源辨识登记表

部门：　　　　辨识时间：　　年　月　日　　　　编号：

序号	类别	项目	危险源	事故诱因	可能导致的后果	危险源详细位置	危险源现状	是否为重大危险源	责任人
		审查负责人：				归档经办人：		辨识负责人：	

说明：重大危险源应单独建立登记表。

【标准条文】

5.1.3　对危险源进行风险评价，应至少从影响人员、财产和环境三个方面的可能性和严重程度进行分析，并对现有控制措施的有效性加以考虑，确定风险等级。

1. 工作依据

《危险化学品重大危险源监督管理暂行规定》（安全生产监督管理总局令第 79 号修正）

《水利部关于开展水利安全风险分级管控的指导意见》（水监督〔2018〕323 号）

《水利部关于印发构建水利安全生产风险管控“六项机制”的实施意见的通知》（水监督〔2022〕309 号）

2. 实施要点

（1）后勤保障单位可采用作业条件危险性分析法（LEC 法）进行风险评价，该方法用与系统风险有关的三种因素指标值的乘积来评价操作人员伤亡风险大小，这三种因素分别是：L（likelihood，事故发生的可能性）、E（exposure，人员暴露于危险环境中的频繁程度）

和 C（consequence，发生事故产生的后果）。给三种因素的不同等级分别确定不同的分值，再以三个分值的乘积 D（danger，危险性）来评价作业条件危险性的大小。

风险分值 $D=L\times E\times C$。D 值越大，说明该系统危险性大，需要增加安全措施，或改变发生事故的可能性，或减少人体暴露于危险环境中的频繁程度，或减轻事故损失，直至调整到允许范围内。

对 L、E、C 这 3 种方面分别进行客观的科学计算，得到准确的数据，是相当烦琐的过程。为了简化评价过程，采取半定量计值法。即根据以往的经验和估计，分别对这 3 方面划分不同的等级，并赋值，注意在选用分数值时只可选用给定的分数值。具体如下：

事故发生的可能性（L）

分数值	事故发生的可能性	分数值	事故发生的可能性
10	完全可以预料	0.5	很不可能，可以设想
6	相当可能	0.2	极不可能
3	可能，但不经常	0.1	实际不可能
1	可能性小，完全意外		

暴露于危险环境中的频繁程度（E）

分数值	暴露于危险环境的频繁程度	分数值	暴露于危险环境的频繁程度
10	连续暴露	2	每月一次暴露
6	每天工作时间内暴露	1	每年几次暴露
3	每周一次或偶然暴露	0.5	非常罕见暴露

发生事故产生的后果（C）

分数值	发生事故产生的后果	分数值	发生事故产生的后果
100	10 人以上死亡	7	致人重伤
40	3～9 人死亡	3	致人轻伤
15	1～2 人死亡	1	致人轻微伤及以下

根据公式：$D=L\times E\times C$，就可以计算得出危险源的危险程度，并判断评价危险性的大小。根据经验，总分分值范围对应 4 个风险等级，分值区分如下表所示。

风险分值 D	危　险　程　度	风险等级
$D\leqslant 70$	稍有危险，需要注意（或可以接受）	低风险
$160\geqslant D>70$	一般危险（或显著危险），需要整改	一般风险
$320\geqslant D>160$	高度危险，需立即整改	较大风险
$D>320$	极其危险，不能继续作业	重大风险

（2）风险评价涉及下列情形之一的应确定为重大危险源或重大风险的一般危险源：

1）辨识为危险化学品重大危险源的（根据 GB 18218 标准判定）。

2）行业领域法规、政策规定与标准、规范规定的重大风险，如：《水利后勤保障单位安全生产标准化评审规程》附录 C 的重大危险源清单。

3）企业根据自身专业特点通过分析论证确定的重大风险。

（3）危险源风险评价的目的需要在管理制度中界定清楚。许多单位对于评价的目的模糊不清，误以为危险源评价目的就是对危险源进行分级，而后单位只要关注自身认定风险较高的危险源即可，这是许多单位的通病。殊不知，许多单位的事故往往就出在极不起眼的地方，并不一定是风险较高之处。在《水利部关于印发构建水利安全生产风险管控“六项机制”的实施意见的通知》（水监督〔2022〕309号）中已经将低风险提级按一般风险管理。

3. 参考示例

危险源辨识及风险评价一览表

部门：　　　　辨识时间：　　年　月　日　　　　编号：

序号	类别	项目	危险源	事故诱因	可能导致的后果	风险评价				风险等级	备注
						L	E	C	D		
1											
2											
	……										

批准人：　　　　部门负责人：　　　　编制人：

注：风险等级分为四级：重大风险（$D>320$）；较大风险（$160<D\leqslant 320$）；一般风险（$70<D\leqslant 160$）；低风险（$D\leqslant 70$）。

用作业条件危险性分析法（LEC法）评估危险源风险等级示例

某单位作业环境中有一设备被辨识为危险源。经评估，该设备发生事故的可能性小，1名操作人员每天工作时间内均需操作该设备，一旦发生事故可能致操作人重伤甚至死亡。则根据上述LEC风险评估法取值标准，事故发生的可能性（L）取“1”（可能性小，完全意外），暴露于危险环境的频繁程度（E）取“6”（每天工作时间内暴露），发生事故产生的后果（C）取“15”（1～2人死亡，按后果最严重的项目取值）。

根据公式$D=L\times E\times C$，计算得出该危险源的危险分值D为90，属于一般风险，需采取控制措施管控。

【标准条文】

5.1.4　实施风险分级分类差异化动态管理，及时掌握危险源及风险状态和变化趋势，适时更新危险源及风险等级，并根据危险源及风险等级制定并落实相应的安全风险控制措施，（包括工程技术措施、管理措施、个体防护措施等），对安全风险进行控制。

重大危险源应制定专项安全管理方案和应急预案，明确责任部门、责任人、分级管控措施和应急措施，建立应急组织，配备应急物资，登记建档并及时将重大危险源的辨识评价结果、风险防控措施及应急措施向上级主管部门报告。

1. 工作依据

《中华人民共和国安全生产法》（主席令第八十八号）

《危险化学品重大危险源监督管理暂行规定》（安全生产监督管理总局令第79号修正）

《水利部关于开展水利安全风险分级管控的指导意见》（水监督〔2018〕323号）

GB/T 33000—2016《企业安全生产标准化基本规范》

SL/T 789—2019《水利安全生产标准化通用规范》

2. 实施要点

（1）危险源风险动态管理。

按照水利行业特点和多年工作实际，参照GB 6441—1986《企业职工伤亡事故分类》的相关规定，分析事故风险易发领域和事故风险类型，及时对各类风险分级并加强管控。对一般危险源、重大危险源建立档案。定期开展危险源再辨识和风险等级复评，根据评价结果对危险源进行增加、删减、调整级别。危险源再辨识的依据主要是上一阶段的危险源识别及风险评价的结果，包括已有风险清单、已有风险监测结果和对已处理风险的跟踪。危险源再辨识和风险等级复评的过程本质上是对新增安全风险因素的识别过程，也是安全风险动态管理和循环改进的过程。

（2）危险源风险分级管理。

直接判定的重大危险源和经评价确认为重大风险等级的一般危险源，由单位主要负责人进行管理，制定重大风险控制措施和重大危险源专项管控方案，由单位主要领导最终签字确认。单位监督控制措施的实施，定期监督检查，确保重大风险控制的有效性。

经评价确认为较大风险等级的一般危险源，由单位分管负责人进行管理，制定较大风险控制措施，由单位分管领导最终签字确认。单位监督控制措施的实施，定期监督检查，确保较大风险控制的有效性。

经评价确认为一般风险等级的一般危险源，由危险源管理责任部门负责人进行管理，制定一般风险控制措施，由部门负责人最终签字确认并监督控制措施的实施，定期监督检查，确保一般风险控制的有效性。

经评价确定为低风险等级的一般危险源，参照一般风险进行管理。

（3）重大危险源管理。

对于在风险评价中发现的重大危险源，应明确落实每一处重大危险源的安全管理与监管责任，定期对危险源进行评价、监控，制定应急预案，告知从业人员和相关人员在紧急情况下应当采取的应急措施，按规定报上级单位和地方政府有关部门备案，接受各级安全生产监督管理部门的安全监督检查。

重大危险源应由单位主要负责人组织制定专项管控方案。重大危险源专项管控方案应至少包括以下内容：

1）重大危险源描述。

2）控制风险的管理制度、管理程序、管理标准、作业指导书、操作规程等制度措施。

3）降低风险的工艺、技术、设备、材料等，以及监测预警、自动化控制，紧急避险、自救互救等信息化、自动化措施。

4）关键装置、重点部位的责任人或者责任机构。

5）明确的工作场所和岗位安全风险告知牌及警示标识的设置。

6）针对性应急预案、应急救援组织及应急救援人员配备，必要的防护装备及应急救援器材、设备、物资配备，应急预案演练计划。

7）以岗位安全风险及管控措施、应急处置方法为重点的员工风险教育和技能培训内容与要求。

(4) 危化品重大危险源档案应当包括下列文件、资料：

1）辨识、分级记录。

2）重大危险源基本特征表。

3）涉及的所有化学品安全技术说明书。

4）区域位置图、平面布置图、工艺流程图和主要设备一览表。

5）重大危险源安全管理规章制度及安全操作规程。

6）安全监测监控系统、措施说明、检测、检验结果。

7）重大危险源事故应急预案、评审意见、演练计划和评估报告。

8）安全评估报告或者安全评价报告。

9）重大危险源关键装置、重点部位的责任人、责任机构名称。

10）重大危险源场所安全警示标识的设置情况。

11）其他文件、资料。

其他重大危险源可参照上述资料整理建档。

3. *参考示例*

重大危险源清单

序号	重大危险源	部位	事故诱因	可能导致的后果	责任部门	责任人	控制措施
1	办公楼电梯	公共区域	1. 电梯零部件老化、损坏。 2. 电梯保养滞后。 3. 电梯长久过载	高处坠落、人员伤亡		(注意分级责任)	1. 制定电梯安全运行操作规范。 2. 对办公楼电梯进行登记建档、备案管理。 3. 每年开展电梯管护人员的教育及培训工作。 4. 技术性防控措施：维保单位按照15天/次开展设备维保，按时完成设备年检等设备技术检测和专业技术维护，并做好记录。 5. 制定电梯突发事件应急预案
2	机械车库	公共区域	1. 机械车库运行控制模块失灵。 2. 车库结构断裂。 3. 钢丝绳传动装置、防坠落装置、人车误入检出装置损坏或失灵。 4. 现场人为损坏	车库坠落、人员伤亡、车辆损失			1. 制定机械停车设备操作规程。 2. 请维保单位专业人员对车库使用人员开展安全培训，加强对工程人员及使用人员的培训。 3. 委托维保单位每月定期开展检查、维修、维护及保养工作，并做好记录。 4. 持证使用，严禁无证操作，定期跟进，做好复审工作。 5. 制定机械车库事故应急处置预案、救援预案

续表

序号	重大危险源	部位	事故诱因	可能导致的后果	责任部门	责任人	控制措施
3	食堂天然气管道、阀门	职工食堂	1. 管道密封件失效，天然气泄漏。 2. 管道老化损坏、堵塞。 3. 人为操作失误。 4. 外界干扰，如人为破坏、自然灾害、高温等	火灾、爆炸、中毒			1. 制定职工食堂消防与设施设备安全管理规范。 2. 每半年开展1次食堂燃气安全使用培训，加强食堂人员消防知识培训。 3. 加装燃气报警器，张贴警示标识，保持通风。 4. 安装规范，根据燃气公司规定定期检修，并将《燃气安全检测告知书》留存。 5. 制定食堂燃气泄漏事故应急处置预案
4	食堂排烟管道	职工食堂	1. 管道老化。 2. 废旧油脂积压。 3. 油温过高，导致油烟管道起火	火灾			1. 制定职工食堂设施、设备、用品的设置及管理规范。 2. 对食堂组定期开展消防安全生产培训。 3. 与第三方油烟管道清洗单位签订油烟管道清洗合同，每年开展4次油烟管道清洗，了解油烟管道情况，并将《油烟机清洗检测报告及排烟设备验收单》留存。 4. 制定火灾事故应急抢险预案

【标准条文】

5.1.5 将风险评价结果及所采取的控制措施告知相关从业人员，使其熟悉工作岗位和作业环境中存在的安全风险，掌握和落实相应控制措施。

应对重大危险源的管理人员进行专项培训，使其了解重大危险源的危险特性，熟悉重大危险源安全管理规章制度，掌握安全操作技能和应急措施。

1. 工作依据

《中华人民共和国安全生产法》（主席令第八十八号）

《危险化学品重大危险源监督管理暂行规定》（安全生产监督管理总局令第79号修正）

《水利部关于开展水利安全风险分级管控的指导意见》（水监督〔2018〕323号）

GB/T 33000—2016《企业安全生产标准化基本规范》

2. 实施要点

（1）风险告知。

应通过交底会告知、班前会告知、设置风险告知牌和职业病危害告知牌、下发文件告知等多种途径和方式，将风险评价结果及所采取的工程技术措施、管理措施、个体防护措施告知相关从业人员，使其熟悉工作岗位和作业环境中存在的安全风险，掌握和落实相应控制措施。

风险告知的内容应齐全，包括安全风险名称、等级、所在位置、可能引发的事故隐患类别、事故后果、管控措施、应急措施及报告方式等内容。

（2）重大危险源管理培训。

定期对重大危险源的管理人员进行专项培训，培训内容包括：安全生产法律法规、标准、规定及其他要求；危险因素识别、风险评价方法；危害辨识与风险评价结果，重大危险源控制措施和应急预案等。增强职工的风险意识，使其了解重大危险源的危险特性，熟悉重大危险源安全管理规章制度，掌握安全操作技能、控制措施和应急措施。

培训每年至少组织一次，一般可在年度危险源辨识评价完成、重大危险源管控措施和应急措施经批准后举行。当单位重大危险源发生变更也应及时组织培训。

3. 参考示例

风险告知牌（卡）和职业病危害告知牌（卡）样式参照警示标识的条文解读执行。

重大危险源告知书

物业科：

经单位安全生产领导小组风险评价批准，你部门工作过程涉及以下重大危险源，请你部门指派专职管理人员，做好管理人员和相关员工的风险告知及安全专项培训，并在日常工作中严格落实控制措施。

序号	部位	重大危险源事故诱因	可能导致的后果	控制措施
1	机械车库	1. 机械车库运行控制模块失灵。 2. 车库结构断裂。 3. 钢丝绳传动装置、防坠落装置、人车误入检出装置损坏或失灵	车库坠落、人员伤亡、车辆损失	1. 制定机械停车设备操作规程。 2. 请维保单位专业人员对车库使用人员开展安全培训，加强对工程人员及使用人员的培训。 3. 委托维保单位每月定期开展检查、维修、维护及保养工作，并做好记录。 4. 持证使用，严禁无证操作，定期跟进，做好复审工作。 5. 制定机械车库事故应急处置预案、救援预案，组织演练

×××

年　月　日

重大危险源管理人员培训记录

培训实施记录表

组织部门： 编号：

培训主题	重大危险源管理人员培训		主讲人		
培训地点	分局大楼	培训时间		培训学时	
参加人员	重大危险源的管理人员				
培训内容	了解重大危险源的危险特性； 熟悉重大危险源安全管理规章制度； 掌握安全操作技能、控制措施和应急措施。 记录人：				
培训评估方式	□考试 □实际操作 □事后检查 □课堂评价				
培训效果评估及改进意见	评估人： 年 月 日				

培训效果评估表

课程主题：重大危险源管理人员培训 编号：

课程评估		评分标准			
		好	良好	一般	很差
课程内容部分	1. 符合管理人员岗位职责				
	2. 内容深度适中、易于理解				
	3. 内容切合实际、便于应用				
培训讲师部分	1. 有充分的准备				
	2. 表达清楚、态度和蔼				
	3. 对进度与现场气氛把握很好				
	4. 培训方式生动多样				
培训效果部分	1. 获得了适用的新知识				
	2. 对思维、观念有了启发				
	3. 获得了可以在工作上应用的一些有效的技巧或技术				
	4. 其他				
对本人工作上的帮助程度：A、较小 B、普通 C、有效 D、非常有效					
整体上，您对这次课程的满意程度是：A、不满 B、普通 C、满意 D、非常满意					
今后您还需要什么样的培训？您对培训工作有何建议？ 日期：					

【标准条文】

5.1.6 变更管理制度应明确组织机构、人员、工艺、技术、作业方案、设备设施、作业过程及环境发生变化时的审批程序等内容。

5.1.7 变更前，应对变更过程及变更后可能产生的危险源及安全风险进行辨识、评价，制定相应控制措施，履行审批及验收程序，并对作业人员进行交底和培训。

1. 工作依据

GB/T 33000—2016《企业安全生产标准化基本规范》

2. 实施要点

安全生产标准化工作是一个动态管理、不断修正、达到最佳秩序的过程。在标准化体系实施过程中发现的不合理、不适用的情形，以及单位组织、人员、作业技术、工作依据、设备设施、环境等客观条件的变化，都应该执行相应的变更程序，以形成“持续改进、不断完善”的闭环管理模式。

（1）变更。变更是指人员、机构、工艺、技术、设施、作业过程及环境等永久性或暂时性的变化。主要有管理变更、设备设施变更、工艺技术变更等，会使原有的工作内容、方式、方法等发生改变，导致产生新的隐患或对原有风险控制的控制能力被削弱，如不及时执行有效的变更管理，容易使风险失控，导致事故发生。变更的分类包括：

1）组织机构变更：单位组织机构变更；单位内部部门机构变更；单位安全生产标准化组织结构调整。

2）人员的变更：某一岗位职责变更；某岗位安全生产职责变更。

3）作业方案、流程变更：作业所依据的法律、法规和标准发生变化；作业流程及操作条件的重大变更；作业设备的改进和变更；操作规程的变更；作业工艺参数的变更。

4）设备设施变更：设备设施的更新改造；安全设施的变更；更换与原设备不同的设备或配件；监控、测量仪表的变更。

5）环境变化：工作地点改变；环境温度、湿度、噪声等外界条件改变。

（2）变更制度的建立。变更管理制度内容应齐全，应包括组织机构、人员、工艺、技术、作业方案、设备设施、作业过程及环境等发生变化时的所有情况。

（3）变更前的风险评价。开始变更前，应对新组织、新人员、新工艺、新技术、新作业方案、新设备设施、新作业过程及新环境下可能存在的危险源及带来的风险进行一轮评价，评价方法可采用 LEC 法。对发现的危险源按风险等级进行分类管控。

（4）变更流程。

1）分析变更的必要性和合理性。

2）记录变更信息，形成变更方案。

3）开展变更后可能形成的危险源辨识并评估风险，制定相应控制措施。

4）变更方案和变更安全评价报告报单位安全生产领导小组审批。

5）做出更改，修改相应的文件，确立新的版本。

6）经安全生产领导小组评审、批准后发布新版本文件。

7）对作业人员进行变更后的交底和培训。

（5）审批及验收。单位安全生产领导小组负责对变更前的安全评估报告、控制措施进行验收、审批。未通过安全生产领导小组审批的变更方案不得实施。变更后的相关管理文件应经安全生产领导小组审批、发布后生效。

（6）作业人员交底培训。通过交底会、班组会等形式向作业人员告知变更内容，发放变更后的文件，并做好变更后的新内容、出现的新危险源防控、对应的新应急预案的培训。

3. 参考示例

安全风险变更管理制度

1. 目的

为对组织机构、人员、工艺、技术、作业方案、设备设施、作业过程及环境永久性或暂时性的变化及时进行控制，规范相关的程序和对变更过程及变更所产生的风险进行分析和控制，防止因为变更因素发生事故，制定本制度。

2. 适用范围

适用于本单位在组织机构、人员、工艺、技术、作业方案、设备设施、作业过程及环境等方面出现永久性或暂时性变更过程的管理。

(1) 组织机构变更管理。

组织机构变更包括单位组织机构变更；单位内部部门机构变更；单位安全生产标准化组织结构调整等。由安全生产领导机构就变更事项下发正式通知文件。

(2) 人员变更管理。

1) 负责人变更，需及时补充责任制，签订责任状，进行上岗培训教育。

2) 安全员变更，需及时补充责任制，签订责任状，并到安全管理机构报名参加业务培训，获取安全员资格证书，方能上岗。

3) 技术人员变更，需进行技能考核和岗前培训教育。

4) 新员工上岗，需进行“三级教育”培训考核。

5) 换岗复工人员，需重新进行岗前培训教育。

(3) 工艺、技术、作业过程、作业方案的变更管理。

作业所依据的法律、法规和标准发生变化；作业流程及操作条件的重大变更；作业设备的改进和变更；操作规程的变更；作业工艺参数的变更。对变更环节进行评估、评价，组织建立管理档案，注重完善安全的工艺流程和技术标准。由工艺变更的技术负责部门制定所需的新规程、制度，并对使用部门、人员进行工艺变更培训教育。教育内容包括变更的内容、使用注意事项、新的规程制度等，使使用者掌握变更后的安全操作技能。

(4) 设备设施变更管理。

设备设施的更新改造；安全设施的变更；更换与原设备不同的设备或配件；监控、测量仪表的变更。严格执行设备、设施验收和设备、设施拆除、报废管理制度，建立档案，完善手续，新设备安装验收，必须安全设施齐全，状态良好，达到标准操作环境状态。同时由变更负责部门制定新的技术操作规程、制度等，并对使用人员进行变更培训教育，教育内包括更的内容、使用注意事项、新的规程制度等，使使用者掌握安全操作的技能。

(5) 环境变更管理。

工作地点改变；环境温度、湿度、噪声等外界条件改变。充分调查了解作业环境变化后对人员、作业过程、设备设施的影响，落实评价程序，对相关人员进行变更培训教育，使其充分了解新环境中的各项风险以及控制措施。

3. 所有变更前，均应对变更过程及变更后可能产生的危险源及安全风险进行辨识、评价，制定相应控制措施，履行审批及验收程序，并对作业人员进行交底和培训。

4. 本制度自发布之日起施行。

第二节 隐患排查治理

【标准条文】

5.2.1 事故隐患排查治理制度应包括隐患排查的目的、范围、方式、频次和要求，以及隐患治理的职责、验证、评价与监控等内容。

1. 工作依据

《中华人民共和国安全生产法》（主席令第八十八号）

《安全生产事故隐患排查治理暂行规定》（国家安全生产监督管理总局令第16号）

《水利安全生产监督管理办法（试行）》（水监督〔2021〕412号）

GB/T 33000—2016《企业安全生产标准化基本规范》

2. 实施要点

（1）制定隐患排查治理制度，并以正式文件发布。

（2）制度内容应明确排查目的、排查的区域或作业范围、排查方法和组织方式、排查的时间和频次、排查的具体要求、隐患治理的职责、整改验收、评价和监控等。内容要全面且有操作性。

（3）制度内容应符合国家和行业的规定。

3. 参考示例

事故隐患排查治理制度

第一章 总 则

第一条 为强化生产安全事故隐患排查治理工作，有效防止和减少事故发生，建立单位生产安全事故隐患排查长效机制，依据国家《安全生产事故隐患排查治理暂行规定》等文件规定，结合单位实际，制定本管理制度。

第二条 本制度所称生产安全事故隐患（以下简称事故隐患），是指各部门违反安全生产法律、法规、规章以及标准、规程和安全生产管理制度的规定，或者因其他因素在生产经营活动中，存在可能导致事故发生的物的危险状态、人的不安全行为和管理上的缺陷。

第三条 事故隐患分为一般事故隐患和重大事故隐患。一般事故隐患是指危害和整改难度较小，发现后能够立即整改排除的隐患。重大事故隐患是指危害和整改难度较大，可能致使全部或者局部停产作业，并经过一定时间整改治理方能排除的隐患，或者因外部因素影响致使单位自身难以排除的隐患。具体指可能造成3人以上死亡，或者10人以上重伤，或者1000万元以上直接经济损失的事故隐患。

第四条 本制度适用于单位所属范围内所有场所、环境、人员、设施设备和活动的隐患排查与治理。

第二章 职 责

第五条 单位负责人负责组织综合性安全生产检查，对重大事故隐患组织落实整改，保证检查、整改项目的安全投入，分管安全生产的负责人是直接责任人，其他领导协助主要负责人和分管安全生产负责人履行安全生产管理职责，各部门、各下属单位负责人是安全生产的第一责任人，对其分管工作涉及的安全生产工作负领导责任。

第六条　各部门组织定期或不定期的安全检查，及时落实、整改事故隐患，使设备、设施和生产秩序处于可控状态。

第七条　各部门做好管辖的生产设施、设备检查维护等工作，使其经常保持完好和正常运行，发现事故隐患要及时上报。

第八条　兼职安全人员对检查发现的事故隐患提出整改意见并及时报告安全生产负责人，督促落实整改。做好日常的检查工作。

第三章　隐患排查的组织方式

第九条　事故隐患排查应与安全生产检查相结合，与环境因素识别、危险源识别相结合。

第十条　安全检查分日常检查、定期综合检查、节假日检查、季节性检查和专项检查。

第十一条　安全生产检查组织：安全生产领导小组办公室负责全单位的安全生产及隐患排查治理工作，对排查出的隐患提出整改意见并监督整改实施及效果验证。

第四章　日　常　检　查

第十二条　检查目的：发现生产和作业现场各种隐患，包括各类服务管理、各类作业、危险化学品、特种设备、电气设备、消防设施等，以及现场人员有无违章指挥，违章作业和违反劳动纪律，对于重大隐患现象责令立即停止作业，并采取相应的安全保护措施。

第十三条　检查内容：

（一）各种安全制度和安全注意事项执行情况，如安全操作规程，岗位责任制和劳动纪律等。

（二）作业前安全措施落实情况，作业过程中的安全情况，特别是检查动火、高处作业等危险作业管理情况。

（三）安全标志的设置情况。

（四）相关方的安全责任落实情况。

（五）检查作业人员持证情况，人员安全教育和培训情况，作业人员的应知应会。

（六）安全设备设施、消防设施及劳动防护用具的配备和使用情况。

（七）设备设施、特种设备、电气设备、作业场所的安全设施和防护用具管理维护及保养情况。

（八）根据季节特点制定的防雷、防火、防台、防洪、防暑降温等安全防护措施的落实情况。

（九）各类安全档案资料的记录情况。

第十四条　检查要求：各部门负责各自管理范围内的日常隐患排查工作，对现场检查发现的问题要有记录；发现隐患，应立即制定整改措施组织整改，不能立即整改到位的应制定好事故防范措施。

第十五条　检查周期：每月至少检查一次。

第五章 定期综合检查

第十六条 检查目的：及时发现单位管理范围内所有设备设施、作业活动及管理存在的事故隐患，防止重大事故发生。

第十七条 检查内容：包括安全生产管理制度及安全操作规程的执行情况、现场环境状况、安全警示标志、安全设施和消防设施的完好情况、各岗位的指标执行情况、各类设备设施的完好情况和现场隐患的整改落实情况等。

第十八条 检查要求：定期综合检查由单位负责人或分管安全负责人组织，相关部门负责人、专业技术人员和安全管理人员共同参加。对发现的隐患由安全生产领导小组办公室对责任部门下发整改通知书，制定整改措施，明确责任人和整改时限。

第十九条 检查周期：每季度至少开展一次。

第六章 专项安全检查

第二十条 检查目的：及时发现作业现场、特种设备、电气设备、机械设备、消防设施、危险化学品事故隐患，防止重大事故发生。

第二十一条 检查内容：

（一）电气设备安全检查内容：电气设备的运行状态、运行环境、仪表、信号、灯光、检修维护记录、岗位操作规程的执行、操作人员持证情况等。

（二）机械设备检查内容：转动部位润滑及安全防护罩情况，操作平台安全防护栏、设备刹车、设备腐蚀、设备密封部件、检修维护记录、岗位操作规程的执行等。

（三）消防安全检查内容包括：灭火器、消火栓、消防安全警示标识、应急灯、消防火灾自动探测报警系统、消防通道、消防设施维护更换情况、重点消防部位的管理等。

（四）危险化学品检查内容包括：危险化学品购买、领用、储存、处置过程中各类制度及规程的执行情况，各类防护用品、安全设施的配置和维护情况，现场各类警示标签、报警装置的完好情况等。

（五）特种设备检查内容包括：设备检测、定期维护、使用登记、安全装置、操作人员持证情况、劳保用品佩戴、档案资料等。

（六）其他专业性检查。

第二十二条 检查要求：各类专项检查由单位分管安全负责人组织，相关部门负责人、专业技术人员和安全管理人员共同参加。对发现的隐患由安全生产领导小组办公室对责任部门下发整改通知书，制定整改措施，明确责任人和整改时限。

第二十三条 检查周期：各类专项检查结合工作实际适时开展。

第七章 季节性检查

第二十四条 检查目的：及时发现由于夏季台风、暴雨、雷电、高温，冬季低温、寒风雨水等季节性天气因素对房屋（临时房屋）、生产设备、人员造成的危害，以便制订防范措施，以避免、减少事故损失。

第二十五条 检查内容：

（一）夏季检查内容：

(1) 每年夏季来临前，检查房屋（临时房屋）结构的牢固程度，抗台风及暴雨能力。

（2）电气设备情况、制冷系统。

（3）有关机械设备情况。

（4）防汛工作。

（5）夏季劳动保护用品及防暑降温的工作情况。

（6）雷雨季节前检查防雷设施安全可靠程度，包括防雷设施导线牢固程度及腐蚀情况，电阻值、防雷系统可保护范围。

（二）冬季检查内容：

（1）每年冬季来临前，检查建筑物（临时房屋）的牢固程度，抗击冬季寒风及雨水的能力。

（2）电气设备及电气线路、供暖系统。

（3）有关机械设备情况。

（4）防冬汛工作。

（5）冬季劳动保护用品及防寒保暖的工作情况。

第二十六条　检查要求：由单位分管安全负责人组织，各部门负责人、安全管理人员参加。检查应详细做好安全检查记录，包括文字资料、图片资料。对于检查发现的事故隐患，立即制订整改方案，落实整改措施。

第二十七条　检查周期：每年夏季及冬季来临前，各检查一次。

第八章　事故隐患治理

第二十八条　各部门对排查出的各类事故隐患要及时上报安全生产领导小组办公室并登记建档。

第二十九条　对排查出的隐患要及时整改，不能立即整改的要做到整改责任、措施、资金、时限、预案“五落实”。

第三十条　在事故隐患未整改前，应当采取相应的安全防范措施，防止事故发生。事故隐患排除前或者排除过程中无法保证安全的，应当从危险区域内撤出作业人员，并疏散可能危及的其他人员，设置警戒标识。

第三十一条　对排查出的重大事故隐患，要立即向单位安全生产领导小组报告，组织技术人员和专家或委托具有相应资质的安全评价机构进行评估，确定事故隐患的类别和具体等级，并提出整改建议措施。

第三十二条　对评估确定为重大的事故隐患的，应及时报上级主管部门。

第三十三条　对重大事故隐患，单位安全生产领导小组应及时组织编制重大事故隐患治理方案。方案应包括以下内容：

（1）隐患概况。

（2）治理的目标和任务。

（3）采取的方法和措施。

（4）经费和物资的落实。

（5）负责治理的机构和人员。

（6）治理的时限和要求。

（7）安全措施和应急预案。

第三十四条 严格按重大事故隐患治理方案，认真组织实施，并在治理期限内完成。

第三十五条 治理结束后，组织技术人员和专家或委托具备相应资质的安全生产评价机构对重大事故隐患治理情况进行评估，出具评估报告。

第三十六条 每月月底，各部门将事故隐患排查治理情况上报安全生产领导小组办公室，安全生产领导小组办公室汇总后报上级主管部门。重大隐患排查治理情况要向负有安全生产监督管理职责的部门和职工大会或者职工代表大会报告。

第三十七条 各部门定期将本部门事故隐患排查治理的报表、台账、会议记录等资料分门别类进行整理归档。

第九章 附 则

第三十八条 本制度由安全生产领导小组负责解释。

第三十九条 本制度自发文之日起执行。

【标准条文】

5.2.2 根据事故隐患排查制度开展事故隐患排查，排查前应制定排查方案，明确排查的目的、范围和方法；排查方式主要包括定期综合检查、专项检查、季节性检查、节假日检查和日常检查等；对排查出的事故隐患，应及时书面通知有关责任部门，定人、定时、定措施进行整改，并按照事故隐患的等级建立事故隐患信息台账。相关方排查出的隐患统一纳入本单位隐患管理。至少每季度自行组织一次安全生产综合检查。

1. 工作依据

《中华人民共和国安全生产法》（主席令第八十八号）

《水利部关于印发构建水利安全生产风险管控“六项机制”的实施意见的通知》（水监督〔2022〕309号）

《安全生产事故隐患排查治理暂行规定》（国家安全生产监督管理总局令第16号）

GB/T 33000—2016《企业安全生产标准化基本规范》

2. 实施要点

（1）明确隐患排查职责。

后勤保障单位是事故隐患排查、治理和防控的责任主体，单位主要负责人对本单位事故隐患排查治理工作全面负责。单位应该建立健全事故隐患排查治理和建档监控等制度，逐级建立并落实从主要负责人到每个从业人员的隐患排查治理和监控责任制。此外，任何单位和个人发现事故隐患，均有权向安全管理部门和有关部门报告。

（2）制定隐患排查方案。

应将危险源的安全风险管控状况作为隐患排查的基础和依据，排查风险管控过程中出现的缺失、漏洞和失效环节。隐患排查治理应实行闭环管理和台账管理，闭环管理包括隐患排查计划、排查、治理、验收及评估、核销工作。隐患排查治理台账主要包括隐患排查计划表、隐患整改通知单、隐患治理方案、隐患复查验收单及隐患登记表。

应制定隐患排查计划，明确隐患排查的事项、内容、层级、责任人和频次。对存在重大风险和较大风险的场所、部位、作业重点排查。隐患排查形式包括日常排查、综合性排查、专业性排查、季节性排查、重点时段及节假日前排查、事故类比排查、复产复工前排查和外聘专家诊断式排查等。

隐患排查（安全检查）方式及主要内容一般包括：

1）定期综合检查：以落实岗位安全责任制为重点、各个专业共同参与的全面检查。主要检查安全监督组织、安全思想、安全活动、安全规程、安全制度执行、安全生产目标实施的情况等。

2）专项检查：主要是对特种设备、电气设备、消防设施、安全装置、监测仪器、危险品、运输车辆等分别进行的专业检查，以及在装置开、停机前，新装置竣工及试运转时期进行的专项安全检查。

3）季节性检查：根据季节特点开展的专项检查。

4）节假日检查：主要是节前对安全、保卫、消防、机械设备、安全设备设施、备品备件、应急预案等的检查。

5）日常检查：包括现场安全规程执行情况、安全措施是否执行、安全工器具是否合格、作业人员是否符合要求、有无违章违规作业、检查现场安全情况等。

（3）专项排查。

实施隐患排查前，应根据排查类型、人员数量、时间安排和季节特点，在排查项目清单中选择确定具有针对性的具体排查项目，作为隐患排查的内容。隐患排查可分为生产现场类隐患排查或基础管理类隐患排查，两类隐患排查可同时进行。

有下列情形之一的，应当开展专项排查：

1）与本单位安全生产相关的法律、法规、规章、标准以及规程制定、修改或者废止的。

2）设备设施、工艺、技术、生产经营条件、周边环境发生重大变化的。

3）停工停产后需要复工复产的。

4）发生生产安全事故或者险情的。

5）县级以上人民政府负有安全生产监督管理职责的部门组织开展安全生产专项整治活动的。

6）气候条件发生重大变化或者预报可能发生重大自然灾害，对安全生产构成威胁的。

（4）隐患排查方式。

应按照隐患排查计划组织实施隐患排查，并依据安全生产法律、法规、规章、标准、规程和安全生产管理制度的规定确定隐患的等级。涉及下列情形之一的事故隐患应直接判定为重大事故隐患：

1）符合各行业领域重大事故隐患判定依据的情形。

2）符合企业规定重大事故隐患判定标准的情形。

（5）隐患告知。

对于在隐患排查中发现的问题，后勤保障单位应及时将存在隐患、位置、不符合状况、事故预警的方式、隐患等级等信息以书面形式向单位主要负责人、相关部门负责人和相关从业人员通报。对于重大事故隐患，应立即向单位主要负责人和负有安全生产监督管理职责的部门报告。重大事故隐患的报送内容应当包括隐患的现状及其产生原因、隐患的危害程度和整改难易程度分析、隐患的治理方案。

根据排查出的隐患类别所提出的治理建议可以包含：

1）针对排查出的每项隐患，明确治理责任单位和主要责任人。

2）经排查评估后，提出初步整改或处置建议。

3）依据隐患治理难易程度或严重程度，确定隐患治理期限。

4）隐患治理的资金保障。

（6）隐患信息台账。

隐患排查和治理情况均应进行登记，登记内容包括：存在位置、隐患描述、排查时间、整改时间、整改措施、投入资金、责任部门、责任人、整改前后图片、验收复核人。

推荐利用信息化技术推动本单位隐患排查治理信息化建设，将事故隐患清单等资料电子化，建立并及时更新事故隐患数据库。

3. 参考示例

生产安全事故隐患排查治理情况统计表

填报单位（盖章）：　　统计时段：2023 年 1—3 月　　编号：

统计时间	一般事故隐患				重大事故隐患			
	隐患排查数/项	已整改数/项	整改率/%	整改投入资金/万元	隐患排查数/项	已整改数/项	整改率/%	整改投入资金/万元
2023 年 1 月	1	1	100					
2023 年 2 月								
2023 年 3 月								
2023 年 1—3 月			100					

单位主要负责人（签字）：　　填表人：　　填表日期：

隐患排查治理信息台账

编号：

序号	隐患位置	隐患描述	排查时间	整改时间	整改措施	投入资金	责任部门/责任人	整改前图片	整改后图片	验收复核人
1										
2										
3										

登记人：　　审核人：　　日期：

【标准条文】

5.2.3　建立事故隐患报告和举报奖励制度，鼓励、发动职工发现和排除事故隐患，鼓励社会公众举报。对发现、排除和举报事故隐患的有功人员，应给予物质奖励和表彰。

1. 工作依据

《中华人民共和国安全生产法》（主席令第八十八号）

《安全生产事故隐患排查治理暂行规定》（国家安全生产监督管理总局令第 16 号）

2. 实施要点

(1) 从业人员处于安全生产的第一线，最有可能及时发现事故隐患或者其他不安全因素，其报告义务有两点要求：一是在发现上述情况后，应当立即报告，因为安全生产事故的特点之一是突发性，如果拖延报告，则使事故发生的可能性加大，发生了事故则更是悔之晚矣；二是接受报告的主体是现场安全生产管理人员或者本单位的负责人，以便于对事故隐患或者其他不安全因素及时作出处理，避免事故的发生。接到报告的人员必须及时进行处理，以防止有关人员延误消除事故隐患的时机。

(2) 后勤保障单位内部建立隐患举报、排除奖励机制。对于经举报查实确为事故隐患的，以及发现并排除事故隐患的人员予以物质奖励和表彰。但也应注意，在激励员工发现、排除、举报事故隐患的同时，应以保证员工个人人身安全为前提，员工不得以排除事故隐患为由而违反安全生产规定，如私自登高、私自进入有（受）限空间、未经允许进入设备机房、擅自进入隔离区域等。还应以事实为依据，在举报事故隐患时应附有视频、照片、录音等证据，不得虚报、谎报。

3. 参考示例

安全生产隐患及事故举报奖励制度

为了认真贯彻落实《中华人民共和国安全生产法》，进一步拓宽隐患排查的广度和深度，从系统、设备、设施、制度等方面严格排查、及时消除事故隐患，杜绝各类事故的发生，充分发挥施工人员和社会的监督作用，切实消除各类生产安全事故隐患，确保安全生产，特制定本制度。

一、举报联系方式

安全生产领导小组办公室接受群众举报。

举报电话：

传真电话：

举报电子邮箱：　　　　　　　　书信地址：　　　　　　　　邮编：

二、举报受理办法

1. 举报人以书信、电话、口头和委托他人转告等方式举报事故隐患均可。

举报人应提供线索或者必要的证据，提倡实名公开举报，以便于及时核实、查处和实施奖励；对举报人不愿提供姓名、身份、班组以及不愿公开自己举报行为的应尊重举报人的权力并给予保密。

2. 接到举报时，安全生产领导小组办公室应认真填写《事故隐患举报受理登记表》，并立即上报领导，并在 1 小时内对举报情况进行核实；举报情况基本属实的，提出处理意见并实施，同时在 24 小时内给予实名举报人答复。

3. 经初查核实属于安全生产重大事故隐患的，将立即发出隐患整改指令书，责令其停产整顿、限期整改，并进行跟踪复查。

4. 举报受理登记表以及核查材料等基础资料由安全生产领导小组办公室负责整理汇总并按规定登记建档。

三、举报奖惩保护

1. 为了充分调动职工举报生产安全事故隐患的积极性、主动性，经调查核实后，将分别给予实名举报人如下奖励：

（1）发现、检举、揭发偷盗财物者，故意破坏安全设备设施、安全标识者，奖励100元。

（2）发现“三违”人员，积极举报者，奖励100元。

（3）发现重大隐患知情早报者，奖励500元。

（4）发现一般隐患知情早报者，奖励100元。

如出现多人报告同一隐患的，只对先报告者实施奖励。

2. 为了维护生产安全事故隐患举报工作的严肃性，对个别举报人无中生有、捏造情况、多次恶意进行举报，试图利用举报来达到某种目的或以举报名义故意干扰安全生产正常秩序的，要给予相应处理；情节严重的，要通过司法机关追究刑事责任。

3. 有关班组或者个人对生产安全事故隐患举报者进行打击报复的，要根据有关规定严肃查处；构成犯罪的，移送司法机关追究刑事责任，单位依法保护举报人的合法权益。

【标准条文】

5.2.4　单位主要负责人组织制定重大事故隐患治理方案，内容应包括重大事故隐患描述；治理的目标和任务；采取的方法和措施；经费和物资的落实；负责治理的机构和人员；治理的时限和要求；安全措施和应急预案等。

1. 工作依据

《中华人民共和国安全生产法》（主席令第八十八号）

《安全生产事故隐患排查治理暂行规定》（国家安全生产监督管理总局令第16号）

《水利部关于进一步加强水利生产安全事故隐患排查治理工作的意见》（水安监〔2017〕409号）

2. 实施要点

重大事故隐患的治理方案应由单位主要负责人组织制定并实施；该方案应包括下列内容：

（1）治理目标和任务。这是主要负责人最先需要确认的内容，做到有的放矢，有了准确的目标和任务，安全生产过程才能进行。

（2）采取的方法和措施。根据重大事故隐患实际情况，提出切实可行的治理方法和纠正措施。

（3）经费和物资的情况。编制治理经费预算，落实资金渠道；明确行政、后勤、物资保障。

（4）负责治理的机构和人员。明确负责治理的部门、负责人和工作组成员并分工负责；将责任落实到人。

（5）治理的时限和要求。必须明确规定隐患治理完成的期限，还需要明确治理后达到什么样的效果或标准。

（6）安全措施及应急预案。在隐患治理过程中采取的安全防护措施，应对各种突发情况的应急预案，有效防范治理过程中事故的发生。

重大隐患治理方案实施前应当由单位主要负责人组织相关部门负责人、管理人员、技术人员和具体负责整改人员进行论证，必要时聘请专家参加。

3. 参考示例

重大事故隐患治理方案

一、目标和任务

通过隐患治理，杜绝事故苗头，认真消灭事故隐患，确保“0”事故，力争“0”事件的总体目标……

二、方法和措施

(1) 工程措施：更换存在隐患的设备设施，增加安全防护措施，应具有针对性、可操作性和经济合理性并符合有关法规。

(2) 技术措施：提高工艺技术水平；使用“四新”；使用信息化监控管理。

(3) 管理措施：通过制定和修订安全管理制度和操作规程并贯彻执行，从根本上解决问题；加强教育培训、安全技术交底等。

(4) ……

三、经费和物资

(1) 治理隐患所需经费，通过安全生产经费投入管理制度进行申请、拨付。

(2) 列明所需购买的物资清单、金额……

四、机构和人员

成立重大事故隐患治理领导小组：

组长：单位负责人；

副组长：分管安全的负责人、责任部门负责人；

成员：安全管理人员、作业负责人。

五、时限和要求

(1) 根据隐患治理的有关措施，合理制定治理期限；涉及工程措施的还应制定工期计划。

(2) 隐患治理完成后相关的人员、设备和环境应当符合法律法规、规范标准。

……

六、安全措施和应急预案

(1) 治理过程中的安全防护措施、隔离措施等。

(2) 制定应急预案，应对隐患治理完成前的各种突发状况。

……

【标准条文】

5.2.5 一般事故隐患应立即组织整改。

1. 工作依据

《生产安全事故隐患排查治理暂行规定》(国家安全生产监督管理总局令第16号)

2. 实施要点

(1) 隐患排查中发现的一般事故隐患，应由部门负责人或者有关人员立即组织整改。

(2) 对难以做到立即整改的一般隐患，应及时下达书面整改通知书，限期整改。限期整改应进行全过程监督管理，解决整改中出现的问题，对整改结果进行“闭环”确认。

(3) 整改通知书中需要明确列出隐患情况的排查发现时间和地点、隐患情况的详细描述、隐患整改责任的认定、隐患整改负责人、隐患整改的措施和要求、隐患整改完毕的时间、整改回复及整改效果验证等。

（4）整改记录要完整记录整个整改过程，要有照片等相关纸质或电子记录文件。

3. 参考示例

事故隐患检查记录表

检查类别：　　　　　　　　　　　　检查日期：　年　月　日　　　　　　编号：

被查单位（部门）		检查区域	
检查内容			

隐患情况：

整改期限与要求：

检查人员：
（签名）

检查负责人：

被查单位（部门）负责人：

说明：本表一式二份，检查部门填写，被查单位（部门）、检查部门分别留存一份。

事故隐患整改通知单

整改〔2022〕003 号

编号：

物业科：

2022 年 3 月 28 日，月安全生产检查，发现你部门存在下列事故隐患，现提出如下整改意见。

隐患情况	制定了应急预案，无应急演练		
建议措施	组织开展突发事件应急演练		
整改负责人		要求完成期限	年　月　日
签收人		签收日期	年　月　日

接此通知后，请你部门拟定具体演练方案，请示分管领导后，按方案实施。请做好相应安全防范措施，按整改期限开展应急演练整改到位，并将应急演练完成情况及时反馈。

通知人：

年　月　日

整改后效果验证：

验证人：　　　　　　　　　　　　验证日期：　年　月　日

说明：本表一式二份，检查部门填写，被查单位（部门）、检查部门分别留存一份。

【标准条文】

5.2.6　事故隐患整改到位前，应采取相应的安全防范措施，防止事故发生。

1. 工作依据

《生产安全事故隐患排查治理暂行规定》（国家安全生产监督管理总局令第16号）

2. 实施要点

事故隐患排除到位前，应制定并相应的安全防范措施，防止发生事故。事故隐患排除前或者排除过程中无法保证安全的，应当从危险区域内撤出作业人员，并疏散可能危及的其他人员，设置警戒标识，暂时停产停业或者停止使用；对暂时难以停产或者停止使用的相关生产储存装置、设施、设备，应当加强维护和保养，防止事故发生。

3. 参考示例

无。

【标准条文】

5.2.7　重大事故隐患治理完成后，对治理情况进行验证和效果评估。一般事故隐患治理完成后，对治理情况进行复查，并在隐患整改通知单上签署明确意见。

1. 工作依据

《安全生产事故隐患排查治理暂行规定》（国家安全生产监督管理总局令第16号）

GB/T 33000—2016《企业安全生产标准化基本规范》

2. 实施要点

验证就是检查治理措施的实施情况，是否按照方案和计划的要求逐项落实了。效果评估是检查完成的措施是否起到了隐患治理和整改的作用，是否彻底解决了问题，是否真正满足了“预防为主”的要求。

重大隐患治理完成后，单位应组织单位内安全生产领导小组、安全管理机构，技术人员，或委托依法设立的为安全生产提供技术、管理服务的机构进行验收评估。验收评估应从排查发现隐患、制定整改方案、落实整改措施、验证整改效果等环节进行验收，实现闭合管理。

一般事故隐患治理完成后，应当组织本单位的安全管理人员（技术人员、检查人）对治理情况进行复查，并在隐患整改通知回复单上签署明确意见。

3. 参考示例

重大隐患治理评估报告

报告部门	消防安保部	评估时间	2022年5月5日
隐患地点	消防设施柜	隐患级别	重大
隐患概述	2022年5月2日发现部分消防设施柜门锁扣卡死		
隐患发生原因	长期潮湿、积灰导致锁扣生锈卡死		
影响范围和风险程度	影响消防设施取用，延误消防救援，造成重大安全事故		
整改方案	全面排查所有消防设施柜，对有锁扣卡死现象的柜门进行修理、更换		

续表

<table>
<tr><td>整改措施落实</td><td colspan="4">2022年5月3日安排消防安保部员工进行排查，发现有问题的柜门3处，已安排供应商上门更换；
2022年5月4日对消防安保部员工进行培训告知，每周检查1次柜门开启情况，发现问题及时上报部门负责人</td></tr>
<tr><td>整改效果评价</td><td colspan="4">整改后符合法律法规要求，同意验收</td></tr>
<tr><td rowspan="3">整改措施验证</td><td>隐患治理
操作人签名</td><td></td><td>部门负责人
签名</td><td></td></tr>
<tr><td>技术人员
签名</td><td></td><td></td><td></td></tr>
<tr><td>安全管理机构
验证人签名</td><td></td><td>安全生产领导小组
验证人签名</td><td></td></tr>
</table>

【标准条文】

5.2.8 事故隐患排查治理情况应当如实记录，按月、季、年对隐患排查治理情况进行统计分析，并通过职工大会或者职工代表大会、信息公示栏等方式向从业人员通报。其中，重大事故隐患排查治理情况应当及时向负有安全生产监督管理职责的部门和职工大会或者职工代表大会报告。

1. 工作依据

《安全生产事故隐患排查治理暂行规定》(国家安全生产监督管理总局令第16号)

GB/T 33000—2016《企业安全生产标准化基本规范》

2. 实施要点

(1) 后勤保障单位应按照《水利安全生产信息报告和处置规则》(水监督〔2022〕156号)的规定，定期通过水利安全生产监管信息系统报送隐患排查治理信息。

(2) 重大事故隐患排查治理情况应按照《安全生产事故隐患排查治理暂行规定》(国家安全生产监督管理总局令第16号)要求，向负有安全生产监督管理职责的部门报告。

(3) 后勤保障单位应当如实统计分析事故隐患治理情况，书面分析报告经单位主要负责人签字后，通过职工大会、职工代表大会或者公示栏等形式向单位全员进行通报。

3. 参考示例

隐患排查治理信息统计分析

编号：

序号	隐患位置	隐患描述	排查时间	整改措施	责任部门/责任人	整改时间	验收复核人	是否重复发生	隐患原因分析	治理效果评估
1										
2										
3										

登记人： 审核人： 日期：

【标准条文】

5.2.9 地方人民政府或有关部门挂牌督办并责令全部或者局部停工的重大事故隐患，治理工作结束后，应组织本单位的技术人员和专家对治理情况进行评估。经治理后符合安全生产条件的，向有关部门提出复工的书面申请，经审查同意后，方可复工。

1. 工作依据

《安全生产事故隐患排查治理暂行规定》（国家安全生产监督管理总局令第16号）

2. 实施要点

后勤保障单位存在重大事故隐患的应按照《安全生产事故隐患排查治理暂行规定》（国家安全生产监督管理总局令第16号）的规定执行。

3. 参考示例

无。

【标准条文】

5.2.10 运用隐患自查、自改、自报信息系统，通过信息系统对隐患排查、报告、治理、销账等过程进行管理和统计分析，并按照有关要求报送隐患排查治理情况。

1. 工作依据

《水利安全生产信息报告和处置规则》（水监督〔2022〕156号）

GB/T 33000—2016《企业安全生产标准化基本规范》

2. 实施要点

（1）应当充分利用水利安全生产信息系统，通过信息管理系统对事故隐患排查、治理、销账等过程进行管理和统计分析。

（2）要实时填报隐患信息，发现隐患应及时登入信息系统，制定并录入整改方案信息，随时将隐患整改进展情况录入信息系统，隐患治理完成要及时填报完成情况信息。

（3）隐患管理和统计分析报告应包括隐患基本信息、整改方案信息、整改进展信息、整改完成情况信息等统计分析内容。统计分析内容全面。

（4）每次隐患排查生成的隐患排查治理情况报告，要按要求及时报送相关单位。

3. 参考示例

无。

第三节 预 测 预 警

【标准条文】

5.3.1 根据本单位特点，结合安全风险管理、隐患排查治理及事故等情况，运用定量或定性的安全生产预测预警技术，建立体现安全生产状况及发展趋势的安全生产预测预警体系。

1. 工作依据

《国务院关于进一步加强企业安全生产工作的通知》（国发〔2010〕23号）

《水利部关于印发构建水利安全生产风险管控“六项机制”的实施意见的通知》（水监督〔2022〕309号）

《安全生产事故隐患排查治理暂行规定》（国家安全生产监督管理总局令第16号）

GB/T 33000—2016《企业安全生产标准化基本规范》

2. 实施要点

（1）可能引发安全事故的险情信息有很多种，按后勤保障单位的工作特点主要有自然灾害信息，如地震、洪水、台风、冰雹、冰凌、雷暴等，也有事故信息，如火情、大量漏水、漏气（易燃易爆气体）、长时间停电、房屋结构损坏等。

(2) 预测预警数据收集可以采用人工监测和自动监测手段，运用定量或定性的安全生产预测预警技术对数据及时整理分析，超出预警限值必须及时发布预警通知，临近预警限值也应当引起足够警惕。

(3) 水利部大力推行新一代信息化技术，后勤保障单位应当逐步实现自动采集报送、分析研判、预警发布，及时提高风险监测预警的智能化水平。

安全生产风险监测预警系统应以感知数据为支撑，构建风险监测指标体系和监测预警模型，利用大数据、人工智能等技术手段，实现对高危行业企业安全生产风险的监测、评估、预警和趋势分析，强化安全生产风险的分类分级管控，为重点监管、精准执法、科学施策提供支撑，有效遏制重特大事故。在实际应用中，可委托第三方机构协助建立以下智能平台：

1）安全生产风险综合监测平台：主要包括风险要素数据汇聚与可视化、企业安全监控系统运行状况感知、事故隐患视频智能识别。

2）安全生产风险智能评估平台：主要包括企业安全生产风险综合评估、行业区域安全生产风险综合评估、评估模型体系自适应优化。

3）安全生产风险精准预警平台：通过预警智能情景规则自组织等方法，形成安全生产风险预警信息，并实现预警信息精准推送。主要包括风险预警信息自动生成、风险预警智能辅助研判、风险预警信息精准推送。

4）安全生产风险趋势预测平台：基于风险要素监测历史数据和多层次风险评估历史结果，构建多层级安全生产风险趋势分析模型，实现对行业和区域风险趋势完整、立体、多维度的风险趋势分析和推演。主要包括企业风险趋势分析、行业和区域风险趋势推演、风险趋势分析模型自适应进化。

3. 参考示例

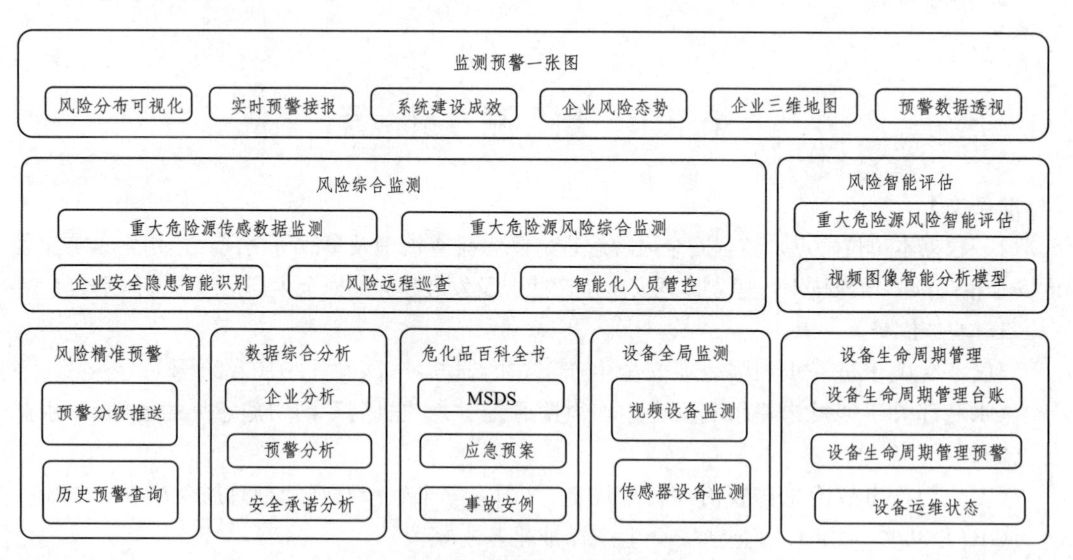

监测预警体系内容示例图

【标准条文】

5.3.2 采取多种途径及时获取水文、气象等信息，在接到有关自然灾害预报时，应及时发出预警通知；发生可能危及安全的情况时，应采取撤离人员、停止作业、加强监测等安全措施，并及时向有关部门报告。

1. 工作依据

《水利部关于印发构建水利安全生产风险管控“六项机制”的实施意见的通知》（水监督〔2022〕309号）

2. 实施要点

（1）发布预警。后勤保障单位在收到可能引发事故的险情信息后，应立即向本单位全体部门发布预警信息，必要时向相关单位发布预警信息。应保证预警信息能够第一时间传达到可能出现险情的场所区域内人员、涉及相关岗位人员及其负责人员。对可能导致有人员死亡的一般事故及以上生产安全事故发生的险情，预警信息发布单位应以书面形式及时报告上级主管单位；事态严重时，应以书面形式报告当地县级人民政府。报告的内容应该包括可能引发事故的险情地点、危及范围和发生可能产生的后果等情况。

（2）预警行动。事故险情信息报告单位应及时组织开展应急准备工作，积极采取应对措施，密切监控事故险情发展变化，加强相关工作场所、重要设施设备检查和工程巡查，发生可能危及安全的情况时，应采取撤离人员、停止作业，控制事态发展，防止事故发生，并将事故险情信息告知本单位职工。若预判可能影响周边单位和人员，应在现场设置警示标识。

（3）预警终止。当险情得到有效控制或解除后，由预警信息发布单位宣布解除预警，要认真查找总结管控体系和管控措施可能存在的漏洞不足，完善风险管控机制。

3. 参考示例

气象灾害预警通知

编号：

一、主要灾害风险趋势预测

根据最新天气预报，受北方强冷空气影响，本市48小时内气温降温幅度将达10～12℃，21日最低气温将下降至21～23℃；20日傍晚开始将有一次强对流天气，预计雨量将达到每小时100mm，并伴有雷电和7～8级偏北大风。

二、灾害防范预警

1. 防范大风对水陆交通、通信和建筑物、构筑物的安全影响。

2. 防范短时强降雨可能造成的房屋渗水、内涝影响。

3. 防范雷电对通信、易燃易爆场所的安全影响。

4. 防范人员伤亡事故，突发事件处置小组待命。

三、安全防范措施

1. 各部门做好工作人员提前预警，强对流天气期间禁止人员外出作业。

2. 20日12点前对各类广告牌、设施设备、脚手架、杂物等进行清理和加固，严防大风导致高空坠物和构建物垮塌。

3. 20日12点前做好管辖范围内的路灯、电线杆、铁塔等设施的防风加固工作，防止在恶劣天气下出现坠落、倒塌、折断、触电等安全事故。

4. 20日12点前各单位开展一次隐患排查整治，及时消除各类隐患，确保有备无患。

5. 各部门准备好防汛物资，安排人员值班，防止发生房屋渗水、内涝；重点保护配电设备、通信设备、易燃易爆物品储存场所。

6. 单位主要领导、部门负责人手机24小时开机，突发事件处置小组自20日12点到21日12点待命，准备好救援设施、急救用品，一旦发生人员伤亡事故及时应急响应，或请求外部专业团队救援。

×××

年 月 日

【标准条文】

5.3.3 开展安全生产预测预警，根据安全风险管理、隐患排查治理及事故等统计分析结果，每月至少进行一次安全生产预测预警。

1. 工作依据

《国务院关于进一步加强企业安全生产工作的通知》（国发〔2010〕23号）

《安全生产事故隐患排查治理暂行规定》（国家安全生产监督管理总局令第16号）

2. 实施要点

根据安全风险管理、隐患排查治理及事故等分析结果，至少每月进行一次安全生产预测预警。应及时将预测预警结果通报给相关部门和人员，保证信息传达及时性和准确性。对可能导致事故发生的预测预警，及时采取有针对性措施。

3. 参考示例

安全预测预警通报

2022年第1期

今年1月，单位组织开展了节假日检查、节后复工检查，各部门、下属单位按规定开展了日常检查、节假日检查、经常检查，全单位共查出设备设施事故隐患6处（电气元器件维修更新2处、消防器材配备不足1处、安全标志标识破损3处）、安全管理事故隐患2处（综合部安全生产目标责任状未全覆盖、物资科维修作业班前会缺少记录）。目前已对设备设施隐患整改5处，安全管理隐患整改2处，其中物资仓库消防灭火器配备不足的隐患正在采购办理中。

为预防生产安全事故的发生，进一步加强隐患排查治理，现预警如下。

一、进一步加强安全生产管理

(1) 按照单位下达的安全教育培训计划，开展各类安全生产教育培训，注重培训效果评价和培训档案的归档。

(2) 按照安全目标责任状考核要求，对新签订的安全目标责任进行季度考核，主要考核安全管理人员和岗位操作人员履行岗位职责的情况，考核安全工作目标的执行情况。

(3) 健全安全生产管理制度，特别是要进一步完善设备设施管理操作规程，按照精细化管理和安全生产标准化管理要求，强化操作流程管理，严格工作票、操作票的管理。

二、开展汛前检查

(1) 认真落实汛前检查工作责任制。各有关部门要成立汛前检查工作小组，明确汛前检查行政负责人和技术负责人，详排计划，合理分工，精心组织好汛前检查，强化汛前检查工作责任和责任追究，检查责任人对检查结果全面负责。

（2）全面清查工程状况，认真处理检查中发现的问题。按照相关标准，结合精细化管理的要求，对工程的每一个部位、每一台设备进行拉网式排查和常规保养、做好检查记录及缺陷登记。

（3）强化工程措施的检查。加强对防汛物资、器材、设备等的储备和管理工作，对各类安全标志、安全告示卡等设施进行逐一检查，要做好自动化控制系统、视频监控系统、网络通信系统等信息系统的检测和维护、确保汛期水情信息畅通。

三、认真修订完善各类应急预案。根据各自的管理特点及往年后勤管理经验，认真修订完善2022年防汛、防台、突发事件预案等，必须明确与上级主管部门或当地政府应急预案的对接，增强预案的可操作性。加强人员技能培训和反事故演练，提高处理突发故障和事故的水平。

×××

年　月　日

第八章 应 急 管 理

第一节 应 急 准 备

【标准条文】

6.1.1　按照有关规定建立应急管理组织机构或指定专人负责应急管理工作。

1. 工作依据

《中华人民共和国安全生产法》（主席令第八十八号）

《中华人民共和国突发事件应对法》（主席令第六十九号）

GB/T 33000—2016《企业安全生产标准化基本规范》

2. 实施要点

（1）加强应急工作体系建设的必要性。加强应急工作体系建设，明确应急工作职责，是提高预防和处置突发事件的能力的重要内容。

（2）增强法规意识。要按照法律法规要求，建立符合单位实际的应急管理组织机构和应急工作体系。应急管理机构或指定负责专人应当与单位的综合预案、专项预案和应急处置相衔接。

（3）明确各级职责。在建立健全应急工作体系时，组织机构明确后，还应明确各级岗位职责，责任一定要落实到人，确保每个环节都不落空。

（4）完善保障系统。完善包括信息通信、物资装备、人力资源、经费财务在内的各类保障资源。

（5）熟悉相关法律法规对建立应急救援体系的要求。组织学习安全生产救援相关法律法规。

（6）建立单位主要领导负责制的事故应急救援体系。及时成立和增补应急救援工作成员单位，更新完善部门应急救援的职责，并以单位正式文件的形式告知全单位，确保发生生产安全事故后救援工作有序开展。

（7）应急管理机构或指定负责人员变更后，也应及时告知全单位。

3. 参考示例

关于成立应急管理领导小组的通知

各部门、下属单位：

为进一步加强安全生产应急管理，建立健全单位应急管理领导小组和工作机构，根据工作需要，经研究决定，建立应急管理领导小组和工作机构，成员名单如下。

一、应急管理领导小组

组　长：主要负责人

副组长：分管负责人

成　员：各部门负责人

　　　　下属单位负责人

二、应急管理领导小组下设应急处置工作办公室

办公室主任：分管领导或指定负责专人

成　　员：专（兼）职安全员、专（兼）职应急救援人员

（各单位按实际情况设立应急工作小组，工作小组可以在综合应急预案进行明确。）

三、职责

（1）应急管理领导小组。

1）执行国家有关突发事件应急工作的法规和政策。

2）负责组建应急救援队伍。

3）负责应急物资的保障和负责整合调配应急资源。

4）组织人员的应急救援教育和培训。

5）制定突发事件应急预案演练计划，定期组织应急预案的演练、评估和修改完善，对预案的执行或演练情况进行总结、评比。

6）适时调整各应急组人员组成，保证应急组织正常工作。

7）负责突发事件（事故）发生后应急预案响应实施。

8）负责现场应急指挥工作，针对事态发展制定和调整现场应急抢险方案，防止次生灾害或二次突发事件发生。

9）收集现场信息，核实现场情况，保证信息的真实、及时与畅通。

10）负责内、外部信息的接收和发布、向上级单位及时上报突发事件情况，必要时争取援助。

11）启动和终止应急预案，突发事件、灾害善后处理、损失评估、保险理赔等工作。

12）收集、整理应急处理过程有关资料，编制现场应急工作总结报告。

（2）应急处置工作办公室。

1）负责单位应急预案的日常管理工作。

2）上传下达总指挥安排的应急任务。

3）组织应急预案的演练工作。

4）负责组织应急预案的修订工作。

（3）各部门、下属单位落实专业应急救援队伍，落实应急物资，完善应急预案，加强应急演练，提高应急处置能力。

特此通知

×××

年　月　日

【标准条文】

6.1.2　针对可能发生的生产安全事故的特点和危害，在风险辨识、评估和应急资源调查的基础上，根据 GB/T 29639 建立健全生产安全事故应急预案体系，包括综合预案、专项预案、现场处置方案。按照有关规定将应急预案报当地主管部门备案，并通报应急救援队伍、周边企业等有关应急协作单位。

1. 工作依据

《中华人民共和国突发事件应对法》(主席令第六十九号)

《生产安全事故应急预案管理办法》(应急管理部令第2号)

GB/T 33000—2016《企业安全生产标准化基本规范》

2. 实施要点

(1) 后勤保障单位要针对本单位危险源和可能发生的事故险情，制定具有针对性、实用性、可操作性的生产安全事故应急预案或现场处置方案，对重大危险源和风险等级为重大的一般危险源要做到“一源一案”。

(2) 应急预案经评审或者论证后，由本单位主要负责人签署，以正式文件发布，向本单位从业人员公布，并及时发放到本单位有关部门、岗位和相关应急救援队伍。必要时还应告知发生事故后可能影响到的周边单位。

(3) 应急预案的内容应符合《中华人民共和国突发事件应对法》(主席令第六十九号)、《生产安全事故应急预案管理办法》(应急管理部令第2号)和GB/T 29639—2020《生产经营单位生产安全事故应急预案编制导则》的规定。

(4) 后勤保障单位涉及易燃易爆品、危化品储存，宾馆、景区等人员密集场所的，其应急预案应向县级以上人民政府应急管理部门和其他负有安全生产监督管理职责的部门进行备案，并依法向社会公布。

(5) 后勤保障单位在编制应急预案时除了生产安全事故灾难类别还应考虑自然灾害、公共卫生事件和社会安全事件的应急管理工作。

3. 参考示例

关于成立应急预案编制小组的通知

各部门、各下属单位：

为了全面贯彻落实《中华人民共和国突发事件应对法》及其他安全生产法律法规、标准规范要求，规范本单位突发事件应急救援工作，提高应对风险和防范突发事件的能力，保障职工生命和财产安全，最大限度地减少人员伤亡、财产损失和社会影响，按照GB/T 29639—2020《生产经营单位生产安全事故应急预案编制导则》和《生产安全事故应急预案管理办法》(应急管理部令第2号)的要求，成立应急预案编制小组。

组　长：单位负责人

副组长：分管领导

组　员：相关部门负责人、其他参与编写人员

主要职责如下：

1. 确定应急预案范围和应急预案体系；

2. 制定应急预案编制工作计划；

3. 对周边风险因素进行辨识与评估；

4. 对应急队伍、应急装备、应急物资等应急资源状况进行调查评估；

5. 负责应急预案的编制、评审、签发与公布。

×××

年　月　日

突发事件综合应急预案

1 总则

1.1 适用范围

本预案作为单位应急体系的纲领性文件，适用于单位可能面临的、需要各部门、各单位协调和联动的各类突发事件的应急工作，指导单位开展各类突发事件的应对工作。另外，本预案还可以作为外部应急救援力量参与单位应急救援时的参考性文件。

1.2 编制依据

1.2.1 主要法律法规、行政规章和地方规范性文件

(1)《中华人民共和国安全生产法》(主席令第八十八号)

(2)《中华人民共和国环境保护法》(主席令第九号)

(3)《中华人民共和国消防法》(2021年修正)

(4)《中华人民共和国突发事件应对法》(主席令第六十九号)

(5)《生产安全突发事件报告和调查处理条例》(国务院493号令)

(6)《生产安全突发事件应急条例》(国务院令第708号)

(7)《生产安全突发事件应急预案管理办法》(应急管理部令第2号)

(8)《国家安全监管总局办公厅关于加强安全生产应急管理执法检查工作的意见》(安监总厅应急〔2016〕74号)

(9)《关于印发〈生产经营单位生产安全突发事件应急预案评审指南（试行）〉的通知》(安监总厅应急〔2009〕73号)

(10) 地方性政策文件。

1.2.2 主要技术标准

(1) GB/T 29639—2020《生产经营单位生产安全突发事件应急预案编制导则》

(2) GB/T 29175—2012《消防应急救援　技术训练指南》

(3) GB/T 29176—2012《消防应急救援　通则》

(4) AQ/T 9007—2019《生产安全突发事件应急演练基本规范》

(5) GB 18218—2018《危险化学品重大危险源辨识》

(6) GB 6441—1986《企业职工伤亡突发事件分类》

1.3 响应分级

根据突发事件的性质、严重程度、可控性和影响范围，结合单位现有人员、设备设施、安全生产环境等实际情况等，将单位突发事件（事故）分为四级。

1.3.1 自然灾害类

1.3.1.1 雨雪、冰冻灾害

级别	条件
Ⅰ	因雨雪冰冻灾害造成重大交通事故
Ⅱ	因雨雪冰冻灾害造成一般交通事故
Ⅲ	因雨雪冰冻灾害造成轻微交通事故
Ⅳ	因雨雪冰冻灾害造成未遂交通事故

1.3.1.2 地震灾害

级 别	条 件
Ⅰ	地震造成1人以上死亡、3人以上重伤的
Ⅱ	地震造成5人以上轻伤、1～3人重伤的
Ⅲ	地震造成3～5人轻伤的
Ⅳ	地震造成2人以下轻伤的

1.3.1.3 地质灾害

级 别	条 件
Ⅰ	受地质灾害威胁，需搬迁转移人员30人以上的
Ⅱ	受地质灾害威胁，需搬迁转移人员10～29人的
Ⅲ	受地质灾害威胁，需搬迁转移人员5～9人的
Ⅳ	受地质灾害威胁，需搬迁转移人员1～4人的

1.3.2 事故灾难类

1.3.2.1 人身事故

级 别	条 件
Ⅰ	发生导致1人死亡或2人以上重伤的人身事故
Ⅱ	发生1人重伤或5人以上轻伤的人身事故
Ⅲ	发生3～4人轻伤的人身事故
Ⅳ	发生1～2人轻伤的人身事故

1.3.2.2 设备事故

级 别	条 件
Ⅰ	发生设备事故，直接经济损失达到100万元以上的事故
Ⅱ	发生设备事故，直接经济损失达到40万元小于100万元的事故
Ⅲ	发生设备事故，直接经济损失达到5万元小于40万元的事故
Ⅳ	发生设备事故，直接经济损失达到小于5万元的事故

1.3.2.3 火灾事故

级 别	条 件
Ⅰ	火灾事故造成1人死亡、3人以上重伤，或火灾事故造成直接经济损失50万元以上的
Ⅱ	火灾事故造成2人重伤，或火灾事故造成直接经济损失20万元以上50万元以下的
Ⅲ	火灾事故造成1人重伤，或火灾事故造成直接经济损失10万元以上20万元以下的
Ⅳ	火灾事故造成人员轻伤，或火灾事故造成直接经济损失10万元以下的

1.3.2.4 交通事故

级别	条件
Ⅰ	发生造成死亡1～2人，或者重伤3人以上10人以下，或者财产损失3万元以上不足6万元的事故
Ⅱ	发生造成重伤1～2人，或者轻伤3人以上，或者财产损失不足3万元的事故
Ⅲ	发生造成轻伤1～2人，或者财产损失机动车事故不足1000元，非机动车事故不足200元的事故
Ⅳ	发生2人以下轻伤的交通事故

1.3.3 公共卫生类

1.3.3.1 公共卫生突发事件

级别	条件
Ⅰ	发生肺鼠疫等传染性疑似病例，或一次发生急性职业中毒10人以上，或出现1人死亡病例
Ⅱ	发生传染病，尚未造成扩散，或一次发生急性职业中毒4～9人，未出现死亡病例
Ⅲ	一次发生急性职业中毒3～4人，未出现死亡病例
Ⅳ	一次发生急性职业中毒1～2人，未出现死亡病例

1.3.3.2 食物中毒突发事件

级别	条件
Ⅰ	中毒造成1人死亡、或2人以上重伤、或中毒人数10人（含本数）以上，未出现死亡病例
Ⅱ	中毒造成1人重伤、或中毒人数5人（含本数）以上10人以下，未出现死亡或重伤病例
Ⅲ	中毒人数3人（含本数）以上5人以下，未出现死亡或重伤病例
Ⅳ	中毒人数3人以下，未出现死亡或重伤病例

1.3.4 社会安全类

1.3.4.1 突发性群体事件

级别	条件
Ⅰ	单位本部办公场所及重点区域发生涉及单位管理原因造成规模在10人以上（含本数）的非正常上访、聚众闹事等群体性事件
Ⅱ	单位办公场所及重点区域发生涉及单位管理原因造成规模在5人以上（含本数）10人以下的非正常上访、聚众闹事等群体性事件
Ⅲ	单位本部办公场所及重点区域发生涉及单位管理原因造成规模在3人以上（含本数）5人以下的非正常上访、聚众闹事等群体性事件
Ⅳ	单位本部办公场所及重点区域发生涉及单位管理原因造成规模在1人以上（含本数）3人以下的非正常上访、聚众闹事等群体性事件

1.3.4.2 恐怖袭击突发事件

级别	条件
Ⅰ	造成1人死亡或2人以上重伤
Ⅱ	造成1人重伤
Ⅲ	造成1~2人轻伤
Ⅳ	无轻伤但造成直接经济损失20万元以下

Ⅰ级：危害严重，单位不能自行处理的突发事件（事故）。

Ⅱ级：单位自己能够处理的突发事件（事故）。

Ⅲ级：单位各部门能自行处理的突发事件（事故）。

Ⅳ级：单位各作业班组及岗位员工能自行处理的突发事件（事故）。

2 应急组织机构及职责

2.1 应急组织机构

单位成立突发事件（事故）应急救援指挥部负责单位应急救援工作的组织领导和指挥。

应急救援指挥部组成：

总指挥：主要负责人

副总指挥：副总经理（主管安全）其他领导

成员：各部门负责人、下属单位负责人

应急指挥部下设应急指挥部办公室（以下简称：应急办），设在单位安全技术部，负责日常应急管理工作，应急办主任由安全技术部负责人担任。

根据突发事件类型和应急工作需要，应急救援指挥部设置安全技术组、抢险救灾组、警戒保卫组、医疗救护组、后勤保障组、善后处理组等6个应急工作小组。应急组织体系构成如图2.1所示。

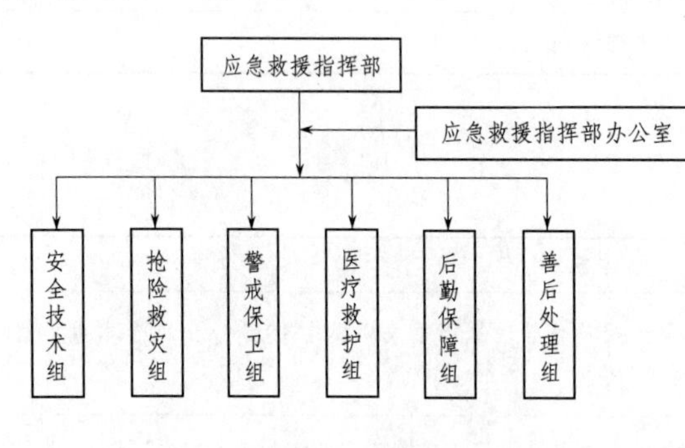

图2.1 应急组织体系构成图

2.2 组织机构职责

2.2.1 应急救援指挥部职责

（1）执行国家有关突发事件应急工作的法规和政策。

（2）负责组建应急救援队伍。

（3）负责应急物资的保障和负责整合调配应急资源。

（4）组织人员的应急救援教育和培训。

（5）制定突发事件应急预案演练计划，定期组织应急预案的演练、评估和修改完善，对预案的执行或演练情况进行总结、评比。

（6）适时调整各应急组人员组成，保证应急组织正常工作。

（7）负责突发事件（事故）发生后应急预案响应实施。

(8) 负责现场应急指挥工作，针对事态发展制定和调整现场应急抢险方案，防止次生灾害或二次突发事件发生。

(9) 收集现场信息，核实现场情况，保证信息的真实、及时与畅通。

(10) 负责内、外部信息的接收和发布、向上级单位及时上报突发事件情况，必要时争取援助。

(11) 启动和终止应急预案，突发事件、灾害善后处理、损失评估、保险理赔等工作。

(12) 收集、整理应急处理过程有关资料，编制现场应急工作总结报告。

2.2.2 应急救援指挥部办公室职责

(1) 负责单位应急预案的日常管理工作。

(2) 上传下达总指挥安排的应急任务。

(3) 组织应急预案的演练工作。

(4) 负责组织应急预案的修订工作。

2.2.3 总指挥职责

(1) 决定是否启动应急预案，以及预案级别。

(2) 负责应急指挥工作，发布命令，对特殊情况进行紧急决断。

(3) 命令各应急小组按预案顺序任务开展各项工作。

(4) 组织应急救援的演练。

(5) 负责突发事件上报及求援。

(6) 负责保护现场及相关物证、资料，组织突发事件调查。

(7) 总结突发事件及应急救援经验教训。

(8) 宣布应急响应程序终止，组织恢复生产。

(9) 接受上级政府的指令和调动。

2.2.4 副总指挥职责

(1) 协助应急救援总指挥工作。

(2) 向应急救援总指挥提出对策和建议。

(3) 保持与现场指挥人员的直接联络。

(4) 协调、组织和获取应急所需物资、设备以及支援现场的应急操作。

(5) 总指挥因故不在现场时，逐级兼负上级职务，总指挥到达现场后，移交指挥权，服从总指挥统一指挥。

2.2.5 突发事件应急工作小组职责

(1) 安全技术组职责。

安全技术人员担负现场查勘、现场抢救、伤员运送，对可能造成衍生突发事件提出预防措施等任务。

向指挥部提供翔实的灾区和周围环境情况资料，查明灾害形成的条件、引发因素、影响范围，设立专业监测网点，对灾害点稳定性进行监测和评估。

完成现场抢险救灾指挥部交办的其他工作。

(2) 抢险救灾组职责。

负责具体实施抢险救援行动。

负责将伤员撤离危险区域，配合医院及医务人员护送转移。

负责使用破拆工具、灭火器、消防栓、安全绳等器材，按指挥部命令投入突发事件、灾害救援工作。

负责贵重物资和文件等的抢险、转移。

及时向指挥部报告抢险进展情况。

(3) 警戒保卫组职责。

迅速组建治安管理队伍担负现场治安管理，组织突发事件现场治安巡逻保护。

做好现场交通指挥，道路管制，维护现场治安秩序和交通秩序；设立警戒，对突发事件区域现场实施戒严封锁，指挥疏散现场无关人员，协助应急抢险组转移受伤员工。

完成现场抢险救灾指挥部交办的其他工作。

(4) 医疗救护组职责。

迅速组织、调集现场医疗救治队伍；负责联系、制定、安排就治医院，组织指挥现场受伤人员接受紧急救治及对伤员实施抢救措施和转送医院救治，减少人员伤亡；负责调集安排医疗器材和救护车辆；负责向上级医疗机构求援，需要转院抢救的，由指挥部负责派救护车。

(5) 后勤保障组职责。

担负应急过程中车辆与伤员抢救运送、应急过程物资器材的协调保障、应急救灾通信联络的畅通保障；负责应急行动中的后勤保障工作，为应急救灾人员提供生活保障。

(6) 善后处理组职责。

积极稳妥、深入细致地做好善后处置工作。对突发事件中的伤亡人员、应急处置工作人员，以及紧急调集、征用有关单位及个人的物资，要按照规定给予抚恤、补助或补偿，必要时提供心理及司法援助；做好疫病防治和环境污染消除工作；督促有关保险机构及时做好有关单位和个人损失的理赔工作；做好突发事件调查工作。

2.2.6 工作人员及组长职责

(1) 工作人员职责。

1) 发现突发事件及明显突发事件征兆，应立即高声呼叫求救。

2) 及时报告，停止生产或作业，设置警戒区域。

3) 按处置措施进行防护与救援，疏散无关人员。

4) 接受并执行总指挥和组长的指令。

(2) 组长职责。

1) 接到工作人员报告后，应立即确认。

2) 组织工作人员，按现场应急处置措施执行。

3) 若超出本单位控制能力，则立即疏散现场人员，并根据现场情况，及时汇报总指挥，启动上一级应急预案，或报请上一级有关部门、机构支援。

3 应急响应

针对突发事件（事故）危害程度、影响范围和单位控制事态的能力，将突发事件分为不同的等级。按照分级负责的原则，明确本单位的应急响应级别。

3.1 信息报告

3.1.1 信息接报

单位设置突发事件24小时应急值守电话号码为×××-××××××××。

突发事件信息接收单位为应急救援指挥部办公室。办公室主任为张三。

突发事件现场负责人应立即拨打应急救援指挥部办公室的电话，值班人员接到报警后迅速查明突发事件发生的部位和原因，并迅速向应急救援指挥部报告。

突发事件现场负责人和应急救援指挥部按预警级别和图3.1信息报告流程图逐级上报。紧急情况下，可越级报告，或拨打110或119，有人员受伤严重的拨打120。

当发生突发事件或者较大涉险突发事件，主要负责人接到突发事件信息报告后于1小时内报告突发事件发生地应急管理局。

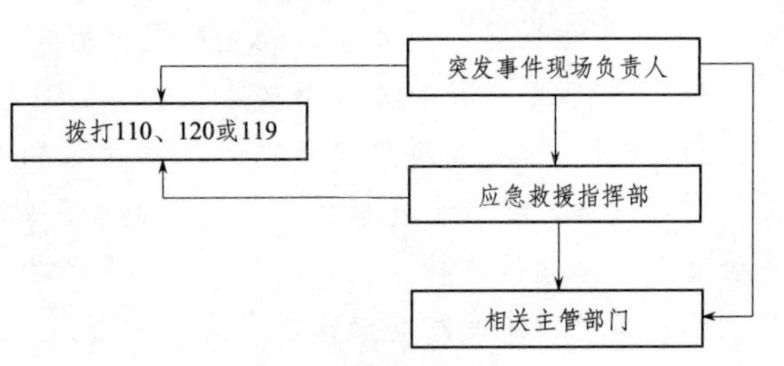

图3.1 信息报告流程图

报告突发事件信息，应包括下列内容：

1）发生突发事件的单位、时间、地点及交通路线。

2）突发事件类型、简要经过、伤亡人数以及涉及范围。

3）突发事件原因、性质初步判断。

4）突发事件抢救处理的情况和采取的措施。

5）需要支援的人员、设备、器材等事项。

6）突发事件的报告单位、报告时间、报告人和联系电话。

使用电话快报，应包括下列内容：

1）突发事件发生单位的名称、地址、性质。

2）突发事件发生的时间、地点。

3）突发事件已经造成或者可能造成的伤亡人数（包括下落不明、涉险的人数）。

突发事件具体情况暂时不清楚的，可以先报突发事件概况，随后补报突发事件全面情况。

突发事件信息报告后出现新情况的，应当及时补报。

自突发事件发生之日起30日内，突发事件造成的伤亡人数发生变化的，应当及时补报。道路交通突发事件、火灾突发事件自发生之日起7日内，突发事件造成的伤亡人数发生变化的，应当及时补报。较大突发事件每日至少续报1次。

3.1.2 信息处置与研判

应急救援指挥部接到报告后，根据突发事件的性质、严重程度、影响范围和可控性，对突发事件进行研判，并报告给应急救援指挥部总指挥，由总指挥做出预警或应急响应启动决策：

(1) 当达到Ⅲ级和Ⅳ级响应启动条件时，由应急救援指挥部总指挥下达三级预警指令，应急救援指挥部办公室通知各应急小组按照本预案3.2的要求进行相关准备工作。

(2) 当达到Ⅱ级响应启动条件时，由应急救援指挥部总指挥下达应急指令，应急救援指挥部办公室通知各应急小组按照本预案3.3的要求启动本预案，迅速开展应急响应工作。

(3) 当达到Ⅰ级响应启动条件时，由应急救援指挥部总指挥向外部请求救援，同时启动Ⅰ级响应。

(4) 突发事件造成严重不良影响或造成严重社会影响的，应提升一个响应级别。

3.2 预警

3.2.1 预警启动

(1) 预警条件。

1) 三级预警是指突发事件初始阶段而做出的预警。

2) 二级预警是指突发事件较小，在单位可控范围内。

3) 一级预警是指突发事件较大，超过本单位突发事件应急救援能力，突发事件有扩大、发展趋势，或者突发事件影响到周边居民时，由单位应急指挥部现场总指挥报请上级单位请求应急救援支持。

(2) 预警信息发布的渠道、方式和内容。

1) 预警信息发布的渠道。

发现突发事件人员，应立即向现场管理人员报告，现场管理人员向总指挥报告，总指挥接到报警后，通知现场指挥、各应急小组组长，各组长通知应急小组组员，立即启动应急救援系统。

2) 信息发布方式。

信息发布可采用有线和无线两套系统配合使用，即固定电话、手机、对讲机等。相关政府应急管理部门、单位应急指挥部、各应急组之间的通信方法，联系人与电话见附件。

3) 预警信息的内容。

发布预警信息时应说明清楚：突发事件类型、规模、影响范围、发生地点、介质、发展变化趋势、有无人员伤亡、报告人姓名和联系方式等。

3.2.2 响应准备

三级预警：发现突发事件征兆，现场人员立即进行应急处置，阻止突发事件的发生，同时报告应急指挥部，各应急小组待命。

二级预警：现场人员立即进行应急处置，将突发事件消除在初期阶段，同时报告应急指挥部，各应急小组待命。

一级预警：现场人员立即组织进行应急处置，同时报告应急指挥部，警戒保卫组、抢险救灾组、医疗救护组立即加入抢险；后勤保障组、善后处理组待命。

3.2.3 预警解除

当初期突发事件得到消除或突发事件征兆消失，经现场安全人员检查确认，无须启动应急响应，预警解除。

3.3 响应启动

发生险情或突发事件时，发现人员应立即报告现场负责人，现场负责人接到报告后应立即向单位应急指挥部或应急救援指挥部办公室报告，当情况较紧急时应立即拨打外界求救电话（如119、120等），然后直接向总指挥报告。

现场负责人报告完毕后，应根据危险源情况，在确认不会造成二次突发事件的情况下，采取响应的保护措施，立即组织现场的有关人员一方面抢救受伤人员，另一方面控制危险源。各级人员应急响应如下。

(1) 现场人员响应。

1) 突发事件发生后，第一发现人要保持镇静，应向周围人员发出“呼喊”或“求救”等报警声。

2) 现场作业人员听到“呼喊”或“求救”等报警声后，应立即停止手中的工作展开救援，尽可能采取响应的措施阻止突发事件的蔓延和扩大。若有人员受伤应首先将伤者转移至安全地带，实施必要的救治。

3) 同时现场人员应立即向现场负责人报告，并简要说明发生突发事件部位及伤亡情况等。

4) 无法联系现场负责人时，可直接向应急救援指挥部办公室报告。

(2) 现场负责人响应。

1) 现场负责人接到突发事件报告后应迅速赶往现场，初步查明突发事件部位、原因、影响范围及受损情况，并启动现场处置方案，组织现场人员抢救受伤人员，将受伤人员转移至安全地带，及时对初起突发事件进行施救。

2) 同时用最快的速度报告单位应急指挥部或应急救援指挥部办公室，并说明突发事件部位、原因、影响范围及受损情况。

3) 在总指挥、应急救援指挥部办公室主任或应急指挥部其他人员到达现场前担任现场临时指挥，负责突发事件初起阶段的抢险救援指挥工作。

4) 紧急情况下，现场负责人可直接报告总指挥请求指示。

(3) 应急指挥机构响应。

1) 应急救援指挥部办公室接到突发事件报告后，接警人员迅速、准确做好记录并通知总指挥。

2) 应急救援指挥部办公室主任根据突发事件情况做出反应，通知应急指挥组成员和应急小组负责人。电话了解或并派出人员赶赴现场，迅速查明突发事件原因、影响范围及伤亡情况，做出突发事件风险评估，制定应急处置方案。

3) 需启动预案时，应急救援指挥部办公室主任立即报告应急指挥部总指挥。并赶到突发事件现场，在总指挥赶到现场前担任临时总指挥，指挥突发事件抢险工作。

4) 突发事件严重立即拨打119、120报警求援电话，请求专业救援队伍的支持，同时报告保险单位。

5) 由应急总指挥指定人员发出“启动突发事件应急预案”的命令。

(4) 单位信息联络组经单位报请现场指挥部授权同意后，负责向新闻媒体、关注的(事发地)民众做好正面的说明，不得夸大或隐瞒突发事件真相，如实报道突发事件的起因和救援情况。突发事件应急处置流程如图3.2所示。

3.4 应急处置

应急预案启动后，应急救援指挥部组织、指挥、协调各应急救援小组和专业应急队伍，开展抢险救援、医疗救护、人员疏散、现场监测、治安警戒、交通管制、工程抢险、安全防护、社会动员、损失评估等应急处置工作。各应急救援小组应按照分工，认真履行各自职责。

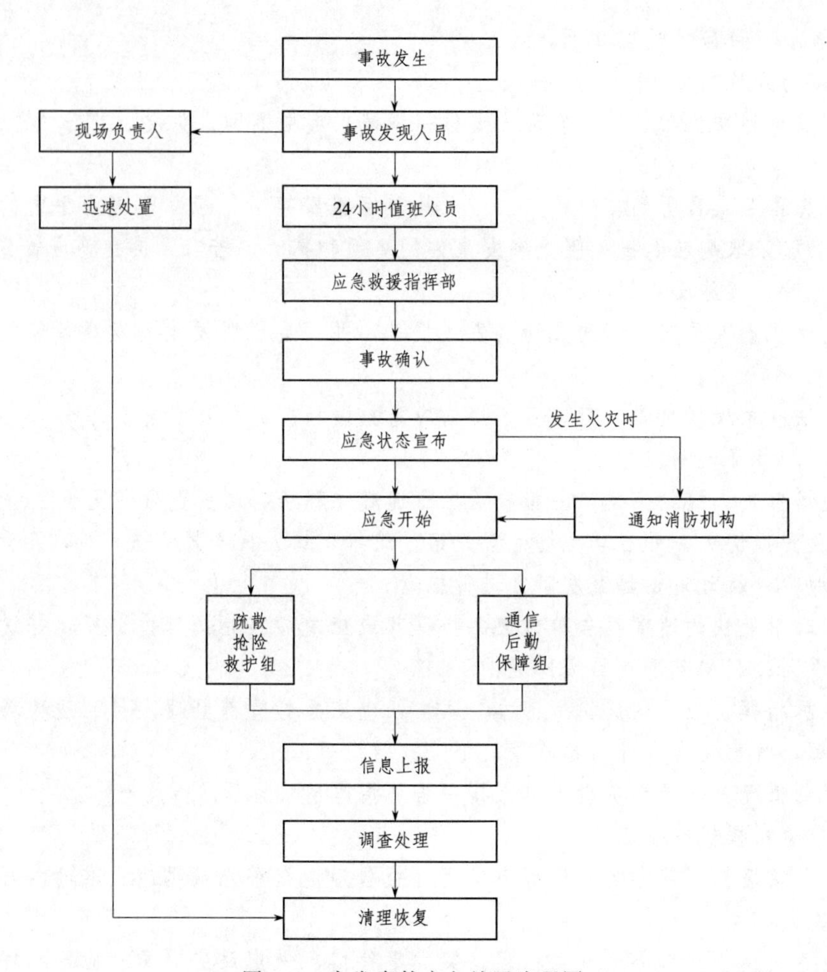

图 3.2 突发事件应急处置流程图

3.4.1 抢险救援

突发事件发生后，发生突发事件的单位应当迅速组织人员开展自救，全力控制事态扩大。抢险救灾组迅速到位，根据应急救援指挥部制定的救援方案实施抢险救援。

3.4.2 现场监控

应急救援指挥部组织技术力量和救援队伍加强对突发事件现场的监控，根据事态发展变化情况，出现急剧恶化的特殊险情时，现场指挥部在充分考虑专家和有关方面意见的基础上，依法及时采取紧急处置措施，果断控制或切断灾害链，防止次生、衍生和耦合事件发生。

警戒组应当迅速组织现场治安警戒和治安管理，设立警戒区和警戒哨，加强对重点地域、重点场所、重点人群、重要物资设备的防范保护，维持现场秩序，及时疏散群众。

3.4.3 医疗救护

协议医院负责组织开展紧急医疗救护和现场卫生处置工作，为因突发事件致伤、致残、致病的人员提供医疗救护和现场救援，尽量减少人员伤亡。经采取初步急救措施后，医疗救护人员应当将伤、病人及时转送有关医院抢救、治疗。

3.4.4 后勤保障

根据需要，按照应急指挥部的指令，后勤保障组应迅速调派车辆和救援物资，保证救援所需物资的供应，将救援物资以最快的速度送达突发事件救援现场。

3.4.5 应急人员的安全防护

在处置突发事件时，应当对事发地现场的安全情况进行科学评估，保障现场应急工作人员的人身安全。现场应急救援人员应根据需要携带响应的专业防护装备，采取安全防护措施，严格执行应急救援人员进入和离开突发事件现场的相关规定。现场指挥部根据需要具体协调、调集响应的安全防护装备。需要非专业救护人员参与时，应当对其说明必要的安全防护知识。

3.4.6 人员疏散和防护

根据突发事件性质和影响范围，应急救援指挥部应决定应急状态下人员疏散、转移和安置的方式、范围、路线、程序，采取可靠的防护措施，由保卫部负责实施疏散、转移和治安工作。

3.4.7 现场检测与评估

根据需要，应急救援指挥部应成立突发事件现场检测、鉴定与评估小组，综合分析和评价检测数据，查找突发事件原因，评估突发事件发展趋势，预测突发事件后果，为制订现场抢救方案和突发事件调查提供参考。

3.4.8 扩大应急

当突发事件态势难以控制或有扩大、发展趋势时，应急救援指挥部应迅速报告属地应急管理局，按程序请求支援。

3.5 应急支援

当遇到较大或重大突发事件时，应及时向上级单位、周边企业、社区或政府部门请求援助，以便将突发事件造成的危害减至最低。

(1) 周边互助单位救援队伍。

当单位遇到较大或重大突发事件时，向相邻企业请求援助，给予单位运输、人员、救治以及救援部分物资等方面的帮助。同时依据救援需要，提供其他响应支持。

(2) 政府相关单位救援队伍。

一旦发生重大突发事件，单位无法处置，需要扩大应急时，可立即向周边单位周边企业或政府部门请求援助，以便将突发事件造成的危害减至最低。在政府应急指挥机构领导赶赴现场后，现场指挥权应立即移交政府。并汇报突发事件情况、进展、风险以及影响控制事态的关键因素等问题，服从政府现场应急指挥部的指挥。

外部应急资源联系方式见附件5。

3.6 响应终止

3.6.1 应急终止的条件

应急结束的指令由应急救援指挥部总指挥发布。

当突发事件处置工作已基本完成，次生、衍生和突发事件危害被基本消除，应急响应工作即告结束。当上级的应急预案启动时，由主管部门确定应急响应结束；上级应急预案未启动时，由应急救援指挥部总指挥发布应急响应结束。

3.6.2 设备和生产恢复

(1) 由单位组织相关部门和专业技术人员进行现场恢复，恢复包括现场清理和恢复现场所有功能。

(2) 恢复现场前应进行必要的调查取证工作，必要时进行录像、拍照、绘图等，并将这些资料连同突发事件的信息资料移交给突发事件调查处理小组。

(3) 清理现场需制定响应的计划，并制定响应的防护措施，防止发生二次突发事件，现场公共设施功能的恢复，也应制定响应的计划和防护措施。

生产条件具备的情况下，由安全技术部组织有关部门进行安全验收合格后，宣布应急结束，恢复生产。

3.6.3 突发事件总结和调查评估

(1) 突发事件应急救援领导小组负责收集有关资料，并在突发事件处置结束后4天内，将突发事件应对工作情况的总结报告报主管部门。总结报告的内容应包括：企业基本情况、突发事件发生经过、现场处置情况、突发事件后果的初步汇总。

(2) 在处置单位突发事件的同时，由相关部门适时组织有关单位和专家顾问成立突发事件调查组，调查和分析突发事件发生的原因和发展趋势，对应急处置工作进行全面客观地评估，并在20天内将评估报告报送主管部门。评估报告的内容应包括：突发事件发生的经过、现场调查结果；突发事件发生的主要原因分析、责任认定等结论性意见；突发事件处理结果或初步处理意见；突发事件的经验教训；存在的问题与困难；改进工作的建议和应对措施等。

(3) 由上级组织进行突发事件调查的，按照上级部门的规定执行，单位所有人员必须做好配合工作。

4 后期处置

后期处置包括现场清理、善后处理、生产秩序恢复、医疗救治和人员安置等。应急结束后，应急救援指挥部应组织人员进行应急预案评估、总结预案中存在的不足，重新修订应急预案。

4.1 现场清理

灾后重建，污染物收集、清理与处理等事项。尽快消除突发事件影响，妥善安置和慰问受害及受影响人员，保证社会稳定，尽快恢复正常秩序。

4.2 善后处理

应急宣布结束后应急救援指挥部必须负责做好突发事件灾难的善后处置工作，包括人员安置、补偿，征用物资补偿等。

4.3 生产秩序恢复

救援结束后，技术组要协助现场指挥部制定恢复生产、生活计划，由现场指挥部组织实施，恢复生产：

(1) 首先应使突发事件影响区域恢复到相对安全的基本状态，然后逐步恢复正常状态。

(2) 要求立即进行的恢复工作包括突发事件损失评估、原因调查、清理废墟等。

(3) 在短期恢复工作中，应注意避免出现新的紧急情况。

(4) 长期恢复包括突发事件后重建和受影响区域的重新规划和发展，在长期恢复工作中，应吸取突发事件和应急救援的经验教训，开展进一步的预防工作和减灾行动。

4.4　应急救援评估

由应急救援指挥小组负责总结预案抢险过程和应急救援能力的评估，找出预案中存在的不足，重新修订应急预案。

5　应急保障

5.1　通信与信息保障

（1）单位办公室设立24小时值班电话，各值班人员保持通信联系畅通。地面通信保持有线通信和无线通信两套系统，保证畅通，信息传递及时。

（2）所有应急成员电话号码上墙并于显著位置悬挂。

（3）依托和充分利用公用通信、信息网，加强对重要通信设施、传输线路和技术装备的日常管理和保养维护，建立备份和应急保障措施。

（4）建立健全突发生产安全突发事件快速应急信息系统，主要包括应急指挥机制、专业应急队伍、应急装备器材、物资、专家库等信息。

（5）建立重大危险源信息和监控系统，保证应急预警、报警、警报、指挥等活动的信息交流快速、顺畅、准确，做到信息资源共享。必要时，可紧急调用社会通信设施，确保指挥信息畅通。

（6）本单位应急队伍及通信联络表见附件4。

5.2　应急队伍保障

（1）单位成立应急救援队，同时可以请求上级单位应急救援队伍援助。

（2）开展突发事件应急救援演练，保持较强的队伍战斗力。

（3）充分利用社会应急资源，依托当地应急、公安、民防救灾、医疗卫生、地震救援、防洪防汛、环境监控、基础信息网络和重要信息系统突发事件处置，以及水、电、气等政府工程抢险应急救援的专业队伍和骨干力量。

（4）加强现场应急救援小组各方面的建设和人员响应的培训，以及应急措施的定期检查；确保在应急救援过程中制度的落实、应急资金落实、应急物资与装备的落实、人员落实，并能承担起其响应的职责。

5.3　物资装备保障

依据本预案应急处置的需求，建立健全以单位为主体的应急物资储备和社会救援物资为辅的应急物资供应保障体系。其具体应急物资装备见附件4，单位加强日常应急物资管理，并做到：

（1）所有应急设备、器材，设专人管理，保证完好、有效、随时可用。

（2）建立应急设备、器材台账，记录所有设备、器材名称、型号、数量、所在位置、有效期限。

（3）定期更换失效、过期的药品、器材，并有响应的跟踪检查制度和措施。

（4）由办公室实施后勤保障应急行动，负责灭火器材、药品的维护补充，交通工具、个体防护用品等物资设备的调用。

5.4　其他保障

5.4.1　经费保障

（1）单位设置了专门的安全费用应对各项安全突发事件。

(2) 紧急情况下，财务部应当急事急办、特事特办，确保应急资金及时到位。

(3) 财务部门对突发事件应急保障资金的使用和效果进行监管和评估，确保专款专用。为员工办理工伤保险和医疗保险，为突发事件的善后工作提供基本保障。

5.4.2 交通运输保障

驾驶员定期检查、维修，保养车辆，保证接到指挥部命令或发生突发事件后及时将抢险救灾物资、人员运送到突发事件现场。

5.4.3 治安保障

(1) 警戒保卫组制定治安管制办法（必要时抢险人员佩戴统一明显标识，抢险车辆张贴特殊证照），维持治安秩序。

(2) 做好突发事件现场的保护工作，熟悉专业的应急保护，保证应急保护和应急行动中各种突发事件的处理。

(3) 保证在发生突发事件时有足够的应急救援能力保护现场，维护秩序。

5.4.4 后勤保障

(1) 检查到达突发事件现场的公路的完好情况，发现问题立即组织抢修队进行抢修，保证车辆顺利通行。

(2) 调集足够的车辆供救灾使用。

(3) 配合交警人员实行交通管制，非救灾车辆禁止通行。

5.4.5 医疗救护保障

(1) 负责受伤人员的抢救和伤口处理工作，如灼伤、止血、骨折的固定、受伤人员的搬运、中毒窒息人员的心肺复苏。

(2) 负责现场抢救人员及伤员的救治及救护知识的指导。

5.4.6 技术保障

根据单位的特点和突发事件应急救援工作的需要，积极与应急管理部门或其他社会机构加强协调，争取救援时专家的技术支持和社会机构的先进设备支持。

6 附件（略）

附件1：生产经营单位概况

附件2：风险辨识评估报告

附件3：预案体系与衔接

附件4：应急物资装备的名录或清单

附件5：有关应急管理部门、机构或人员的联系方式

附件6：格式化文本

附件7：关键的路线、标识和图纸

附件8：有关协议备或者忘录

火灾事故专项应急预案

1 适用范围

本预案适用于单位生产、生活区域火灾事故的应急响应和处理能力，在发生火灾时，能够迅速、准确、有效地组织救援，提高处置火灾事件的能力，及时有效地组织实施应急救援工作。保证安全生产，根据单位实际制定本预案。

2 应急组织机构及职责

本预案应急组织机构及职责与《突发事件综合应急预案》“2 应急组织机构及职责”保持一致。

3 响应启动

本预案响应启动与《突发事件综合应急预案》“3.3 响应启动”保持一致。

4 处置措施

(1) 根据事故情况，组织人员进行疏散，确定安全警戒区域范围，维持秩序，控制人员和车辆出入；对受伤人员进行营救，并转移到安全区域。在救援过程中，应及时跟踪事件进展，做好次生灾害预防措施，优先保证人员安全，将事故对人员、财产和环境造成的损失降到最低程度。

(2) 当确认有被困或受伤人员后，在确保救援人员自身安全的情况下，救出被困或受伤人员，同时应派人拨打 120 向当地急救中心取得联络，详细说明事故地点、严重程度、联络电话，并派人到路口接应。

(3) 发生火灾事故后应立即切断电源，以防止扑救过程中造成触电。现场人员用灭火器进行扑救并报告应急管理组。

(4) 现场有易燃易爆物资，为防止爆炸发生，首先转移该物至安全地点。

(5) 控制火势蔓延，防止事态扩大。

(6) 应设法将变压器内油排入事故油池中，防止变压器爆炸。

(7) 若生活居住区发生火灾，应立即疏散撤离现场，不可留恋财产物资，有机会用湿毛巾捂住口鼻，迅速撤离现场。有人员出现昏迷，应立即组织进行抢救。

(8) 保护火灾事故现场，在火灾区域设置警示标识和设置警戒线。

5 应急保障

5.1 通信与信息保障

(1) 应急救援指挥工作组成员要保障 24 小时通信设备处于畅通状态。

(2) 完善信息传输手段、渠道，保持信息报送设施性能完好，确保信息报送渠道的安全畅通。

5.2 应急队伍保障

按照突发事件综合应急预案规定，根据应急救援的需要，协调应急物资的储备、调拨和紧急供应。

5.3 医疗保障

备齐必要响应的救助担架、救生衣、氧气袋、止血带等医疗器械。

5.4 经费保障

按照综合应急预案，筹集一定资金作为突发事件的应急经费，确保应急支出。

社会公共安全事件专项应急预案

1 适用范围

本预案适用于单位范围内发生的社会公共安全突发事件的应急处置工作。

本预案所称社会公共安全突发事件是指非法聚集、静坐，冲击单位（包括办公区、生活区、仓库区、生产作业区等）等严重影响单位正常生产工作秩序、危害单位稳定和公共安全的紧急突发事件。如同时伴随有人身伤亡、设备事故等其他突发事件，应同时启动响应的应急预案。

2 应急组织机构及职责

2.1 应急组织机构

发生社会公共安全突发事件，单位成立应急指挥部及各应急小组，负责单位社会公共安全突发事件应急工作的组织领导和指挥。应急指挥部下设办公室（以下简称“应急办”），设在单位安全技术部，负责日常应急管理工作。应急指挥部、应急办、应急小组组成人员与《突发事件综合应急预案》保持一致。

2.2 组织机构职责

本预案应急组织机构的职责与单位《突发事件综合应急预案》保持一致。

3 响应启动

本预案响应启动与单位《突发事件综合应急预案》“3 应急响应”保持一致。

3.1 响应分级

根据单位实际情况，按照社会公共安全突发事件的性质、严重程度、可控性和影响范围等因素，事件级别分为Ⅰ级、Ⅱ级、Ⅲ级、Ⅳ级。

级别	条　件
Ⅰ	单位本部办公场所及重点区域发生涉及单位管理原因造成规模在10人以上（含本数）的非正常上访、聚众闹事等群体性事件
Ⅱ	单位办公场所及重点区域发生涉及单位管理原因造成规模在5人以上（含本数）10人以下的非正常上访、聚众闹事等群体性事件
Ⅲ	单位本部办公场所及重点区域发生涉及单位管理原因造成规模在3人以上（含本数）5人以下的非正常上访、聚众闹事等群体性事件
Ⅳ	单位本部办公场所及重点区域发生涉及单位管理原因造成规模在1人以上（含本数）3人以下的非正常上访、聚众闹事等群体性事件

Ⅰ级：危害严重，单位不能自行处理的社会公共安全突发事件。

Ⅱ级：单位自己能够处理的社会公共安全突发事件。

Ⅲ级：单位各部门能自行处理的社会公共安全突发事件。

Ⅳ级：单位各厂队、作业班组及岗位员工能自行处理的社会公共安全突发事件。

社会公共安全突发事件应急响应分为一级、二级、三级、四级，对应社会公共安全突发事件Ⅰ级、Ⅱ级、Ⅲ级、Ⅳ级。

3.2 响应启动

序号	响　应　启　动	责任单位、部门/人员
一级应急响应		
1	发生10人数以上非正常上访、聚众闹事等群体性事件时，现场人员应立即报告单位应急办，应急办主任立即报专项应急指挥部	现场人员

续表

序号	响应启动	责任单位、部门/人员
2	单位应急指挥部启动一级应急响应，确认发生Ⅰ级社会公共安全突发事件、超出单位处理能力，单位派人负责维持保护现场，第一时间上报上级单位请求支援并全权处理Ⅰ级社会公共安全突发事件	单位
二级应急响应		
1	发生5人以上（含本数）10人以下非正常上访、聚众闹事等群体性事件，现场人员立即报告所在部门领导，并迅速了解情况及向上访群众进行解释工作防止事件扩大	现场人员
2	事发部门向单位应急办汇报，单位启动二级应急响应，应急指挥部总指挥、应急办负责人带领各应急小组有关人员立即赶赴现场，召开现场会议，组织、领导、协调Ⅱ级社会公共安全突发事件处置工作	应急指挥部 应急办 各应急小组
三级应急响应		
1	发生3人以上（含本数）5人以下的非正常上访、聚众闹事等群体性事件，现场人员立即报告所在部门领导，并迅速了解情况及向上访群众进行解释工作防止事件扩大	现场人员
2	启动三级应急响应，事发部门负责人带领有关人员立即赶赴现场，召开现场会议，组织、领导、协调Ⅲ级社会公共安全突发事件处置工作	事发部门负责人
四级应急响应		
1	发生1人以上（含本数）3人以下的非正常上访、聚众闹事等群体性事件，现场人员立即报告所在保安队长、班组领导，并迅速了解情况及向上访群众进行解释工作防止事件扩大	现场人员
2	启动四级应急响应，事发保安队长、作业负责人、班组负责人带领有关人员立即赶赴现场，组织、领导、协调Ⅳ级社会公共安全突发事件处置工作	保安队长、作业负责人、班组负责人及岗位员工

4　处置措施

4.1　先期处置

无论启动哪级应急响应，发现有人员聚集表达诉求、闹事、封堵大门、冲击生产场所等行为的，只要在后勤管理服务范围内的，第一发现人要立即保安队长、班组长、部门领导或应急办，同时在第一时间开展先期处置工作，做好现场秩序维持等工作，设法与涉事群体协调沟通，了解涉事群体的基本情况（人数、工作单位、常驻地等）、涉事原因及诉求等。

4.2　处置措施

4.2.1　社会公共安全突发事件Ⅰ级处置措施

（1）单位派人负责维持保护现场，第一时间上报上级单位请求支援并全权处理Ⅰ级社会公共安全突发事件。

（2）单位在上级单位应急指挥部和应急办指挥下开展应急处置工作。

4.2.2　社会公共安全突发事件Ⅱ级处置措施

(1) 单位应急指挥部开展会商、决策，开展应急值班，相关人员在岗值班，进行信息汇总。

(2) 指挥部总指挥赶赴现场指挥、协调现场处置组开展现场处置、善后处理等工作。应急办和各应急工作小组相关人员赶赴现场，与《突发事件综合应急预案》保持一致，根据职责分工开展现场处置工作。

(3) 抢险救灾组协助维护现场秩序，派专人检查评估事件总体情况及发展趋势，与聚集人员开展沟通，对上访人员进行劝返，协调问题解决方案。

(4) 警戒保卫组人员现场设立警戒区域，疏散无关人员，维护现场秩序，配合公安机关做好暴力过激行为的应对工作。

(5) 后勤保障组安排医务人员到现场，准备必要的医疗器械和急救药品，为现场人员提供食宿、交通、通信等后勤保障。

(6) 安全技术组和善后处理组密切关注舆情，协助开展对外信息披露工作，对外披露的信息须经单位应急指挥部批准。

4.2.3 社会公共安全突发事件Ⅲ级处置措施

(1) 事发部门负责人赶赴现场，指挥、协调现场处置组开展现场处置、善后处理等工作。

(2) 事发部门启动应急值班，及时向单位应急办汇报事件信息。

(3) 派专人与聚集人员开展沟通，对上访人员进行劝返，协调问题解决方案，疏散无关人员，维护现场秩序，根据现场情况做好应对暴力过激行为的准备工作。

4.2.4 社会公共安全突发事件Ⅳ级处置措施

(1) 保安队长、作业负责人或班组长赶赴现场，协调开展现场处置、善后处理等工作。

(2) 保安人员、作业人员或班组相关人员协助维护现场秩序，与聚集人员开展沟通，对上访人员进行劝返，协调问题解决方案，疏散无关人员，维护现场秩序。

4.3 后期处置

(1) 涉事群体劝回或带回后，事件如造成人员受伤的，后勤保障组和善后处置组要及时开展对受伤人员的救治和善后处理工作。

(2) 如事件造成生产经营场所财产损失的，各部门要积极配合财务部门及时开展财产、物资损失统计工作，财务部门要积极与保险部门协调沟通，按规定开展理赔工作。

(3) 应急办要配合公安机关开展事件后续调查处置工作。

(4) 事件调查组要立即开展事件调查工作，事件调查必须实事求是，尊重科学，严肃认真，做到“四不放过”。

(5) 涉事部门要继续对事件开展追踪，直至事件最终解决。

5 应急保障

5.1 通信与信息保障

(1) 完善信息传输手段、渠道，保持信息报送设施性能完好，确保信息报送渠道的安全畅通。

(2) 单位职工可使用个人的手机和内部电话进行信息沟通。通信联络方法发放到各部门，张贴于明显位置。

(3) 单位重点和敏感部位（机关大楼、作业生产厂区、仓库等）应设置必要的监控设备。

5.2 应急队伍保障

(1) 单位组建各应急小组，党政主要领导负总责，分管领导具体负责。

(2) 现场各应急小组由单位各部门主要负责人和相关人员组成。

(3) 确定应急调查、监测、方案制定、现场处置等人员的分工，并告知各人员相关事项要求。

(4) 单位应加强广大员工应急能力建设，加强应急队伍培训，不断提高应急队伍素质，注重专业化、标准化、一体化管理。做到专业齐全、人员精干、反应快速，持续提高突发事件应急处置能力。

(5) 当突发群体事件超出单位处理能力时，向上级单位应急指挥部报告启动应急预案或请求当地消防队、附近医务室等相关应急资源援助。

物体打击事故现场处置方案

1 事故风险描述

依据物体打击事故对人体伤害的方式，把物体打击事故大体分为如下类型：在高空作业中，物体坠落伤人；人为抛掷杂物伤人；起重吊装、拆装、拆模时，物料掉落伤人；施工机具作业时引发物体飞出伤人、车辆运行过程中物体撒落伤人；爆破作业中飞石伤人；孤石及危石松动坠落伤人；张拉作业意外伤人等。在施工过程中，可能发生物体打击事故主要体现在在高处作业物料堆放不平稳、架上抛掷物品、不正确使用劳保用品、不遵守劳动纪律、安全管理不到位等。事故发生后会造成人员伤亡或机械设备损坏。

2 应急工作职责

(1) 应急小组职责：及时了解掌握物体打击事故发生和发展情况，指挥应急处置小组成员现场抢救、及时上报事故等。

(2) 专（兼）职安全管理人员职责：负责根据应急处置方案及应急处置小组命令实施应急处置措施。

(3) 作业人员职责：发现事故，立即高声呼叫求救，在确保自身安全的情况下，报告班组长或应急小组组长，接受并执行本应急小组的指令。

3 应急处置

(1) 当发生物体打击事故时，根据现场和受伤者的伤情的具体情况，立即打120急救电话，详细报告事故发生地址、人员受伤的情况和可能需要配合救援的设备。

(2) 在急救中心专业人员未到达之前，应根据事故现场的整体情况、位置和伤者的伤情、部位，在排除人为加重伤者伤情的情况下，立即组织人员进行抢救。

(3) 抢救前首先观察伤者的受伤情况、部位、伤害性质，如伤者发生休克，应先处理休克。遇呼吸、心跳停止者，应当进行人工呼吸，胸外心脏按压（但必须注意骨折的部位）。处于休克状态的伤员要让其安静、保暖、平卧、少动，并将下肢抬高约20°左右，尽快送医院进行抢救治疗。

(4) 出现颅脑外伤，必须维持呼吸道通畅。昏迷者应平卧，面部转向一侧，以防舌根下坠或分泌物、呕吐物吸入，发生喉阻塞。有骨折者，应初步固定后再搬运。偶有凹陷骨折、严重的颅底骨折及严重的脑损伤症状出现，创伤处用消毒的纱布或清洁布等覆盖伤口，用绷带或布条包扎后，及时送就近有条件的医院治疗。

（5）发现脊椎受伤者，创伤处用消毒的纱布或清洁布等覆盖伤口，用绷带或布条包扎后。搬运时，将伤者平卧放在帆布担架或硬板上，以免受伤的脊椎移位、断裂造成截瘫，招致死亡。抢救脊椎受伤者，搬运过程，严禁只抬伤者的两肩与两腿或单肩背运。

（6）发现伤者手足骨折或其他部位骨折的，不要盲目搬动伤者，应在骨折部位用夹板临时固定，使断端不再移位或刺伤肌肉、神经或血管。

（7）遇有创伤性出血的伤员，应迅速包扎止血，使伤员保持在头低脚高的卧位，并注意保暖；若伤员有断肢情况发生应尽早用干净的干布（灭菌敷料）包裹装入塑料袋内，随伤员一起转送。

（8）在施救的同时应尽快送往就近医院；伤者送往医院抢救时，途中尽量减少颠簸，同时，密切注意伤者的呼吸、脉搏、血压及伤口的情况。

（9）如因长方形构件（电杆）打击（压倒）致伤，要根据现场的实际情况迅速调动起重机等机械设备配合施救。

4 注意事项

（1）现场应急指挥小组在抢救伤员的同时现场指挥应根据事态，迅速调动人员、设备进行现场救援，并做好现场警戒工作。

（2）当现场救援力量控制不了现场事态的发展，根据实际情况借助于社会救援力量，做好救援人员、设备、物资、器材的统一调配。

（3）应急救护人员进入事故现场必须佩戴个人安全防护用品，要戴好安全帽、听从指挥，不冒险蛮干。

（4）备齐必要的应急救援物资，如车辆、吊车、担架、氧气袋、止血带等。

（5）当核实所有人员获救后，应保护好物体打击事故现场，等待事故调查组进行调查处理。

【标准条文】

6.1.3 应按照应急预案建立应急救援组织，组建应急救援队伍，配备应急救援人员。必要时与当地具备能力的应急救援队伍签订应急支援协议。

1. 工作依据

《中华人民共和国安全生产法》（主席令第八十八号）

《中华人民共和国突发事件应对法》（主席令第六十九号）

《生产安全事故应急条例》（国务院令第708号）

GB/T 33000—2016《企业安全生产标准化基本规范》

2. 实施要点

（1）应当分析单位安全生产特点，建立与之相对应的专职或者兼职应急救援队伍，指定专（兼）职救援人员。

（2）根据单位可能发生事故的特点，与当地驻军、医院、消防队伍、周边有救援能力的单位等签订应急支援协议，当事故发生时能及时得到救援。

3. 参考示例

关于成立应急救援队伍的通知

各部门、各下属单位：

为了贯彻落实“安全第一、预防为主、综合治理”的方针，规范应急管理工作，提高应对风险和防范事故的能力，保证职工安全健康和财产生命财产安全。在发生事故时，能快捷有效地实施救援，做好自救、互救和避灾，最大限度地减少人员伤亡和财产损失，成立单位应急救援队伍。

一、应急队伍工作职责

1. 贯彻执行党的路线、方针、政策，遵守国家法律、法规和规章制度，认真学习应急相关法律法规。

2. 严格履行应急救援工作职责，服从命令、听从指挥、尽心尽力。忠于职守，扎实开展应急救援工作，坚决完成应急领导小组和其办公室赋予的各项应急救援以及其他任务。

3. 积极参加学习、教育和演练，主动接受应急知识培训，不断提高应对处置各类突发事件的能力。

4. 积极做好应急准备，加强应急救援装备和物资的储备、维护、保养。

二、应急救援队伍工作要求

为了保证应急抢险人力充足，建立一只兼职应急救援队伍，人员分配情况见兼职应急救援队伍分配名单。由应急管理领导小组办公室统一安排应急救援人员的具体分班情况，必须保证当班的应急救援人员随叫随到。各部门和下属单位要高度重视应急救援工作的重要性，要加强领导，严密组织，确保能迅速、准确的实施各项救援工作。

三、应急救援队伍人员配备

总 指 挥：单位负责人

副总指挥：分管负责人

成　　员：专（兼）职安全员、专（兼）职应急救援人员

特此通知

×××

年　月　日

【标准条文】

6.1.4　根据可能发生的事故种类特点，设置应急设施，配备应急装备，储备应急物资，建立管理台账，安排专人管理，并定期检查、维护、保养，确保其完好、可靠。

1. 工作依据

《中华人民共和国安全生产法》（主席令第八十八号）

《生产安全事故应急预案管理办法》（应急管理部令第2号）

GB/T 33000—2016《企业安全生产标准化基本规范》

2. 实施要点

（1）后勤保障单位应按照应急预案和应急处置方案的要求，配齐足额的应急设施、应急装备、应急物资。

（2）事故应急救援的装备可分为两大类：基本装备和专用救援装备。基本装备主要包括通

信装备、交通工具、照明装置、防护装备等。专业装备主要指各专业救援队伍所用的专用工具(物品)。主要包括消防设备、维修物资、泄漏控制设备、个人防护设备、通信联络设备、医疗支持设备、应急电力设备、资料等。事故现场必需的常用应急设备与工具有：

1）消防设备：输水装置、软管、喷头、自用呼吸器、便携式灭火器等。

2）危险物质泄漏控制设备：泄漏控制工具、探测设备、封堵设备、解除封堵设备等。

3）个人防护设备：防护服、手套、靴子、呼吸保护装置等。

4）通信联络设备：对讲机、移动电话、电话、传真机、电报等。

5）医疗支持设备：救护车、担架、夹板、氧气、急救箱等。

6）应急电力设备：应急电源车、各类应急电源。

(3) 后勤保障单位应对配备的应急设施、装备和物资建立健全管理制度，明确管理责任和措施。

(4) 严格依制度对应急设施、装备和物资进行经常性检查、维护、保养，确保其完好、可靠，满足有关应急预案实施的需要。

3. 参考示例

应急设施、装备、物资清单

编号：

序号	名称	类型	数量	存放位置	管理责任人
一、医疗设备					
1	医用酒精		2瓶	急救药箱	
2	紫药水		2瓶		
3	创可贴		1盒		
4	纱布		2包		
5	绷带		2卷		
6	泻立停		1盒		
7	担架		2副	救援物资仓库	
二、物品工具类					
8	消防斧		1把	救援物资仓库	
9	铁锹		2把		
10	望远镜		2个		
11	反光背心		26件		
12	反光背心（厚）		6件		
13	安全帽		20个		
14	手持探照灯		3个		
15	实心救生圈		2个		
16	救生衣		4件		
17	充气式救生衣		6件		
18	绝缘鞋		2双		
19	绝缘手套		1打		

续表

序号	名　称	类型	数量	存放位置	管理责任人
三、消防器材					
20	灭火器	干粉/CO_2	若干	办公区、作业区域微型消防站	
21	铁锹		若干		
22	消防砂箱		若干		
23	消防桶		若干		
……					

应急设施、装备、物资检查表

编号：

类别	数量	型号	所在场所	保管人	检查时间	物资状态（是否在有效期内、是否完好等描述）
急救药箱	4 个				年 月 日	完好、可用
灭火器	20 组		救援物资仓库		年 月 日	均在有效期内
防毒面具	8 组		救援物资仓库		年 月 日	均在有效期内
应急电源	2 个		救援物资仓库		年 月 日	完好、可用
……						

【标准条文】

6.1.5　根据本单位的事故风险特点，按照 AQ/T 9007 等有关要求，每年至少组织一次综合应急预案演练或者专项应急预案演练，每半年至少组织一次现场处置方案演练，做到一线从业人员参与应急演练全覆盖，掌握相关的应急知识和当地生存、避险应急技能。按照 AQ/T 9009 等有关要求，对演练进行总结和评估，根据评估结论和演练发现的问题，修订、完善应急预案，改进应急准备工作。

1. 工作依据

《中华人民共和国安全生产法》（主席令第八十八号）

《生产安全事故应急预案管理办法》（应急管理部令第 2 号）

《生产安全事故应急条例》（国务院令第 708 号）

GB/T 33000—2016《企业安全生产标准化基本规范》

2. 实施要点

（1）应急演练是指有关单位依据相应的应急预案，模拟应对突发事件的活动。应急预案演练是检验、评价和保持应急能力的重要手段。演练的作用在于通过开展应急演练，查找应急预案中存在的问题，进而完善应急预案，提高应急预案的实用性和可操作性；检查应对突发事件所需应急队伍、物资、装备、技术等方面的准备情况，发现不足及时予以调整补充，做好应急准备工作；增强演练组织单位、参与单位和人员等对应急预案的熟悉程度，提高其应急处置能力；进一步明确相关单位和人员的职责任务，理顺工作关系，完善应急机制；普及应急知识，提高公众风险防范意识和自救互救等灾害应对能力。

（2）应急演练按组织形式可分为桌面演练和实战演练。

1）桌面演练是指参演人员利用地图、沙盘、流程图、计算机模拟、视频会议等辅助手段，针对事先假定的演练情景，讨论和推演应急决策及现场处置的过程，从而促进相关人员掌握应急预案中所规定的职责和程序，提高指挥决策和协同配合能力。桌面演练通常在室内完成。

2）实战演练是指参演人员利用应急处置涉及的设备和物资，针对事先设置的突发事件情景及其后续的发展情景，通过实际决策、行动和操作，完成真实应急响应的过程，从而检验和提高相关人员的临场组织指挥、队伍调动、应急处置技能和后勤保障等应急能力。实战演练通常要在特定场所完成。

（3）应急演练按内容可分为单项演练和综合演练。

1）单项演练是指只涉及应急预案中特定应急响应功能或现场处置方案中一系列应急响应功能的演练活动。注重针对一个或少数几个参与单位（岗位）的特定环节和功能进行检验。

2）综合演练是指涉及应急预案中多项或全部应急响应功能的演练活动。注重对多个环节和功能进行检验，特别是对不同单位之间应急机制和联合应对能力的检验。

（4）应急演练的实施。

1）根据实际情况，并依据相关法律法规和应急预案的规定，制订年度应急演练规划，按照"先单项后综合、先桌面后实战、循序渐进、时空有序"等原则。每年至少组织一次综合应急预案演练或者专项应急预案演练，每半年至少组织一次现场处置方案演练。

2）应按照 AQ/T 9007《生产安全事故应急演练基本规范》制定本单位的应急预案演练计划，包括生产安全事故应急演练的目的、原则、类型、内容和组织实施，并根据计划组织演练。

3）演练实施前应对参加人员进行演练内容、流程的培训，使参演人员熟悉应急知识和技能。演练要做到一线从业人员参与应急演练全覆盖，使之掌握相关的应急知识和当地生存、避险应急技能。

4）应急演练结束后，应按照 AQ/T 9009《生产安全事故应急演练评估规范》及时总结评估，从应急演练开展情况、应急演练效果等方面开展总结和评估，撰写应急预案演练评估报告，分析应急演练中存在的问题。

5）根据评估结论和演练发现的问题，修订、完善应急预案，改进应急准备工作。

3. 参考示例

消防应急演练方案

一、演习目的

增强职工的消防安全意识，熟练使用常见消防灭火器材，提高对火灾扑救工作的处理能力，做到在发生紧急情况时，能够迅速有效地处理火灾事故，把事故危害减少到最低程度。

二、组织机构

为了保证消防应急演习活动能够顺利有序进行，特成立消防应急演习领导小组。

组长：

职责：全权负责、指挥、调度、协调相关部门做好演习准备和演习工作。

副组长：

职责：配合协助总指挥做好现场调度，协调指挥工作。

成员：

职责：负责协调好有关部门做好演习的准备工作及现场协调、调度工作。

三、演习时间和地点

时间：2022年8月2日下午3点

地点：单位1楼正门

四、参加人员

演习人员：单位负责人、应急管理领导小组办公室主任、相关责任部门、专职安全员、各班组成员及义务消防队。

观摩人员：有关领导、安全管理机构及相关人员。

五、现场分工及职责

1. 现场警戒组

组长：

成员：

工作职责：负责拉起警戒线对演习现场实施治安警戒，清除现场闲杂人员，维护现场治安秩序。

2. 应急抢险组

组长：

成员：

工作职责：组织应急抢险组组员对火灾进行扑救。

3. 器材保障组

组长：

成员：

工作职责：准备应急物资，包括备用的消防器材、应急防护用品等。××负责消防演习时火盆点火，并进行现场安全监督。××负责应急演习过程中过程的拍照记录。

4. 医疗救护组

组长：

成员：

工作职责：负责在接到通知后集结组员对火场受伤人员的临时医疗救护和及时送往医院治疗。

六、演习背景

仓库临时施工作业，电焊作业过程中，掉落的火花溅到地面附近的可燃物，发生起火，引起易燃物燃烧。

七、演习项目

1. 火灾事故发生后事故报告及应急处理。

2. 火灾事故发生后组织人员进行应急抢险火灾扑救。

3. 检验消防器材装备的熟练使用。

八、演习器材

柴油20L，废柴油桶2只，装满黄沙的沙袋8只，点火把1个，25kg干粉灭火器2台、4kg干粉灭火器8台，消防桶8个，消防钩2只，对讲机4部，报警器1只，扩音器

1部，照相机1部。

九、演习步骤

进入现场前由××讲解灭火器使用要领和个人安全防护要求。

1. 安全部门指定人员在接到值班人员火灾报告后，第一时间将火灾情况报告给应急管理领导小组办公室主任。

2. 应急管理领导小组办公室主任接到火灾报告后，第一时间将火灾情况报告给本单位负责人，并启动火灾事故应急预案，组织应急小组进行应急处置。

3. 本单位负责人按预案要求指定××为应急抢险组组长，带领组员赶赴火灾现场进行火灾扑救。指定××为器材保障组组长，带领组员准备干粉灭火器、黄沙等应急物资赶赴现场做好物资保障工作。现场警戒组对事故区域进行警戒。医疗救护组准备救援器材做好救护准备。

4. 演习结束后，现场警戒组对现场进行检查，消除火灾隐患。

十、演习总结

演习结束后全体集合，由演习组长负责人对演习进行现场总结，参加观摩领导进行点评。

十一、具体要求

1. 提高思想认识，精心组织部署。

各参演人员一定要认清当前的火灾形势，充分认识开展消防应急演习的重要性和必要性，以高度负责的精神，严格认真的态度，精心组织，周密部署，明确职责，责任到人，强化措施，狠抓落实，切实把演习活动组织好、实施好。

2. 营造良好氛围，加强宣传报道。

演习现场要悬挂或张贴消防宣传横幅和标语，召集演习人员现场观看，深入宣传报道演习活动的过程和重要性，营造良好的消防舆论氛围。

3. 严肃组织纪律，做到政令畅通。

演习中，参演人员要严肃组织纪律，服从命令听指挥，做到令行禁止，政令畅通；要严格按照方案明确的任务和要求，认真履行各自职责，相互协作，密切配合，确保此次消防演习取得圆满成功。

【标准条文】

6.1.6　根据AQ/T 9011等有关规定，定期评估应急预案，根据评估结果及时进行修订和完善，并及时报备。

1. 工作依据

《生产安全事故应急预案管理办法》（应急管理部令第2号）

GB/T 33000—2016《企业安全生产标准化基本规范》

2. 实施要点

（1）结合本单位部门职能和分工，成立以单位相关负责人为组长，单位相关部门人员参加的应急预案评估组，明确工作职责和任务分工，制定工作方案。评估组成员人数一般为单数。后勤保障单位可以邀请相关专业机构的人员或者有关专家参加应急预案评估，必要时委托安全生产技术服务机构实施。

（2）根据评估结果，及时修订完善应急预案，按规定进行报备。

3. 参考示例

应急预案评估报告

1 总则

1.1 评估对象

《消防安全应急预案》

1.2 评估目的

评估分析预案是否存在问题和不足，指出存在的不符合项，并提出改进意见和建议。

1.3 评估依据

《生产安全事故应急条例》（国务院令第708号）

《生产安全事故预案管理办法》（应急管理部令第2号）

AQ/T 9011—2019《生产经营单位生产安全事故应急预案评估指南》

GB/T 29639—2020《生产经营单位生产安全事故应急预案编制导则》

1.4 评估组织机构

组长：

副组长：

参加评估人员：

1.5 评估日期： 年 月 日

2 应急预案评估内容

编号：

评估要素	评估内容	评估方法	评估结果
1. 应急预案管理要求	1.1 梳理《中华人民共和国突发事件应对法》《中华人民共和国安全生产法》《生产安全故应急条例》等法律法规中的有关新规定和要求，对照评估应急预案中的不符合项	资料分析	符合
	1.2 梳理国家标准、行业标准及地方标准中的有关新规定和要求，对照评估应急预案中的不符合项	资料分析	符合
	1.3 梳理规范性文件中的有关新规定和要求，对照评估应急预案中的不符合项	资料分析	符合
	1.4 梳理上位预案中的有关新规定和要求对照评估应急预案中的不符合项	资料分析	符合
2. 组织机构与职责	2.1 查阅生产经营单位机构设置、部门职能调整、应急处置关键岗位职责划分方面的文件资料，初步分析本单位应急预案中应急组织机构设置及职责是否合适、是否需要调整	资料分析	符合
	2.2 抽样访谈，了解掌握生产经营单位本级、基层单位办公室、生产、安全及其他业务部门有关人员对本部门、本岗位的应急工作职责的意见建议	人员访谈	符合
	2.3 依据资料分析和抽样访谈的情况结合应急预案中应急组织机构及职责，召集有关职能部门代表，就重要职能进行推演论证，评估值班值守、调度指挥、应急协调、信息上报、舆论沟通、善后恢复的职责划分是否清晰，关键岗位职责是否明确，应急组织机构设置及职能分配与业务是否匹配	推演论证	符合

续表

评估要素	评估内容	评估方法	评估结果
3. 主要事故风险	3.1 查阅生产经营单位风险评估报告，对照生产运行和工艺设备方面有关文件资料，初步分析本单位面临的主要事故风险类型及风险等级划分情况	资料分析	符合
	3.2 根据资料分析情况，前往重点基层单位、重点场所、重点部位查看验证	现场审核	符合
	3.3 座谈研讨，就资料分析和现场查证的情况，与办公室、生产、安全及相关业务部门以及基层单位人员代表沟通交流，评估本单位事故风险辨识是否准确、类型是否合理、等级确定是否科学、防范和控制措施能否满足实际需要，并结合风险情况提出应急资源需求	人员访谈	符合
4. 应急资源	4.1 查阅生产经营单位应急资源调查报告。应急资源清单、管理制度及有关文件资料，初步分析本单位及合作区域的应急资源状况	资料分析	符合
	4.2 根据资料分析情况前往本单位及合作单位的物资储备库、重点场所，查看验证应急资源的实际储备、管理、维护情况，推演验证应急资源运输的路程路线及时长	现场审核 推演论证	符合
	4.3 座谈研讨，就资料分析和现场查证的情况，结合风险评估得出的应急资源需求，与办公室、生产、安全及相关业务部门以及基层单位人员沟通交流，评估本单位及合作区域内现有的应急资源的数量、种类、功能、用途是否发生重大变化，外部应急资源的应急资源、响应时间能否满足实际需求	人员访谈	符合
5. 应急预案衔接	5.1 查阅上下级单位、有关政府部门、救援队伍及周边单位的相关应急预案，梳理分析在信息报告、响应分级、指挥权移交及警戒疏散工作方面的衔接要求，对照评估应急预案中的不符合项	资料分析	符合
	5.2 座谈研讨，就资料分析的情况，与办公室、生产、安全及相关业务部门、基层单位、周边单位人员沟通交流，评估应急预案在内外部上下衔接中的问题	人员访谈	符合
6. 实施反馈	6.1 查阅生产经营单位应总演练评估报告、应急处置总结报告、监督监查、体系审核及投诉举报方面的文件资料，初步梳理归纳应急预案存在的问题	资料分析	符合
	6.2 座谈研讨，就资料分析得出的情况，与办公室、生产、安全及相关业务部门、基层单位人员沟通交流，评估确认应急预案存在的问题	人员访谈	符合
7. 其他	7.1 查阅其他有可能影响应急预案适用性因素的文件资料，对照评估应急预案中的不符合项	资料分析	符合
	7.2 依据资料分析的情况，采取人员访谈、现场审核、推演论证的方式进一步评估确认有关问题	人员访谈 现场审核 推论验证	符合

3 应急预案适用性分析

（1）该预案符合有关法律法规和相关文件的要求，有关规定的各项要素，内容完整。对危险源分析全面，辨析完整，符合实际情况，且预案与危险辨析结果能较好地结合，具有一定的针对性和实用性。

（2）综合预案和专项预案及现场处置方案内容较为科学合理，应急响应程序和保障措施等内容切实可行；基本上涵盖了可能发生的突发事件，针对可能发生的情况，在应急准备和响应的各个方面都预先做出了详细安排，能及时、有序和有效开展工作，具有实际指导作用。

4 改进意见及建议

（1）对演练中出现的反应不够及时等问题应及时改进。

（2）及时对本预案的可操作性进行进一步修订完善。

（3）对应急组织机构人员及职责进行调整完善。

5 评估结论

评估组认为预案任务清楚，响应程序基本完善，具有可操作性，总体上符合规范要求，相关人员根据改进意见修订完善后报单位负责人批准发布。

第二节 应 急 处 置

【标准条文】

6.2.1 发生事故后，启动相关应急预案，报告事故，采取应急处置措施，开展事故救援，必要时寻求社会支援。

1. 工作依据

《中华人民共和国安全生产法》（主席令第八十八号）

《中华人民共和国突发事件应对法》（主席令第六十九号）

《生产安全事故应急条例》（国务院令第 708 号）

《生产安全事故应急预案管理办法》（应急管理部令第 2 号）

GB/T 33000—2016《企业安全生产标准化基本规范》

2. 实施要点

（1）单位发生事故后现场人员要立即向单位领导报告，立即启动生产安全事故应急预案，研究制定并组织实施相关处置措施，组织有关力量进行救援，减少损失，防止事故扩大。启动应急预案的方式有：口头、电话、广播或书面签署。

（2）单位负责人接到报告后，应当于 1 小时内向上级主管部门和当地安全生产监督管理部门报告。

（3）开展事故救援时，参与人员要履行职责，确保救援工作顺利进行。开展事故救援的任务有：搜救伤员、疏散人员；实施警戒，维护治安；专业救援，现场救护；消防灭火，封堵泄露源；保障物资，确保救援；抢修设备，恢复生产等。

（4）单位发生事故后的救援工作要有记录，这是单位负责人履行法定职责的重要证据。

(5) 当事故已经或预计到无法控制或处置时，应立即向政府应急救援指挥机构提出支援请求。必要时可拨打消防电话119、急救电话120等寻求社会支援。

3. 参考示例

无。

【标准条文】

6.2.2 采取有效措施，防止事故扩大，并保护事故现场及有关证据。

1. 工作依据

《中华人民共和国安全生产法》(主席令第八十八号)

《生产安全事故应急条例》(国务院令第708号)

GB/T 33000—2016《企业安全生产标准化基本规范》

2. 实施要点

事故现场和有关证据是调查事故原因、查明事故性质和责任的重要方面。事故发生后，后勤保障单位和人员应当妥善保护事故现场以及相关证据，任何单位和个人不得破坏事故现场、毁灭相关证据。在事故调查组未进入事故现场前，单位应派专人看护现场，保护事故现场，必须根据事故现场的具体情况和周围环境，划定保护区的范围，布置警戒，必要时，将事故现场封锁起来，禁止一切人员进入保护区，即使是保护现场的人员，也不能无故出入，更不能擅自进行勘查，禁止随意触摸或者移动事故现场的任何物品。因抢救人员、防止事故扩大以及疏通交通等原因需要移动事故现场物件的，应当做出标识，绘制现场简图并做好书面记录，妥善保存现场重要痕迹、物证，并应当尽量使现场少受破坏。同时，移动物件必须经过事故单位负责人或者组织事故调查的应急管理部门和负有安全生产监督管理职责的有关部门的同意。

3. 参考示例

无。

【标准条文】

6.2.3 应急救援结束后，应尽快完成善后处理、环境清理、监测等工作。

1. 工作依据

GB/T 29639《生产经营单位生产安全事故应急预案编制导则》

2. 实施要点

(1) 后勤保障单位在下述几方面的工作完成之后才能确定事故应急救援工作的结束：造成事故的各方面因素，以及引发事故的危险因素和有害因素已经达到规定的安全条件，生产、生活恢复正常；在事故处理过程中，为防止事故次生灾害的发生而关停的水、气、电力及交通管制等恢复正常；由地方人民政府组织事故应急救援工作的，善后工作按其要求执行。

(2) 事故应急救援工作结束后，经对现场进行检测，确认造成事故的各方面因素，以及事故引发的危险因素和有害因素已经达到规定的安全条件，清理废墟和恢复基本设施，将事故现场恢复至相对稳定状态后，由事故应急救援指挥部下达终止事故应急预案的指令，通知相关部门及地方政府危险解除，由地方政府通知周边相关部门和地区。

（3）单位在应急救援结束后要及时消除潜在危险，清理现场及周边，对受影响区域检测等善后工作。

3. 参考示例

无。

第三节 应 急 评 估

【标准条文】

6.3.1 每年应进行一次应急准备工作的总结评估。险情或事故应急处置结束后，应对应急处置工作进行总结评估。

1. 工作依据

《生产安全事故应急条例》（国务院令第708号）

《生产安全事故应急预案管理办法》（应急管理部令第2号）

《生产安全事故应急处置评估暂行办法》（安监总厅应急〔2014〕95号）

GB/T 33000—2016《企业安全生产标准化基本规范》

2. 实施要点

（1）每年应对应急准备工作进行一次总结评估，总结评估报告应内容全面，针对评估过程中发现的问题制定整改措施，并组织落实。在总结评估时应注意与AQ/T 9011《生产经营单位生产安全事故应急预案评估指南》、AQ/T 9009《生产安全事故应急演练评估规范》等标准内容的区分，三次评估的侧重点各有不同。

（2）每次险情或事故应急处置结束后，应对应急处置工作进行总结，总结报告内容应符合《生产安全事故应急处置评估暂行办法》（安监总厅应急〔2014〕95号）的要求。

（3）险情或事故应急处置后，应主动配合事故调查组开展的应急处置评估工作。

3. 参考示例

无。

第九章　事　故　管　理

第一节　事　故　报　告

【标准条文】

7.1.1　事故报告、调查和处理制度应明确事故报告（包括程序、责任人、时限、内容等）、调查和处理内容（包括事故调查、原因分析、纠正和预防措施、责任追究、统计与分析等），应将造成人员伤亡（轻伤、重伤、死亡等人身伤害和急性中毒）、财产损失（含未遂事故）和较大涉险事故纳入事故调查和处理范畴。

1. 工作依据

《中华人民共和国安全生产法》（主席令第八十八号）

《生产安全事故报告和调查处理条例》（国务院令第493号）

《水利安全生产信息报告和处置规则》（水安监〔2016〕220号）

GB/T 33000—2016《企业安全生产标准化基本规范》

2. 实施要点

（1）事故报告、调查和处理制度应以正式文件印发。

（2）制度编制时需要注意以下几方面的内容：

1）制度内容应合规。在安全生产相关法规中，对生产安全事故管理提出了明确的规定，如在《生产安全事故报告和调查处理条例》（国务院令第493号）中对事故报告的时限、报告的程序、事故调查与处理的要求等都做出了明确规定，制定事故管理制度时不得出现与相关法律法规相违背的内容。

2）制度要素应齐全。制度中的要素应涵盖评审标准中所要求的各个要素，即包括事故管理工作所需开展的全部内容：事故报告的程序、责任人、时限、内容，事故调查、原因分析、纠正和预防措施、责任追究、统计与分析等。

3）事故管理的范围包括造成人员伤亡（轻伤、重伤、死亡等人身伤害和急性中毒）、财产损失（含未遂事故）和较大涉险事故等。

3. 参考示例

生产安全事故报告和调查处理制度

第一章　总　　则

第一条　为了规范本单位水利生产安全事故的报告和调查处理，落实生产安全事故责任追究制度，防止和减少各类事故的发生。依照《中华人民共和国安全生产法》、《生产安全事故报告和调查处理条例》（国务院令第493号）、《生产安全事故罚款处罚规定（试行）》（安监总局令第13号）、《水利安全生产信息报告和处置规则》（水安监〔2016〕220

号）等法律、法规规定，结合后勤保障工作实际，制定本制度。

第二条 本制度适用于单位范围内后勤服务和生产经营活动中发生的造成人员伤亡（轻伤、重伤、死亡等人身伤害和急性中毒）和财产损失的事故和较大涉险事故的报告和调查处理。

第三条 根据水利生产安全事故（以下简称等级事故）造成的人员伤亡或者直接经济损失，水利生产安全事故分为特别重大事故、重大事故、较大事故、一般事故和较大涉险事故：

（一）特别重大事故，是指造成30人以上死亡，或者100人以上重伤（包括急性工业中毒，下同），或者1亿元以上直接经济损失的事故。

（二）重大事故，是指造成10人以上30人以下死亡，或者50人以上100人以下重伤，或者5000万元以上1亿元以下直接经济损失的事故。

（三）较大事故，是指造成3人以上10人以下死亡，或者10人以上50人以下重伤，或者1000万元以上5000万元以下直接经济损失的事故。

（四）一般事故，是指造成3人以下死亡，或者10人以下重伤，或者1000万元以下直接经济损失的事故。

（五）较大涉险事故包括：涉险10人及以上的事故；造成3人及以上被困或者下落不明的事故；紧急疏散人员500人及以上的事故；危及重要场所和设施安全（电站、重要水利设施、危化品库、油气田和车站、码头、港口、机场及其他人员密集场所等）的事故；其他较大涉险事故。

第二章 事故信息报告

第四条 水利生产安全事故信息报告包括：事故文字报告、电话快报、事故月报和事故调查处理情况报告。

（一）事故文字报告包括：事故发生单位概况；事故发生时间、地点以及事故现场情况；事故的简要经过；事故已经造成或者可能造成的伤亡人数（包括下落不明、涉险的人数）和初步估计的直接经济损失；已经采取的措施；其他应当报告的情况。

（二）电话快报包括：事故发生单位的名称、地址、性质；事故发生的时间、地点；事故已经造成或者可能造成的伤亡人数（包括下落不明、涉险的人数）。

（三）事故月报包括：事故发生时间、事故单位名称、单位类型、事故工程、事故类别、事故等级、死亡人数、重伤人数、直接经济损失、事故原因、事故简要情况等。

（四）事故调查处理情况报告包括：负责事故调查的人民政府批复的事故调查报告、事故责任人处理情况等。

第五条 事故文字报告、事故月报和事故调查处理情况报告由安全管理机构负责填写相关报表或拟写事故报告并报主要负责人批准后，按有关报告程序逐级上报。

第六条 事故发生后，事故现场有关人员应当立即向本单位负责人电话报告；单位负责人接到报告后，在1小时内向上级主管单位和事故发生地县级以上水行政主管部门电话报告。

第七条 发生生产安全事故除按规定向上级单位报告外，按照属地要求，单位负责人要在1小时内向当地政府安监部门通报事故有关信息，填写生产安全事故信息快报。

第八条　事故发生单位负责人接到事故报告后，应当立即启动事故相应应急预案，并采取有效措施，组织抢救，防止事故扩大，减少人员伤亡和财产损失。

第九条　事故发生后，单位主要负责人、分管安全负责人、分管领导、安全管理机构负责人及相关职能部门负责人应当立即赶赴事故现场，研究制定并组织实施相关处置措施组织事故救援。

第十条　赶赴事故现场人员应当做好以下工作：指导和协助事故现场开展事故抢救、应急救援等工作；负责与有关部门的协调沟通；及时报告事故情况、事态发展、救援工作进展等有关情况。

第十一条　事故发生后，有关单位和人员应当妥善保护事故现场以及相关证据，任何单位和个人不得破坏事故现场、毁灭相关证据。因抢救人员、防止事故扩大以及疏通交通等原因，需要移动事故现场物件的，应当做出标识，绘制现场简图并做好书面记录，妥善保存现场重要痕迹、物证。

第三章　事 故 调 查

第十二条　事故发生单位的负责人和有关人员在事故调查期间不得擅离职守，并应当随时接受上级事故调查组的询问，如实提供相关文件、资料等情况，有关单位和个人不得拒绝。

第十三条　未造成人员伤亡的等级以下水利生产安全事故（事件），由上级主管单位组织事故调查组进行调查处理，或根据上级主管单位授权由单位调查处理。

第十四条　单位事故调查组成员由单位主要负责人、分管安全负责人、分管领导、安全管理机构负责人、工会负责人、相关部门负责人及相关专业技术人员组成。

第十五条　事故调查组的职责：

（一）查明事故发生的经过、原因、人员伤亡情况及直接经济损失。

（二）认定事故的性质和事故责任。

（三）提出对事故责任者的处理建议。

（四）总结事故教训，提出防范和整改措施。

（五）提交事故调查报告。

事故调查报告应当附具有关证据材料。事故调查组成员应当在事故调查报告上签名，事故调查的有关资料应当归档保存。

第四章　事故责任与追究

第十六条　按照“四不放过”（事故原因未查清不放过、责任人员未处理不放过、整改措施未落实不放过、有关人员未受到教育不放过）的原则，对事故责任人员进行责任追究，落实防范和整改措施。

第十七条　发生等级水利生产安全事故，按照负责事故调查的人民政府的批复，对本单位负有事故责任的人员进行处理，追究责任，对涉嫌犯罪的依法追究刑事责任。

第十八条　发生等级以下水利生产安全事故，依据单位调查组处理建议，由单位安全生产领导小组研究批复后，对负有事故责任的人员进行处理，追究责任。

第十九条 发生等级以下人员轻伤等安全事故，按照单位安全生产奖惩办法有关规定执行。

第五章 统计与分析

第二十条 每月28日前各部门、下属单位及时向安全管理机构上报信息。事故月报实行“零报告”制度，当月无生产安全事故也要按时报告。

第二十一条 安全管理机构对各部门、下属单位上报情况进行核查、统计、分析并于每月30日前通过《水利安全生产信息系统》向上级主管单位填报信息。

第二十二条 安全管理机构负责本单位生产安全事故的统计与分析，并每季将统计分析结果向据安全生产领导小组报告。

第六章 附 则

第二十三条 本制度由单位安全生产领导小组办公室负责解释，自印发之日起施行。

【标准条文】

7.1.2 发生事故后按照有关规定及时、准确、完整地向有关部门报告，事故报告后出现新情况时，应当及时补报。

1. 工作依据

《中华人民共和国安全生产法》（主席令第八十八号）

《生产安全事故报告和调查处理条例》（国务院令第493号）

《水利安全生产信息报告和处置规则》（水监督〔2022〕156号）

GB/T 33000—2016《企业安全生产标准化基本规范》

2. 实施要点

（1）后勤保障单位应严格按照《生产安全事故报告和调查处理条例》（国务院令第493号）、《水利安全生产信息报告和处置规则》（水监督〔2022〕156号）等有关规定，在事故发生后及时、准确、完整地向有关部门报告。事故报告后出现新情况，或事故发生之日起30日内（道路交通、火灾事故自发生之日起7日内）人员伤亡情况发生变化的，应当在变化当日及时补报。

（2）应在水利安全生产信息上报系统中及时上报当月发生的生产安全事故，若没有发生生产安全事故也应及时零上报。

（3）存在迟报、漏报、谎报和瞒报事故行为不得评定为安全生产标准化达标单位。

3. 参考示例

事故情况表

填报单位：（盖章） 填报时间： 年 月 日

事故发生时间		事故发生地点	
事故单位	名称		
	类型	后勤服务和综合经营	
	主要负责人		
	联系方式		
	上级主管部门（单位）		

续表

<table>
<tr><td rowspan="14">事故工程概况</td><td colspan="2">名称</td><td>（不涉及水利工程的，工程概况不填）</td></tr>
<tr><td colspan="2">开工时间</td><td></td></tr>
<tr><td colspan="2">工程规模</td><td></td></tr>
<tr><td rowspan="2">项目法人</td><td>名称</td><td></td></tr>
<tr><td>上级主管部门</td><td></td></tr>
<tr><td rowspan="2">设计单位</td><td>名称</td><td></td></tr>
<tr><td>资质</td><td></td></tr>
<tr><td rowspan="2">施工单位</td><td>名称</td><td></td></tr>
<tr><td>资质</td><td></td></tr>
<tr><td rowspan="2">监理单位</td><td>名称</td><td></td></tr>
<tr><td>资质</td><td></td></tr>
<tr><td colspan="2">竣工验收时间</td><td></td></tr>
<tr><td colspan="2">投入使用时间</td><td></td></tr>
<tr><td></td><td></td><td></td></tr>
<tr><td>伤亡人员基本情况</td><td></td><td></td><td></td></tr>
<tr><td>事故简要经过</td><td></td><td></td><td></td></tr>
<tr><td>事故已经造成和可能造成的伤亡人数初步估计事故造成的直接经济损失</td><td></td><td></td><td></td></tr>
<tr><td rowspan="2">事故抢救进展情况和采取的措施其他有关情况</td><td></td><td></td><td></td></tr>
<tr><td></td><td></td><td></td></tr>
</table>

填报说明：一、事故单位类型填写：后勤服务和综合经营；其他，非水利系统事故单位，应予以注明。
二、事故不涉及水利工程的，工程概况不填。

第二节 事故调查和处理

【标准条文】

7.2.1 发生事故后，采取有效措施，防止事故扩大，并保护事故现场及有关证据。

1. 工作依据

《中华人民共和国安全生产法》（主席令第八十八号）

《生产安全事故报告和调查处理条例》（国务院令第493号）

2. 实施要点

（1）采取有效措施，防止事故扩大。

单位负责人接到事故报告后，应当迅速采取有效措施，组织抢救，防止事故扩大，减少人员伤亡和财产损失。生产安全事故发生后，组织抢救是生产经营单位的首要任务。组织抢救包括组织救护、组织抢救和从业人员自救。要创造条件以最快的速度、最短的路线，首先将受伤、窒息的人员运到安全的地点进行急救。在专业救护队没有到达之前，辅助救护队应迅速引导和积极救助遇难人员脱离灾区。专业救护队到达后辅助救护队应积极协助专业救护队完成抢险任务。组织从业人员自救，对防止事故扩大，减少人员伤亡和财产损失，作用很大。

(2) 保护事故现场及有关证据。

事故现场和有关证据是调查事故原因、查明事故性质和责任的重要方面。事故发生后，后勤保障单位和人员应当妥善保护事故现场以及相关证据，任何单位和个人不得破坏事故现场、毁灭相关证据。在事故调查组未进入事故现场前，单位应派专人看护现场，保护事故现场，必须根据事故现场的具体情况和周围环境，划定保护区的范围，布置警戒，必要时，将事故现场封锁起来，禁止一切人员进入保护区，即使是保护现场的人员，也不能无故出入，更不能擅自进行勘查，禁止随意触摸或者移动事故现场的任何物品。因抢救人员、防止事故扩大以及疏通交通等原因需要移动事故现场物件的，应当做出标识，绘制现场简图并做好书面记录，妥善保存现场重要痕迹、物证，并应当尽量使现场少受破坏。同时，移动物件必须经过事故单位负责人或者组织事故调查的应急管理部门和负有安全生产监督管理职责的有关部门的同意。

3. 参考示例

无。

【标准条文】

7.2.2 事故发生后按照有关规定，组织事故调查组对事故进行调查，查明事故发生的时间、经过、原因、波及范围、人员伤亡情况及直接经济损失等。事故调查组应根据有关证据、资料，分析事故的直接、间接原因和事故责任，提出应吸取的教训、整改措施和处理建议，编制事故调查报告。

1. 工作依据

《中华人民共和国安全生产法》(主席令第八十八号)

《生产安全事故报告和调查处理条例》(国务院令第 493 号)

《水利安全生产信息报告和处置规则》(水监督〔2022〕156 号)

GB/T 33000—2016《企业安全生产标准化基本规范》

2. 实施要点

事故调查的程序、内容及处理：

(1) 保护现场。

事故发生后，事故单位或部门必须迅速抢救伤员并派专人严格保护事故现场。未经调查和记录的事故现场，不得任意变动。

发生国务院《生产安全事故报告和调查处理条例》所规定的等级事故，企业尚应立即报告当地政府和公安部门，而且要求派人保护现场。

事故发生后，事故单位或部门应立即对事故现场和损坏的设备进行照相、录像、绘制草图、收集资料。

因紧急抢修、防止事故扩大以及疏导交通等，需要变动现场，必须经企业主要负责人或安全部门同意，做出标志，绘制现场简图，写出书面记录，保存必要的痕迹、物证。

(2) 收集原始资料。

事故发生后，企业领导应立即组织当值值班人员、现场作业人员和其他有关人员在下班离开事故现场前分别如实提供现场情况并写出事故的原始材料。

安全管理部门要及时收集有关资料并妥善保管。

事故调查组成立后，安全管理部门及时将有关材料移交事故调查组。

事故调查组应根据事故情况查阅有关运行、检修、试验、验收的记录文件和事故发生时的录音、故障录波图、计算机打印记录等，及时整理出说明事故情况的图表和分析事故所必需的各种资料和数据。

事故调查组在收集原始资料时应对事故现场搜集到的所有对象（如破损部件、碎片、残留物等）保持原样，贴上标签，注明地点、时间、物件管理人。

事故调查组有权向有关人员了解事故的有关情况并索取有关资料，任何部门和个人不得拒绝。

（3）调查事故情况。

人身事故应查明伤亡人员和有关人员的单位、部门、姓名、性别、年龄、文化程度、工种、工龄、本工种工龄，查明伤亡人员和相关人员的技术水平、安全教育记录、特殊工种持证情况和健康状况、过去的事故记录、违章违纪情况等。

人员伤亡情况，主要有：

——事故发生前生产作业人员分布情况；

——事故发生时人员涉险情况；

——事故当场人员伤亡情况及人员失踪情况；

——事故抢救过程中人员伤亡情况；

——最终伤亡情况；

——其他与事故发生有关的人员伤亡情况。

人身事故还应查明事故场所周围的环境情况（包括照明、湿度温度、通风、声响、色彩度、道路、工作面状况以及工作环境中有毒、有害物质和易燃易爆物取样分析记录）、安全防护设施和个人防护用品的使用情况（了解其有效性、质量及使用时是否符合规定）。

设备事故应查明发生的时间、地点、气象情况，事故现场状况及事故现场保护情况；查明事故发生前设备和设施的运行情况；事故发生后采取的应急处置措施情况；事故报告经过；事故抢救及事故救援情况；事故的善后处理情况；查明事故发生前的生产作业状况，设备事故发生经过、扩大及处理情况；查明事故发生前工作内容、开始时间、许可情况、作业程序、作业时的行为及位置、事故发生的经过、现场救护情况；调查设备资料（包括订货合同、大小修记录等）情况以及规划、设计、制造、施工安装、调试、运行、检修等质量方面存在的问题。

事故的直接经济损失情况，包括人员伤亡后所支出的费用，如医疗费用、丧葬及抚恤费用、补助及救济费用、歇工工资等；事故善后处理费用，如处理事故的事务性费用、现场抢救费用、现场清理费用、事故罚款和赔偿费用等；事故造成的财产损失费用，如固定资产损失价值、流动资产损失价值等。

了解现场规程制度是否健全，规程制度本身及其执行中暴露的问题；了解企业管理、安全生产责任制和技术培训等方面存在的问题；事故涉及两个及以上单位时，应了解相关合同或协议。了解其他与事故发生经过有关的情况。

(4) 分析原因责任。

事故发生的原因，包括直接原因、间接原因。事故直接原因主要是物的不安全状态、人的不安全行为，如设备无防护、无报警、超负荷运转，通风不良，现场作业组织者的违章指挥，操作人员的错误操作等。事故的间接原因主要是没有安全规章制度、操作规程或安全规章制度、操作规程不正确、不健全，没有组织培训教育或培训教育不够，劳动组织不合理，对现场工作缺乏检查或指导错误，对事故隐患排查整改不力及环境未知因素等。

事故调查组在事故调查的基础上，分析并明确事故发生、扩大的直接原因和间接原因。必要时，事故调查组可委托专业技术部门进行相关计算、试验、分析。

调查组在确认事实的基础上，分析是否人员违章、过失、违反劳动纪律、失职、渎职；安全措施是否得当；事故处理是否正确等。

根据事故调查的事实，通过对直接原因和间接原因的分析，确定事故的直接责任者和领导责任者；根据其在事故发生过程中的作用，确定事故发生的主要责任者、次要责任者、事故扩大的责任者。

凡事故原因分析中存在下列与事故有关的问题，确定为领导责任：

1) 企业全员安全生产责任制不落实。

2) 规程制度不健全。

3) 对职工教育培训不力。

4) 现场安全防护装置、个人防护用品、安全工器具不全或不合格。

5) 事故措施和安全技术劳动保护措施计划不落实。

6) 同类事故重复发生。

7) 违章指挥。

(5) 分析事故性质。

事故性质分为：责任事故、非责任事故。责任事故的责任有直接责任、主要责任和领导责任。责任事故指能够避免发生，而因为人为原因（如措施不到位、违章作业、违章指挥、操作失误等）未能避免和导致发生的事故；非责任事故指非本企业原因造成的事故。直接责任者指其行为与事故发生有直接因果关系的人员，如违章作业人员等；主要责任者指对事故发生负有主要责任的人员，如违章指挥者；领导责任者指对事故发生负有领导责任的人员，主要是政府及其有关部门的人员。

(6) 提出防范措施。

事故调查组应根据事故发生、扩大的原因和责任分析，提出防止同类事故发生、扩大的组织措施和技术措施。

(7) 提出人员处理意见。

事故调查组在事故责任确定后，要根据有关规定提出对事故责任人员的处理意见，按照人事管理权限进行处理。事故责任者的处理建议指通过事故调查分析，在认定事故的性质和事故责任的基础上，对事故责任者的处理建议。主要包括对责任者的行政处分、纪律处分建议；对责任者的行政处罚建议；对责任者追究刑事责任的建议；对责任者追究民事责任的建议。

对下列情况应从严处理：

1）违章指挥、违章作业、违反劳动纪律造成事故的。

2）事故发生后隐瞒不报、谎报或在调查中弄虚作假、隐瞒真相的。

3）阻挠或无正当理由拒绝事故调查；拒绝或阻挠提供有关情况和资料的。

在事故处理中积极恢复设备运行和抢救、安置伤员；在事故调查中主动反映事故真相，使事故调查顺利进行的有关事故责任人员，可酌情从宽处理。

（8）事故调查报告书。

重大及以上设备事故、重伤及以上人身事故以及上级部门指定的事故，事故调查组写出《事故调查报告书》后，应报送组织事故调查的部门。经事故调查的组织部门同意后，事故调查工作即告结束。

事故调查的组织部门收到事故调查组写出的《事故调查报告书》后，应立即提出《事故处理报告》报上级主管单位或政府安全生产监督管理部门。

事故调查结案后，事故调查的组织单位应将有关资料归档。

（9）事故处理。

事故处理坚持“四不放过”（事故原因不清楚不放过、事故责任者和应受教育者没有受到教育不放过、没有采取防范措施不放过、事故责任者没有受到处罚不放过）的原则。

3. 参考示例

事故调查报告（格式）

（一）事故发生单位概况

（二）事故发生经过和事故救援情况

（三）事故造成的人员伤亡和直接经济损失

（四）事故发生的原因和事故性质

（五）事故责任的认定以及对事故责任者的处理建议

（六）事故防范和整改措施

【标准条文】

7.2.3 事故发生后，由有关人民政府组织事故调查的，应积极配合开展事故调查。

1. 工作依据

《中华人民共和国安全生产法》（主席令第八十八号）

《生产安全事故报告和调查处理条例》（国务院令第 493 号）

GB/T 33000—2016《企业安全生产标准化基本规范》

SL/T 789—2019《水利安全生产标准化通用规范》

2. 实施要点

（1）在事故调查阶段，根据事故等级由国务院或相应级别的人民政府直接组织事故调查组或者授权委托有关部门组织调查。事故调查组有权向有关单位和个人了解与事故有关的情况，并要求其提供相关文件、资料，有关单位和个人不得拒绝。事故发生单位的负责人和有关人员在事故调查期间不得擅离职守，并应当随时接受事故调查组的询问，如实提供有关情况。

（2）任何单位和个人不得阻挠和干涉对事故的依法调查处理无论是发生生产事故的生产经营单位、从业人员，还是其他有关单位和个人，都应当对事故调查进行积极配合，不得阻挠和干涉。否则，要根据情节轻重追究其相应的责任。

在事故调查环节，阻挠、干涉对事故的依法调查，可以表现为多种形式。比如，在事故调查组组成过程中阻挠和干涉事故调查组的组成；阻挠和干涉事故调查的过程，包括故意破坏事故现场或者转移、隐匿有关证据，无正当理由拒绝接受事故调查组的询问，或者拒绝提供有关情况和资料，或者作伪证、提供虚假情况，或者为事故调查设置障碍等；阻挠和干涉对事故性质的认定或者事故责任的确定等。在事故处理环节，则主要表现为拒不服从有关政府对事故调查报告的批复，阻挠和干涉对有关事故责任人员进行处理等。对阻挠、干涉依法调查处理事故的单位和个人，构成犯罪的，依法追究刑事责任。必须依法严肃处理。不构成犯罪的，依法给予行政处罚或者处分。

3. 参考示例

无。

【标准条文】

7.2.4 按照“四不放过”的原则进行事故处理。

1. 工作依据

《中华人民共和国安全生产法》（主席令第八十八号）

《国务院关于进一步加强安全生产工作的决定》（国发〔2004〕2号）

《水利安全生产信息报告和处置规则》（水监督〔2022〕156号）

GB/T 33000—2016《企业安全生产标准化基本规范》

2. 实施要点

（1）事故处理“四不放过”原则是指：事故原因未查清不放过、责任人员未处理不放过、整改措施未落实不放过、有关人员未受到教育不放过。

（2）在事故处理阶段，负责事故调查的人民政府应当在收到事故调查报告后及时作出批复，有关机关应当按照人民政府的批复依照法律、行政法规规定的权限和程序，对事故发生单位和有关人员进行行政处罚，对负有事故责任的国家工作人员进行处分。事故发生单位应当按照负责事故调查的人民政府的批复，对本单位负有事故责任的人员进行处理。负有事故责任的人员涉嫌犯罪的，依法追究刑事责任。

3. 参考示例

无。

【标准条文】

7.2.5 做好事故善后工作。

1. 工作依据

《工伤保险条例》（国务院令586号）

2. 实施要点

（1）后勤保障单位应在事故调查完成后，妥善组织事故善后处理事宜，制定事故善后处理方案。

(2) 事故善后处理方案应包括：善后处理小组成员、对相关责任人的处罚、事故伤亡鉴定及赔偿、发布事故信息消除事故影响、组织恢复生产、表彰事故应急救援过程中表现优异的员工、整理并保存事故相关资料等。

3. 参考示例

事故善后处理方案

一、成立事故善后处理小组

单位成立的事故善后处理小组负责应急善后处理工作，其构成成员如下。

1. 组长：

2. 副组长：

3. 组员：

二、认定并处罚相关责任人

事故善后处理小组必须根据应急事故调查报告的相关内容认定事故的直接责任人、主要责任人、间接责任人以及主要责任人。事故善后处理小组必须严格按照国家相关法律法规以及单位的规章制度，根据事故的严重程度及责任人的责任大小对其进行经济处罚、行政处罚或者刑事处罚。

三、事故伤亡鉴定及赔偿

1. 事故善后处理小组负责统计事故伤亡信息，并配合相关部门的伤亡鉴定工作。

2. 事故善后处理小组必须严格按照国家法律以及单位规章制度相关规定，并根据鉴定结果对伤亡人员及家属进行赔偿。

四、发布事故信息，消除事故影响

1. 事故善后处理小组必须及时发布事故的相关信息，认真、准确回答大众提出的相关问题。

2. 事故善后处理小组必须积极采取各类相关措施，消除事故带来的消极影响。

五、恢复生产

1. 事故善后处理小组必须及时统计物料、设备等生产资料的损失情况，并安排增补。

2. 事故善后处理小组根据相关生产资料的增补情况及生产计划，安排恢复生产。

六、表彰相关人员

1. 事故善后处理小组必须根据单位的相关规定及相关人员在事故应急救援过程中的实际表现，确定表彰人员。

2. 事故善后处理小组必须根据单位的相关规定对表现优异的人员进行表彰。

七、整理并保存事故相关资料

事故善后处理小组必须分类整理事故相关资料，并建立档案，进行保存。

第三节 事故档案管理

【标准条文】

7.3.1 建立完善的事故档案和事故管理台账，并定期按照有关规定对事故进行统计分析。

1. 工作依据

《水利安全生产信息报告和处置规则》（水监督〔2022〕156号）

GB/T 33000—2016《企业安全生产标准化基本规范》

SL/T 789—2019《水利安全生产标准化通用规范》

2. 实施要点

（1）事故档案资料主要包括：

1）事故报告及领导批示。

2）事故调查组织工作的有关材料，包括事故调查组成立批准文件、内部分工、调查组成员名单及签字等。

3）事故抢险救援报告。

4）现场勘查报告及事故现场勘查材料，包括事故现场图、照片、录像，勘查过程中形成的其他材料等。

5）事故技术分析、取证、鉴定等材料，包括技术鉴定报告，专家鉴定意见，设备、仪器等现场提取物的技术检测或鉴定报告以及物证材料或物证材料的影像材料，物证材料的事后处理情况报告等。

6）安全生产管理情况调查报告。

7）伤亡人员名单，尸检报告或死亡证明，受伤人员伤害程度鉴定或医疗证明。

8）调查取证、谈话、询问笔录等。

9）其他有关认定事故原因、管理责任的调查取证材料，包括事故责任单位营业执照及有关资质证书复印件、作业规程及矿井采掘、通风图纸等。

10）关于事故经济损失的材料。

11）事故调查组工作简报。

12）与事故调查工作有关的会议记录。

13）其他与事故调查有关的文件材料。

14）关于事故调查处理意见的请示（附有调查报告）。

15）事故处理决定、批复或结案通知。

16）关于事故责任认定和对责任人进行处理的相关单位的意见函。

17）关于事故责任单位和责任人的责任追究落实情况的文件材料。

18）其他与事故处理有关的文件材料。

后勤保障单位应在事故处理完成后结合实际情况对上述资料进行收集归档。

（2）事故管理台账主要包括：事故发生时间、事故名称、事故类别、事故性质、发生地点、伤亡人数、直接经济损失等。

（3）事故统计分析目的是通过合理收集与事故有关的资料、数据，并应用科学的统计方法，对大量重复显现的数字特征进行整理、加工、分析和推断，找出事故发生的规律和事故发生的原因，为制定法规、加强工作决策、采取预防措施、防止事故重复发生，起到重要指导作用。

（4）事故分析统计内容主要包括：事故发生单位的基本情况、事故发生的起数、死亡人数、重伤人数、单位经济类型、事故类别、事故原因、直接经济损失等。

3. 参考示例

事故管理台账

编号：

序号	发生时间	事故名称	事故类别	事故性质	发生位置	伤亡人数			直接经济损失/万元	备注
						死亡	重伤	轻伤		
1										
2										
3										

登记人：　　　　审核人：　　　　日期：

说明：事故类型参照GB 6441《企业职工伤亡事故分类标准》确定。事故性质包括：责任事故、非责任事故。

年　月生产安全事故月报表

填报单位：(盖章)　　　　填报时间：　年　月　日

序号	事故发生时间	发生事故单位		事故工程	事故类别	事故级别	死亡人数	重伤人数	直接经济损失	事故原因	事故简要情况
		名称	类型								

填表说明：

一、事故单位类型填写：1. 水利工程建设；2. 水利工程管理；3. 农村水电站及配套电网建设与运行；4. 水文测验；5. 水利工程勘测设计；6. 水利科学研究实验与检验；7. 后勤服务和综合经营；8. 其他。非水利系统事故单位，应予以注明。

二、事故不涉及工程的，该栏填无。

三、事故类别填写内容为：1. 物体打击；2. 提升、车辆伤害；3. 机械伤害；4. 起重伤害；5. 触电；6. 淹溺；7. 灼烫；8. 火灾；9. 高处坠落；10. 坍塌；11. 冒顶片帮；12. 透水；13. 放炮；14. 火药爆炸；15. 瓦斯煤层爆炸；16. 其他爆炸；17. 容器爆炸；18. 煤与瓦斯突出；19. 中毒和窒息；20. 其他伤害。可直接填写类别代号。

四、重伤事故按照GB 6441—86《企业职工伤亡事故分类标准》和GB/T 15499—1995《事故伤害损失工作日标准》定性。

五、直接经济损失按照GB 6721—86《企业职工伤亡事故经济损失统计标准》确定。

六、每月1日前通过水利安全生产信息上报系统逐级上报。

七、本月无事故，应在表内填写“本月无事故”。

第十章 持 续 改 进

第一节 绩 效 评 定

【标准条文】

8.1.1 安全生产标准化绩效评定制度应明确评定的组织、时间、人员、内容与范围、方法与技术、报告与分析等要求，并以正式文件发布实施。

1. *工作依据*

《国务院安委会关于深入开展企业安全生产标准化建设的指导意见》(安委〔2011〕4号)

2. *实施要点*

(1) 安全生产标准化绩效是实施安全生产标准化管理后，单位及职工在安全生产工作方面取得的可检查结果。安全生产标准化绩效评定就是在绩效评定组织的领导下，按照规定的时间和程序，依据安全生产标准化评审标准，运用科学的方法与技术对安全生产各个方面进行考核和评价。

(2) 安全生产标准化绩效评定制度是通过规范化的评定过程来验证安全生产标准化实施效果，检查安全生产工作指标的完成情况，为巩固安全生产标准化建设成果并持续改进，提供支撑。

(3) 安全生产标准化绩效评定制度应明确评定的组织、时间、人员、内容与范围、方法与技术、报告与分析等内容。有效的绩效评定不仅能确定组织所属单位和每位员工对组织的贡献或不足，更可在整体上对安全管理工作提供决定性的评估资料，从而可以改善组织的反馈机能，提高工作绩效，激励士气，公平合理地奖惩。

3. *参考示例*

安全生产标准化绩效评定管理制度

第一章 总 则

第一条 为评估单位安全生产标准化实施效果，不断提高单位安全生产绩效，制定本制度。

第二条 本制度适用于单位安全生产标准化实施所涉及的所有活动过程。

第三条 绩效评定

安全生产标准化绩效评定是通过检查工作记录、检查现场、打分、交流、座谈和比对等方法，进行系统的评估与分析，依据《水利后勤保障单位安全生产标准化评审规程》进行打分，最后得出可量化的绩效指标。单位安委会每年末组织一次安全生产标准化实施情况的检查评定，验证各项安全生产制度措施的适宜性、充分性和有效性，检查安全生产工作目标、指标的完成情况。

第四条 持续改进

单位根据安全生产标准化绩效评定结果和安全生产预测预警系统所反映的趋势，客观分析本单位安全生产标准化管理体系的运行质量，及时调整完善相关规章制度和过程管控，不断提高安全生产绩效。

第二章 工 作 职 责

第五条 绩效评定工作组及其办公室

成立绩效评定工作组，组长由单位董事长和总经理担任。工作组组成如下：

组 长：董事长（或总经理）

副组长：主管安全领导

成 员：单位各部门负责人、各下属单位负责人。

安全生产标准化绩效评定工作组下设办公室，办公室设在安全管理部。

第六条 绩效评定工作组及其成员职责

（一）工作组

负责按照制定的绩效评定计划组织实施绩效评定工作；

负责检查安全生产标准化的实施情况，并对绩效评定过程中发现的问题，制定纠正、预防措施，落实单位相关部门对安全生产标准化实施情况的考核；

负责将安全生产标准化工作评定结果向从业人员进行通报；

负责将绩效评定有关资料存档管理。

（二）组长

对安全生产标准化绩效评定工作全面负责，领导安全生产标准化绩效评定工作。

（三）副组长

协助组长督促落实安全生产标准化绩效评定工作，审核安全生产标准化评定计划，组织安全生产标准化绩效评定考核工作。

（四）成员

参与安全生产标准化绩效评定工作中所遇各种问题的研究和讨论，提出解决问题的对策和措施；收集、提供安全生产标准化评定工作所需的有关信息和资料。

第七条 工作组办公室职责

（一）负责编制安全生产标准化绩效评定管理制度，明确安全生产目标完成情况、现场安全状况与标准化条款的符合情况及安全管理实施计划落实情况的评估方法、组织、周期、过程、报告与分析等要求。

（二）负责组织编制、审核安全生产标准化绩效评定计划和安全生产标准化绩效评定报告。

（三）根据安全生产标准化绩效评定会议的有关决议，督促制定纠正、预防措施，并组织对实施的效果进行跟踪验证。

（四）将安全生产标准化评定情况进行收集、整理和通报。

（五）对安全生产标准化实施情况进行指导、检查和考核。

（六）对上报的安全生产标准化绩效评定资料进行归档管理。

第三章 工 作 要 求

第八条 评定计划和实施方案

（一）工作小组办公室每年年末制定下一年度评定工作计划，经单位董事长批准后以文件形式发布实施。

（二）每次评定前，工程管理部依据评定工作计划制定具体的实施方案。评定实施方案包含以下内容：

1. 评定目的、范围、依据、程序、时间和方法。

2. 评定的主要项目内容（安全生产标准化评审八个要素）。

3. 评定组人员构成及分工。

4. 其他特殊情况说明。

第九条　评定实施

（一）首次会议安全生产标准化绩效评定组召开首次会议，标志着评定工作的开始，会议应明确下列事项：

1. 介绍评定组与受评定项目部的有关情况，并建立相互联系的方式和沟通渠道。

2. 明确评定的目的、范围、依据、程序、时间和方法。

3. 澄清评定工作安排中有关不明确的内容。

4. 其他有关的必要事项。

（二）现场评定

现场评定按照《水利后勤保障单位安全生产标准化评审规程》所列内容进行。

评定人员应通过检查文件/记录、现场查看有关方面的工作及其现状等多种方式来收集证据。

评定人员将评定情况如实、完整地填入“评定检查表”中。当发现违反法律、法规、规章制度及相关标准的情况时，必须得到受评审单位相关人员的确认。

（三）末次会议评定工作组召开末次会议，向受评定单位通报评定结果，提出不符合项的整改要求和建议，并解答不明确事项。

第十条　问题整改

评定工作组在评定结束后将评定中发现的问题整理后发送至责任部门。责任部门制定纠正问题的措施计划并限期整改。

第十一条　评定报告

（一）评定工作组依据评定结果编写《单位年度绩效自评报告》，经单位董事长组织审议批准后以正式文件发布，并告知相关责任部门。

（二）评定报告的内容：

1. 单位概况

2. 安全生产管理状况

3. 基本条件的符合情况

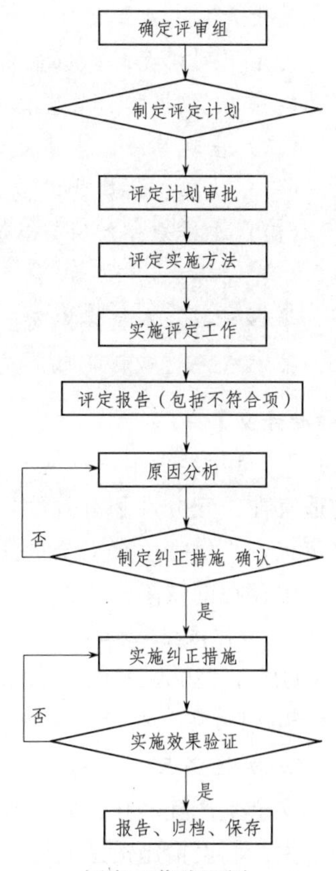

评定工作流程图

4. 自主评定工作开展情况

5. 安全生产标准化自评打分表

6. 发现的主要问题、整改计划和措施、整改情况

7. 自主评定结果

第十二条 绩效评定问题整改情况的跟踪、验证

工程管理部负责对改进/变更或纠正/预防措施的实施情况跟踪、检查、验证、记录，并负责向主管安全领导报告。对于纠正效果不符合要求的，应重新制定纠正预防措施，经审批后组织实施。

第十三条 评定记录与归档

单位依据有关安全生产记录文件及档案管理制度，对绩效评定记录进行整理、归置、保存，建立台账。

第十四条 成果应用

安全生产标准化绩效评定结果，纳入单位年度安全生产绩效考核。

第十五条 持续改进

单位根据安全生产标准化的评定结果，制定持续改进计划，修订和完善记录。组织制定完善安全生产标准化的工作计划和措施，实施计划、执行、检查、改进（PDCA）循环，不断持续改进，提高安全绩效。

第十六条 重新评定

发生下列情况时，应重新进行评定，全面查找安全生产标准化管理体系中的缺陷：

（一）组织机构、管理体系、业务范围发生重大变化。

（二）出现等级以上事故。

（三）法律、法规及其他外部要求的重大变更。

（四）在接受外部评审认定之前。

第四章 附 则

第十七条 本制度由安全生产领导小组办公室归口并解释。

第十八条 本制度自下发之日施行。

【标准条文】

8.1.2 每年至少组织一次安全标准化实施情况的检查评定，验证各项安全生产制度措施的适宜性、充分性和有效性，检查安全生产目标、指标的完成情况，提出改进意见，形成评定报告。发生生产安全责任死亡事故，应重新进行评定，全面查找安全生产标准化管理体系中存在的缺陷。

1. 工作依据

GB/T 33000—2016《企业安全生产标准化基本规范》

SL/T 789—2019《水利安全生产标准化通用规范》

2. 实施要点

安全生产标准化评定工作每年至少组织开展一次，发生事故后应立即组织开展。对于安全生产制度措施的适宜性、充分性、有效性可从以下几方面理解。

适宜性：制定的各项安全生产制度、操作规程和应急预案适合本单位的实际情况；所

制定的全员安全生产责任制与工作实际相匹配。

充分性：各项安全管理的制度措施覆盖本单位的全部生产经营活动；满足国家和水利行业的管理要求；管理制度确保 PDCA 管理模式的有效运行；与相关制度措施相配套的资源配备充分；对相关方实行有效的安全管理。

有效性：保证安全工作目标、指标的实现；对安全风险实施分级管控；对排查出的隐患实施有效治理；对重大危险源实施有效控制；通过安全生产标准化相关制度、措施的实施，单位形成一套自我发现、自我纠正、自我完善的管理机制；单位职工通过安全生产标准化工作的推进与建立，提高安全意识并能够自觉地遵守与本岗位相关的程序或作业指导书的规定等。

如果发生了伤亡事故，说明单位在安全管理中的某些环节出现了严重的缺陷或问题，需要马上对相关的安全管理制度、措施进行客观评定，努力找出问题根源所在，有的放矢，对症下药，不断完善有关制度和措施。评定过程中，要对前一次评定后提出的纠正措施、建议的落实情况与效果做出评价，还要向单位的所有部门和职工通报。

安全生产标准化工作评定报告应按照相应的评定标准中的要素，逐条详细地分析和论述，分析存在的问题，纠正和预防措施等。

3. 参考示例

关于开展 2022 年度安全生产标准化绩效评定工作的通知

各部门、各下属单位：

根据《安全生产标准化绩效评定管理制度》的规定和要求，拟对单位 2022 年度安全生产标准化绩效进行评定，验证各项安全生产制度措施的适宜性、充分性和有效性，检查安全生产工作目标、指标的完成情况，提出改进意见，以便安全生产标准化工作有效运行并持续改进。现就有关事项通知如下：

一、评定小组

（一）评定领导小组

组长：

副组长：

成员：

（二）评审工作小组成员：

二、评定时间

2022 年 12 月 26—27 日

三、评定主要内容

（一）各项安全生产管理制度、操作规程、管理措施的适宜性、充分性和有效性。

（二）安全生产控制指标、安全生产工作目标的完成情况。

（三）安全费用使用情况。

（四）隐患排查治理情况。

四、评定标准

《水利后勤保障单位安全生产标准化评审规程》《安全生产目标责任书》等相关安全

文件。

五、评定程序

（一）各部门进行自我评价。收集相关支撑材料，对照评定标准，于2022年12月22日提交《安全生产标准化绩效评价报告》，报安全生产绩效评定工作小组指定的材料收集人××。

（二）安全生产绩效评定工作小组评审。评定工作小组对各部门、下属单位安全生产标准化绩效情况进行集中评审，于2022年12月28日提交《安全生产标准化绩效评定报告》，报安全生产绩效评定工作小组。

（三）通报评定结果。各部门、下属单位依据评定结果，对存在的问题迅速进行整改，并于15日内将整改回复报告安全生产绩效评定工作小组。

附件：2022年度安全生产标准化绩效评定报告参考目录

2022年度安全生产标准化绩效评定报告参考目录

一、安全生产标准化绩效评定工作开展情况

二、安全生产标准化绩效

（一）目标完成情况

（二）法律法规、操作规程、安全管理制度建立及执行情况

（三）安全生产教育培训情况

（四）现场管理情况

（五）安全风险管控及隐患排查治理情况

（六）应急管理情况

（七）事故报告、调查和处理

（八）绩效评定和持续改进

三、存在问题

四、纠正、预防的措施

五、考核与奖惩

【标准条文】

8.1.3 **评定报告以正式文件印发，向所有部门、所属单位通报安全标准化工作评定结果。**

1. 工作依据

GB/T 33000—2016《企业安全生产标准化基本规范》

SL/T 789—2019《水利安全生产标准化通用规范》

2. 实施要点

评定报告是通过检查评定对前一阶段安全管理工作的总结和评价，必须对安全管理的各个方面做到全覆盖，对所有单位、部门、人员做到全覆盖，对评定时间内的所有生产经营活动做到全覆盖。安全生产标准化工作评定报告要向所有部门、所属的所有单位、全体职工通报。

3. 参考示例

关于印发《2022年安全生产标准化绩效评定报告》的通知

各部门、各下属单位：

根据《安全生产标准化绩效评定制度》，我单位组织对2022年度安全生产标准化的实施情况进行了评定，现将《2022年安全生产标准化绩效评定报告》印发给你们，要求各部门、各下属单位传达至每一位员工，希望不断巩固安全生产标准化建设成效，并持续改进，进一步提高安全生产标准化绩效。

附件：2022年安全生产标准化绩效评定报告

×××

年　月　日

2022年安全生产标准化绩效评定报告

为不断提升安全生产标准化建设水平，严格落实安全生产主体责任，全面检查评价单位安全生产标准化建设情况，按照中国水利企业协会发布的T/CWEC 20—2020《水利后勤保障单位安全生产标准化评审规程》规定，单位组织开展了2022年度安全生产标准化绩效评定，成立了安全生产标准化检查评定小组，评定小组根据后勤管理工作日常及季度安全检查，考核情况，对各部门、各下属单位年度安全生产管理各项指标完成情况进行了考评，对安全生产标准化建设以来各项安全生产制度措施的适宜性、充分性和有效性进行了验证，对安全生产工作各项指标的完成情况进行了检查。现对考评情况做如下报告。

一、安全生产标准化绩效评定工作开展情况

成立了安全生产标准化绩效评定小组，工作小组组长由张三担任，副组长由李四担任，成员由相关部门和下属单位主要负责人组成。

组长：

副组长：

成员：

评定小组于2022年12月26—27日，按照有关规定采用查阅资料、现场观察、抽样调查等方式，对单位安全生产标准化建设情况“全员、全过程、全方位”的进行检查，包括目标职责、制度化管理、教育培训、现场管理、安全风险分级管控及隐患排查治理、应急管理、事故管理和持续改进等8个项目一级项目、27个二级项目和123个三级项目逐项逐条验证，验证了各项安全生产标准化工作的落实执行情况，检查安全生产工作目标、指标完成情况。

二、安全生产标准化绩效

（一）目标完成情况

1. 安全生产目标

我单位制定了《安全生产目标管理制度》，明确了目标管理体系、目标的分类和内容、目标的监控与考评以及目标的评定与奖惩等。制定了《2021—2025中长期安全生产目标规划》，确立了安全生产管理的中长期战略目标。制定了《2022年度安全生产目标计划》，并按各部门、各下属单位在安全生产中的职能进行了层层分解。根据目标计划和目标管理制度，每半年进行一次目标考核，发放安全生产目标奖金。年初单位负责人与其他领导签订安全生产目标责任书，分管安全负责人与各部门、各下属单位主要负责人签订安全生产目标责任书，各部门、各下属单位负责人与所属工作人员签订安全生产目标责任书。确保各级各岗位人员均签订了安全生产目标责任书。年底，安全生产领导小组对各部门、各下属单位目标完成情况进行考核，根据考核的结果，对完成目标的先进部门和个人给予表彰奖励。本年度，单位制定的安全生产目标已全部完成。

2. 机构职责

我单位始终坚持“安全第一、预防为主、综合治理”的安全生产方针，以国家法律、法规和行业标准为依据，切实落实“管生产经营必须管安全、管业务必须管安全、谁主管谁负责”的安全管理原则和“以人为本、科学发展、安全发展”的理念。强化各级安全生产责任，《安全生产责任制》明确了我单位主要负责人、分管安全负责人、其他分管领导、部门负责人等各级人员的安全生产职责、权限和考核奖惩的内容。成立由单位主要负责人、单位领导班子成员、各部门、各下属单位负责人等相关人员组成的安全生产领导小组，全面领导和指挥全单位安全生产工作并对重要安全生产问题进行决策，制定了安全生产领导小组工作规则，明确了领导小组职能、工作职责、例会制度等，安全生产领导小组下设办公室，负责全单位安全生产日常管理工作。同时我单位配备了兼职的安全生产管理人员，建立健全单位、各部门和各下属单位、从业人员安全生产管理网络体系。

我单位严格落实安全生产责任制履职检查考核，每半年对安全生产责任制完成情况进行全面检查，覆盖了各部门（中心）及各级人员的履职情况检查。

3. 安全生产投入

我单位制定了《安全生产投入管理制度》，明确了安全生产投入的内容、计划实施、监督管理等内容。安全生产投入主要用于：安全技术和劳动保护措施、应急管理、安全检测、安全评价、事故隐患排查治理、安全生产标准化建设实施与维护、安全监督检查、安全教育及安全生产月活动等与安全生产密切相关的其他方面。

年初，各部门、各下属单位上报安全投入计划，办公室进行汇总分类，安全生产领导小组进行审核，办公室负责向上级单位上报安全投入预算，通过批准并组织实施。全年计划安全投入经费为58万元，全年实际完成为55万元。

（二）安全管理制度建立及执行情况

在执行法律法规、单位安全管理制度的基础上，根据单位特点建立了适用的法律法规清单，建立了安全生产规章制度、岗位操作规程等。在职工的安全教育上，对新出台的法律法规、管理制度进行解读，通过集中学习、分层学习等不同形式组织开展，同时重点关注新职工安全教育工作，不断提高职工的安全意识和标准化作业执行力度。在日常和专项检查中出现的问题对照有关管理制度及时予以考核纠正，保证正确的安全导向。

（三）安全生产教育培训情况

根据法律法规、单位的《安全生产教育培训管理制度》等相关管理要求，执行《职工安全教育培训管理办法》文件，严格按照制度规定开展安全生产教育培训工作。

主要包含法律法规、标准规范、规章制度、操作规程、安全生产管理人员培训、特种作业人员培训、新职工（转岗）三级安全教育、相关方人员教育培训、应急救援预案培训、职业健康、劳动防护用品使用等方面内容，年初通过识别制定教育培训计划并按计划组织实施，做好培训记录及培训效果评估，建立培训档案等。对单位内部范围发生的事故及同行业的事故进行对照性的学习和讨论，并按照“制度规程、作业条件、人员教育”三个方面进行对照梳理、举一反三，记录存档。每年单位还组织开展丰富多样的安全文化活动，如：参加水利系统安全知识网络竞赛、安全咨询活动、安全方面法律法规全员竞赛等，加强主题宣传等活动，对全员增强安全意识，提高安全方面能力起到良好效果。

（四）现场管理情况

1. 设备管理

我单位不断加强对后勤设施设备检修和维护的安全管理工作，认真执行安全检查制度，确保后勤设施设备安全运行。目前，所有设施设备运行状态良好，无重大事故隐患。

特种设备主要有机关办公楼电梯、机械车库等。我单位严格按照特种设备管理要求，委托有资质的第三方对电梯进行维保与管理，经常对特种设备进行检查，定期进行检测，并建立特种设备档案。

严格履行设施设备安装、验收及拆除、报废程序。

2. 作业管理

在作业安全管理方面，依据有关规范制定作业方案或规程、应急预案，应如实告知作业人员危险因素、防范措施以及应急处置措施，并发放到人。作业前对实施作业环境、仪器设备及防护设施及用品进行检查，作业人员按规范配备安全防护用品。认真落实各项危险作业的安全管理，加强消防、安保、交通安全管理，严格特种作业行为管理，严格相关方的管理。各部门、各下属单位严格按照要求开展安全活动，每半年进行岗位达标考核，根据考核的结果，对相关成员给予奖惩。

3. 安全警示标志管理

按照规定和现场的安全风险特点，在有重大危险源、较大危险因素和职业危害因素的办公场所、仓库、食堂、各类机房、控制中心等工作场所，设置明显的安全警示标识和职业病危害警示标识；告知危险的种类、后果及应急措施等；在危险作业场所设置警戒区、安全隔离设施；定期对警示标识进行检查维护。目前，我单位安全警示标识设置齐全、完整。

4. 职业健康管理

单位建立了《职业健康管理制度》，主要包括职业危害防治责任、职业危害告知、职业危害申报、职业健康宣传教育培训、职业危害防护设施维护检修、防护用品管理、职业危害日常监测、职业健康监护档案管理等。

我单位十分重视职工健康，为职工提供优良的生产、办公工作条件，发放相应的劳动防护用品，并聘请具有资质的检测机构，对后勤服务涉及的各场所进行了职业病危害因素检测，依据检测结果，对相关人员进行职业健康检查。目前，全单位所有职工职业健康状况良好，无职业病患者。

（五）安全风险管控及隐患排查治理情况

1. 安全风险与危险源管理

我单位建立了《安全风险管理制度》，明确了危险源辨识与风险评估的职责、范围、方法、风险评价准则和工作程序等内容。制定了《重大危险源管理制度》，明确了重大危险源辨识、评估和控制的职责、方法、范围、流程等要求。

按照危险源辨识与风险评价制度的相关要求，我单位每个季度组织开展一次危险源辨识与风险评价工作，对构筑物、设备设施、作业活动、管理和环境五个类别进行危险源辨识与风险评价。

其中辨识出低风险28项，按“六项机制”要求提级管理，由各岗位员工和对应部门负责人共同落实相应控制措施；一般风险12项，由各部门、各下属单位负责落实相应控制措施；较大风险5项、重大风险2项，由我单位安全生产领导小组负责监督落实相应控制措施。

我单位在现场重要部位设置了安全风险公告栏和岗位安全风险告知卡，同时对职工进行了培训，确保所有职工熟悉安全风险相关内容。

我单位现有2处重大危险源，为电梯和机械车库，危险有害因素为高处坠落、人员伤亡等。已制定了专项防控措施，并且采取2项措施进行监测。

2. 隐患排查治理

我单位制定了隐患排查治理制度，明确了排查的责任部门和人员、范围、方法和要求，建立并落实了从我单位主要负责人到相关从业人员的事故隐患排查治理和防控责任制。

按照有关规定，结合我单位安全生产的需要和特点，采用定期综合检查、专项检查、季节性检查、节假日检查和日常检查等方式进行隐患排查。

根据隐患排查的结果，对事故隐患治理情况进行汇总。对一般事故隐患通过下发整改通知单的形式，明确整改措施、整改负责人和整改时限，要求相关人员立即组织整改。对于重大事故隐患，由我单位主要负责人组织制定并实施事故隐患治理方案，明确目标和任务、方法和措施、经费和物资、机构和人员、时限和要求，并制定应急预案。隐患治理完成后由安全管理机构及时进行查验，形成闭环管理。

对事故隐患排查治理情况进行如实记录，每月进行统计分析，通过《水利安全生产信息上报系统》按月上报我单位安全生产隐患排查治理情况。

3. 预测预警情况

我单位安全生产领导小组每季度对事故隐患排查治理及风险管理等情况进行通报，截至目前，今年已召开了4次会议，对安全生产风险形势进行分析研判（详见会议纪要），会议纪要对隐患排查治理情况进行了汇报说明。12月对全年检查出的隐患进行了统计分析，对各类隐患的发生概率做出了详细说明，对反映的问题及时采取了针对性措施，并及时对安全生产状况及发展趋势进行了通报。

安全管理机构与水利、气象等部门建立了多种联系渠道，及时获取工情、气象等信息，及时向相关人员通知。在接到暴雨、台风、洪水、寒潮、地震等自然灾害预报时，及时向各部门、各下属单位发出预警信息。提前做好各类自然灾害的安全防范措施。

（六）应急管理

我单位建立了应急救援工作机制，成立了应急救援领导小组。单位负责人担任应急救援工作领导小组组长。

建立了生产安全事故应急预案体系，印发了《生产安全事故应急预案》，其中包括1项综合预案；落水事故、火灾事故、触电事故、物体打击、高处坠落、爆炸事故、机械伤害等12项专项应急预案；人身伤亡事故应急处置方案、恶劣天气等15项现场应急处置方案；应急预案基本齐全，具有可操作性。应急预案以正式文件印发到各部门、各下属单位，并报上级单位备案。

我单位按照“分级储备、分级管理”的原则，加强各类应急防汛器材、工具的管理，对全单位的防汛物资进行了测算，制定了详细的调运方案，保证随时调用，满足应急救援的需要。

2022年，我单位先后组织了3次应急演练，包括机房停电应急演练、消防应急演练、安保应急演练等，并对演练的效果进行评估，提出改进措施。

年底对应急准备工作进行了总结评估，形成应急准备工作总结评估报告。

（七）事故管理

按照单位《生产安全事故报告和调查处理管理制度》，加强事故和违章管理，对现场查处的违章现象除了执行相关处罚制度外，还按照事故分析会的模式召开事故反省，并开展举一反三，吸取违章带来的教训。杜绝重复违章现象，切实落实好“四不放过”原则，做好人员安全教育及落实整改措施。

我单位本年度未发生生产安全事故。

（八）持续改进

按照单位《安全生产标准化绩效管理制度》，本着以“落实责任、强化管理、持续改进”为导向，对单位的安全生产绩效进行评价。单位安全生产绩效评价中发现的主要问题来自于现场日常管理中发现的管理不足、作业人员行为不安全、不安全的环境未落实有效管理整治及上级部门的查处。同时对在日常安全管理工作中具有独创性并行之有效的好的工作方法、措施予以鼓励。单位还将绩效评价结果与绩效工资挂钩，定期考核和奖惩，并纳入职工的个人年度工作绩效和评优工作中。

我单位根据安全生产标准化的评定结果，及时对绩效评价中发现的问题进行整改，完善安全生产标准化的工作计划和措施，不断提高安全生产绩效。

三、存在的问题

通过绩效评定，评定小组认为我单位的安全生产标准化系统较为完善、执行状态较好，但仍存在部分问题，主要表现在：

1. 各类日常检查记录有填写不全面或不规范现象。
2. 部分职工对安全生产制度、操作规程不熟悉。
3. 安全生产费用明细分类不够具体。
4. 设施设备等存在轻微破损现象。
5. 安全标识标牌存在破损或缺失现象。
6. 未开展生产安全事故应急救援等方面的应急演练。
7. 对查出的事故隐患有整改不及时现象。
8. 危险源辨识不够全面。
9. 部分职工存在不熟悉应急救援预案现象。
10. 部分干部职工安全意识有待进一步提高。

……

四、纠正、预防的措施

安全生产领导小组针对安全生产标准化绩效考核评定小组提出的问题提出以下整改措施：

1. 加强安全生产标准化的教育和培训。对有关记录进行统一规范的填写。

2. 加强职工特别是现场操作人员的安全教育，经常开展操作规程的培训及考核活动。

3. 安全生产费用明细按标准化要求进行分类。

4. 加强各类设备设施检查，对设施设备轻微破损及时进行整改。

5. 加强安全标识标牌的检查管理工作，对缺失或破损的标识牌及时补充或修复。

6. 加强应急演练工作安排，定期进行各类项目的应急救援演练。

7. 加强各科室的隐患排查治理工作，针对整改不及时的部门或责任人落实处罚措施。

8. 对危险源进行梳理，重新组织危险源辨识工作。

9. 加强应急救援预案的培训和演练工作，保证全体职工能够熟知事故的应急处置措施，事故发生时能够及时采取合理措施，以减少事故损失。

10. 常态化开展安全生产大检查和安全知识宣讲，定期开展安全知识考核，提高职工安全生产意识。

……

五、考核与奖惩

本评定报告将结合单位有关奖惩制度，执行考核奖惩。

【标准条文】

8.1.4 将安全生产标准化自评结果，纳入单位年度绩效考评。

1. 工作依据

GB/T 33000—2016《企业安全生产标准化基本规范》

SL/T 789—2019《水利安全生产标准化通用规范》

2. 实施要点

将安全生产标准化工作评定结果纳入单位年度安全绩效考评是指将某一单位（部门）评定过程中出现的扣分项及扣分分值作为该单位（部门）的安全绩效考评的依据之一。通过纳入年度绩效考评，可以提高全员对安全生产标准化工作的重视程度，切实提高开展安全生产标准化。

3. 参考示例

2022年度安全生产绩效考评汇总表

编号：

序号	单位/部门	安全控制目标（20分）	安全工作目标（30分）	安全生产标准化绩效（50分）	一票否决权	考核得分
1	办公室					
2	物业科					
3	下属单位					
⋮						

安全生产绩效考核小组意见：

考核小组拟推荐物业科和某某下属单位为安全生产绩效考核优秀部门。

考核小组组长（签字）：

考核小组成员（签字）：

年 月 日

【标准条文】

8.1.5　落实安全生产报告制度，定期向有关部门报告安全生产情况，并公示。

1. 工作依据

《企业安全生产责任体系五落实五到位规定》（安监总办〔2015〕27号）

GB/T 33000—2016《企业安全生产标准化基本规范》

SL/T 789—2019《水利安全生产标准化通用规范》

2. 实施要点

（1）定期（按绩效评定周期）向上级主管部门报告的安全生产履职工作情况重点应包括落实安全生产责任和管理制度、安全投入、安全培训、安全生产标准化建设、隐患排查治理、职业病防治和应急管理等方面。该处的安全生产报告是指本单位安全生产绩效评定结果向上级主管部门（考核本单位的部门）报告。

（2）后勤保障单位的安全生产情况应当向所有从业人员公示。

3. 参考示例

关于《2022年安全生产标准化绩效评定报告》的公示

根据单位《安全生产标准化绩效评定管理制度》，安全生产领导小组对2022年度安全生产标准化实施情况进行评定，现将《2022年安全生产标准化绩效评定报告》予以公示。

公示时间：

投诉受理部门：

投诉电话：

×××

年　月　日

第二节　持　续　改　进

【标准条文】

8.2.1　根据安全生产标准化绩效评定结果和安全生产预测预警系统所反映的趋势，客观分析本单位安全生产标准化管理体系的运行质量，及时调整完善相关规章制度、操作规程和过程管控，不断提高安全生产绩效。

1. 工作依据

《水利安全生产标准化评审管理暂行办法》（水安监〔2013〕189号）

GB/T 33000—2016《企业安全生产标准化基本规范》

SL/T 789—2019《水利安全生产标准化通用规范》

2. 实施要点

（1）根据安全生产标准化管理体系的自评结果和安全生产预测预警系统所反映的趋势，以及绩效评定情况，客观分析本单位安全生产标准化管理体系的运行质量，及时调整完善相关制度文件和过程管控，持续改进，不断提高安全生产绩效。

（2）根据绩效评定结果和安全生产预测预警等信息及时调整安全生产目标、指标，及时修订规章制度、操作规程，及时制定完善安全生产标准化的工作计划和措施，使单位的安全生产管理水平不断提高。

(3) 对安全生产绩效评定中发现的问题进行全面改进，由安全生产领导小组进行验证或验收。

3. 参考示例

安全生产标准化持续改进情况验证表

填表时间：　　年　月　日　　　　　　　　　　　　　　　编号：

序号	持续改进问题	责任部门（单位）	责任人	改进措施落实情况	完成时间	效果验证
1	（绩效评定报告提出的改进问题）					
2	（安全生产预测预警信息）					
⋮						

验证（验收）人：

第十一章 管理与提升

根据《水利行业深入开展安全生产标准化建设实施方案》的要求，各级水行政部门要加强对安全生产标准化建设工作的指导和督促检查，按照分级管理和“谁主管、谁负责”的原则，水利部负责直属单位和直属工程项目以及水利行业安全生产标准化一级单位的评审、公告、授牌等工作；地方水利生产经营单位的安全生产标准化二级、三级达标考评的具体办法，由省级水行政主管部门制定并组织实施，考评结果报送水利部备案。

根据有关规定，各级水行政主管部门负责水利安全生产标准化建设管理工作的监督管理，并不是只针对达标评审环节的监督管理。水利生产经营单位是安全生产标准化建设工作的责任主体，是否参与达标评审是其自愿行为。后勤保障单位应结合本单位实际情况，制定安全生产标准化建设工作计划，落实各项措施，组织开展多种形式的标准化宣贯工作，使全体员工不断深化对安全生产标准化的认识，熟悉和掌握标准化建设的要求和方法，积极主动参与标准化建设并保持持续改进。

第一节 管理要求

生产经营单位自身应加强自控管理，切实按要求开展标准化的相关工作，保证体系正常运行。监督管理部门应依据法律法规及相关要求加强对职责范围内生产经营单位的安全生产标准化工作动态监管，依法履行法律赋予的监督管理职责，并以此为抓手，切实提高管辖范围内安全生产管理水平。

一、监督主体

根据《水利行业深入开展安全生产标准化建设实施方案》的要求，水利安全生产标准化的监督管理主体是各级水行政主管部门。

二、年度自主评审

水利生产经营单位取得水利安全生产标准化等级证书后，每年应对本单位安全生产标准化的情况至少进行一次自我评审，并形成报告，及时发现和解决生产经营中的安全问题，持续改进，不断提高安全生产水平，按规定将年度自评报告上报水行政主管部门。一级达标单位和部属二三级达标单位应通过“水利安全生产标准化评审系统”（http：//abps. cwec. org. cn/），按要求上报。

三、延期管理

《水利安全生产标准化评审管理暂行办法》规定，水利安全生产标准化等级证书有效期为3年。有效期满需要延期的，必须于期满前3个月，向水行政主管部门提出延期申请（一级达标单位和部属二三级达标单位向中国水利企业协会提出申请，登录 http：//

abps.cwec.org.cn/)。

水利生产经营单位在安全生产标准化等级证书有效期内，完成年度自我评审，保持绩效，持续改进安全生产标准化工作，经复评，符合延期条件的，可延期3年。

四、撤销等级

《水利安全生产标准化评审管理暂行办法》中规定了撤销安全生产标准化等级的五种情形，发生下列行为之一的，将被撤销安全生产标准化等级，并予以公告：

（一）在评审过程中弄虚作假、申请材料不真实的。

（二）不接受检查的。

（三）迟报、漏报、谎报、瞒报生产安全事故的。

（四）水利工程项目法人所管辖建设项目、水利水电施工企业发生较大及以上生产安全事故后，水利工程管理单位发生造成人员死亡、重伤3人以上或经济损失超过100万元以上的生产安全事故后，在半年内申请复评不合格的。

（五）水利工程项目法人所管辖建设项目、水利水电施工企业复评合格后再次发生较大及以上生产安全事故的；水利工程管理单位复评合格后再次发生造成人员死亡、重伤3人以上或经济损失超过100万元以上的生产安全事故的。

上述（四）、（五）情形，后勤保障单位参照执行。

自撤销之日起，须按降低至少一个等级申请评审；且自撤销之日起满1年后，方可申请原等级评审。

水利安全生产标准化三级达标单位构成撤销等级条件的，责令限期整改。整改期满，经评审符合三级单位要求的，予以公告。整改期限不得超过1年。

第二节　动　态　管　理

为深入贯彻落实《中共中央国务院关于推进安全生产领域改革发展的意见》《地方党政领导干部安全生产责任制规定》和《水利行业深入开展安全生产标准化建设实施方案》（水安监〔2011〕346号），进一步促进水利生产经营单位安全生产标准化建设，督促水利安全生产标准化达标单位持续改进工作，防范生产安全事故发生，2021年水利部下发了《水利安全生产标准化达标动态管理的实施意见》（以下简称《实施意见》），就加强水利安全生产标准化达标动态管理工作提出了要求。

《实施意见》出台的主要工作目标是为了建立健全安全生产标准化动态管理机制，实行分级监督、差异化管理，积极应用相关监督执法成果和水利生产安全事故、水利建设市场主体信用评价“黑名单”等相关信息，对水利部公告的达标单位全面开展动态管理，建立警示和退出机制，巩固提升达标单位安全管理水平，为水利事业健康发展提供有力的安全保障。

《实施意见》中规定，动态管理的主要方法是实行记分制，根据不同的安全生产违法、违规情形进行相应分值的扣分，在证书有效期根据扣分情况进行分类管理。

《实施意见》要求按照“谁审定谁动态管理”的原则，水利部对标准化一级达标单位和部属达标单位实施动态管理，地方水行政主管部门可参照本实施意见对其审定的标准化达标单位实施动态管理。水利生产经营单位获得安全生产标准化等级证书后，即进入动态管理阶段。动态管理实行累积记分制，记分周期同证书有效期，证书到期后动态管理记分自动清零。动态管理记分依据有关监督执法成果以及水利生产安全事故、水利建设市场主体信用评价“黑名单”等各类相关信息，记分标准如下：

（1）因水利工程建设与运行相关安全生产违法违规行为，被有关行政机关实施行政处罚的：警告、通报批评记 3 分/次；罚款记 4 分/次；没收违法所得、没收非法财物记 5 分/次；限制开展生产经营活动、责令停产停业记 6 分/次；暂扣许可证件记 8 分/次；降低资质等级记 10 分/次；吊销许可证件、责令关闭、限制从业记 20 分/次。同一安全生产相关违法违规行为同时受到 2 类及以上行政处罚的，按较高分数进行量化记分，不重复记分。

（2）水利部组织的安全生产巡查、稽察和其他监督检查（举报调查）整改文件中，因安全生产问题被要求约谈或责令约谈的，记 2 分/次。

（3）未提交年度自评报告的，记 3 分/次；经查年度自评报告不符合规定的，记 2 分/次；年度自评报告迟报的，记 1 分/次。

（4）因安全生产问题被列入全国水利建设市场监管服务平台“重点关注名单”且处于公开期内的，记 10 分。被列入全国水利建设市场监管服务平台“黑名单”且处于公开期内的，记 20 分。

（5）存在以下任何一种情形的，记 15 分：发生 1 人（含）以上死亡，或者 3 人（含）以上重伤，或者 100 万元以上直接经济损失的一般水利生产安全事故且负有责任的；存在重大事故隐患或者安全管理突出问题的；存在非法违法生产经营建设行为的；生产经营状况发生重大变化的；按照水利安全生产标准化相关评审规定和标准不达标的。

（6）存在以下任何一种情形的，记 20 分：发现在评审过程中弄虚作假、申请材料不真实的；不接受检查的；迟报、漏报、谎报、瞒报生产安全事故的；发生较大及以上水利生产安全事故且负有责任的。

达标单位在证书有效期内累计记分达到 10 分，实施黄牌警示；累计记分达到 15 分，证书期满后将不予延期；累计记分达到 20 分，撤销证书。以上处理结果均在水利部网站公告，并告知达标单位。

第三节　巩　固　提　升

安全生产标准化建设是一项长期性的工作，需要在工作过程中持续坚持、巩固成果、不断改进提升。

一、树立正确的安全生产管理理念

安全生产永远在路上，只有起点没有终点，需要不断持续改进与巩固提升才能保持良好的安全生产状况。树立正确的安全发展理念是保证“长治久安”的重要前提和基础，后勤保障单位应充分认识到开展标准化建设是提高安全生产管理水平的科学方法和有效途径。安全生产标准化工作达到了一级（或二级、三级）只是实现了阶段性目标，是拐点，不是终点。要巩固标准化的成果，必须建立长效的工作机制，实施动态管理，严格落实安全生产标准化的各项工作要求，不断解决实际工作过程中出现的新问题。

二、建立健全责任体系

单位的生产经营过程由各部门、各级、各岗位人员共同参与完成，安全生产管理工作也贯穿于整个生产经营过程。因此，要实现全员、全方位、全过程安全管理，只有单位人人讲安全、人人抓安全，才能促进安全生产形势持续稳定向好。

为实现上述要求，生产经营单位必须建立健全全员安全生产责任制，单位主要负责人带头履职尽责，起到引领、示范作用，以身作则保证各项规章制度真正得到贯彻执行，只有这样才能使企业真正履行好安全生产主体责任，持续巩固标准化建设成果。

三、保障安全生产投入

后勤保障单位应根据国家及行业相关规定，结合单位的实际需要，保障安全生产投入。

生产经营单位要满足安全生产条件，必须要有足够的安全生产投入，用以改善作业环境，配备安全防护设备、设施，加强风险管控，实施隐患排查治理。因此，后勤保障单位应树立“安全也能出效益”的理念，把安全生产投入视为一种特殊的投资，其所产生的效益短期内不明显，但为企业所带来的隐性收益在某种程度上是用金钱无法衡量的。生产经营单位如发生人员伤亡的生产安全事故，除带来经济和名誉损失外，还将给从业人员及其家属带来深重的灾难，甚至影响社会的稳定。安全生产投入到位，可在很大程度减少生产安全事故的发生，间接为企业带来效益。

四、加强安全管理队伍建设

安全管理最终要落实到人，后勤保障单位应把安全管理人才培训、队伍建设摆在突出的位置，最大限度发挥这些人员的作用，通过专业的力量带动全体员工参与到安全生产工作中来。后勤保障单位应保障安全生产管理人员的待遇，建立相应的激励机制，调动积极性，使其在单位的生产经营过程中有发言权，真正为企业安全生产出力献策。

五、强化教育培训

经常性开展教育培训，能够让从业人员及时获取安全生产知识，增强安全意识，教育培训应贯穿于安全生产标准化建设的各个环节、各个阶段。后勤保障单位应当按照本单位安全生产教育和培训计划的总体要求，结合各个工作岗位的特点，科学、合理安排教育培训工作。采取多种形式开展教育培训，包括理论培训、现场培训、召开事故现场分析会等。通过教育培训，让从业人员具备基本的安全生产知识，熟悉有关安全生产规章制度和操作规程，掌握本岗位的安全操作技能，了解事故应急处理措施，知悉自身在安全生产方面的权利和义务。对于没有经过教育培训，包括培训不合格的从业人员，不得安排其上岗作业。

六、强化风险分级管控及隐患排查治理

后勤保障单位应建立安全风险分级管控和隐患排查治理双重预防机制，全面推行安全风险分级管控，进一步强化隐患排查治理，推进事故预防工作科学化、信息化、标准化，提升安全生产整体预控能力，实现把风险控制在隐患形成之前、把隐患消灭在事故前面。

七、保证安全管理工作真正“落地”

后勤保障单位应采取有效的措施保证各项安全管理工作真正落到实处，杜绝“以文件

落实文件、以会议落实会议”的管理方式。安全管理工作要下沉到基层和现场，切实解决现场作业中存在的各种问题；抓好各级人员安全管理工作，真正实现岗位达标、专业达标、企业达标，最终实现单位的本质安全。

八、绩效评定与持续改进

后勤保障单位的标准化建设是一个持续改进的动态循环过程，需要不断持续改进、巩固和提升标准化建设成果，才能真正建立起系统、规范、科学、长效的安全管理机制。

后勤保障单位通过水利安全生产标准化达标后，每年至少组织一次本单位安全生产标准化实施情况检查评定，验证各项安全生产制度措施的适宜性、充分性和有效性，提出改进意见，并形成绩效评定报告，接受水行政主管部门的监督管理。